Stephanie Schnabl

Insektizide im Wald

Anwendung im Rahmen des Waldschutzes, Ausbringungsmengen und Meinung der Bevölkerung

disserta Verlag

Schnabl, Stephanie: Insektizide im Wald. Anwendung im Rahmen des Waldschutzes, Ausbringungsmengen und Meinung der Bevölkerung, Hamburg, disserta Verlag, 2017

Buch-ISBN: 978-3-95935-384-7
PDF-eBook-ISBN: 978-3-95935-385-4
Druck/Herstellung: disserta Verlag, Hamburg, 2017
Covergestaltung: Annelie Lamers

Bibliografische Information der Deutschen Nationalbibliothek:
Die Deutsche Nationalbibliothek verzeichnet diese Publikation in der Deutschen Nationalbibliografie; detaillierte bibliografische Daten sind im Internet über http://dnb.d-nb.de abrufbar.

Das Werk einschließlich aller seiner Teile ist urheberrechtlich geschützt. Jede Verwertung außerhalb der Grenzen des Urheberrechtsgesetzes ist ohne Zustimmung des Verlages unzulässig und strafbar. Dies gilt insbesondere für Vervielfältigungen, Übersetzungen, Mikroverfilmungen und die Einspeicherung und Bearbeitung in elektronischen Systemen.

Die Wiedergabe von Gebrauchsnamen, Handelsnamen, Warenbezeichnungen usw. in diesem Werk berechtigt auch ohne besondere Kennzeichnung nicht zu der Annahme, dass solche Namen im Sinne der Warenzeichen- und Markenschutz-Gesetzgebung als frei zu betrachten wären und daher von jedermann benutzt werden dürften.

Die Informationen in diesem Werk wurden mit Sorgfalt erarbeitet. Dennoch können Fehler nicht vollständig ausgeschlossen werden und die Diplomica Verlag GmbH, die Autoren oder Übersetzer übernehmen keine juristische Verantwortung oder irgendeine Haftung für evtl. verbliebene fehlerhafte Angaben und deren Folgen.

Alle Rechte vorbehalten

© disserta Verlag, Imprint der Diplomica Verlag GmbH
Hermannstal 119k, 22119 Hamburg
http://www.disserta-verlag.de, Hamburg 2017
Printed in Germany

Inhaltsverzeichnis

Inhaltsverzeichnis I

1   Einleitung 1

2   Hypothese und Ziel dieser Studie 3
   2.1   Wissensstand der Bevölkerung 4
   2.2   Meinungsbildung 4
      2.2.1   Wahrnehmung von Waldschutzmaßnahmen 5
      2.2.2   Informationsweitergabe und Meinungsbildung durch die Medien 6
         2.2.2.1 Informationsgehalt und Meinungsbildung 6
         2.2.2.2 Bewusste und unbewusste Wahrnehmung 7
   2.3   Zusammenfassung der Hypothese 7

3   Sachstand Integrierter Waldschutz in der Forstwirtschaft 8
   3.1   Gesellschaftliches Waldverständnis 9
   3.2   Warum muss der Wald geschützt werden? 10
   3.3   Ursache für Schäden in Wäldern 11
      3.3.1   Gesamtüberblick 11
      3.3.2   Insekten 12
         3.3.2.1 Wichtige Forstschädlinge 12
         3.3.2.2 Abwehr bzw. Regulation potenzieller Schadinsekten 18
   3.4   Pflanzenschutzmittel gegen Insekten im Wald 19
      3.4.1   Gesetzliche Bestimmungen 19
      3.4.2   Ausbringung von Insektiziden 20
      3.4.3   Insektizide und deren Wirkungsweise 21
      3.4.4   Zugelassene Mittel für den Einsatz im Wald und in der Landwirtschaft 21
      3.4.5   Risiken und Nebenwirkungen 22
      3.4.6   Umweltverbände zum Thema Pflanzenschutzmittel im Wald 24
   3.5   Fazit 25

4   Methodik, Durchführung & Auswertung der Datenerhebung 27
   4.1   Erste Säule: Schad- und Bekämpfungsflächen 27
      4.1.1   Herangehensweise 27
         4.1.1.1 Die Zeitschrift „AFZ Der Wald" 28

4.1.1.2 Abgrenzung der Begrifflichkeiten 28
4.1.2 Datenerhebung 31
4.1.3 Auswertung 36
    4.1.3.1 Schadholzmengen und Schadflächen 36
    4.1.3.2 Bekämpfungsflächen 42
    4.1.3.3 Gegenüberstellung Befallsflächen - Bekämpfungsflächen - Schadflächen 45
4.1.4 Fazit 48

4.2 Zweite Säule: Berichterstattung der Presse 49
4.2.1 Herangehensweise 49
    4.2.1.1 Auswahl der Bundesländer für die weitere Datenerhebung 49
    4.2.1.2 Die Genios-Datenbank und die Auswahl der Zeitschriften 49
4.2.2 Datenerhebung 51
    4.2.2.1 Suchbegriffe 51
    4.2.2.2 Artikelrecherche 53
    4.2.2.3 Bewertung der Artikel 53
4.2.3 Auswertung 58
    4.2.3.1 Allgemeine statistische Daten 58
    4.2.3.2 Inhalt der Artikel 61
    4.2.3.3 Meinungsbildung 69
4.2.4 Fazit 72

4.3 Dritte Säule: Wissensstand der Bevölkerung 75
4.3.1 Herangehensweise 75
    4.3.1.1 Auswahl der Stichprobe und Repräsentativität 75
    4.3.1.2 Art der Befragung - Der Online-Fragebogen 77
4.3.2 Erstellung des Fragebogens 78
    4.3.2.1 Grenzen des Fragebogens 78
    4.3.2.2 Strukturierte Vorgehensweise bei der Erstellung des Fragebogens 79
    4.3.2.3 Rahmenbedingungen der Umfrage – Die Einleitung 80
    4.3.2.4 Die Fragen 81
    4.3.2.5 Pretest 83
4.3.3 Der fertige Fragebogen 84
4.3.4 Die Durchführung der Umfrage 86
4.3.5 Auswertung der Rückläufe 88
    4.3.5.1 Anzahl der Rückläufe 88
    4.3.5.2 Repräsentativität 90
    4.3.5.3 Allgemeine Fragen 92

       4.3.5.4 Fragen zum Wissensstand 93

       4.3.5.5 Fragen zur Wahrnehmung und Einstellung 99

       4.3.5.6 Abhängigkeiten bei der Beantwortung 108

   4.3.6   Fazit 109

5   Zusammenfassung und Schlussfolgerungen 111

Literaturverzeichnis .... **V**

Abbildungsverzeichnis .... **XIV**

Tabellenverzeichnis .... **XVII**

Abkürzungsverzeichnis .... **XVIII**

Anhang .... **XIX**

1 Einleitung

Waldschutz geht uns alle an. Denn der Wald hat vielfältige Funktionen für jeden von uns. Er ist Lebensraum, Rohstofflieferant, CO_2 Speicher und spendet Schutz und Erholung. Während der Einzelne den Wald z. B. durch Sauberhalten oder die Einhaltung von Verhaltensregeln (z. B. Rauchverbot in Trockenperioden) schützen kann, obliegt es den Waldeigentümern und Forstmitarbeitern grundlegende Schutzmaßnahmen zu ergreifen. Dies ist nötig, da der Wald vielerlei Gefahren ausgesetzt ist. Neben Wetterereignissen oder Baumkrankheiten sind vor allem auch Schadinsekten von Bedeutung. Um also die Funktionen des Waldes zu erhalten, muss er geschützt werden. Im Rahmen des integrierten Waldschutzes werden hierfür vielerlei Maßnahmen ergriffen. Hierzu zählt beispielsweise der Umbau zum Mischwald, die Überwachung der Bestände, das Entfernen von kranken Bäumen oder die Behandlung mit Pflanzenschutzmitteln (PSM). Diese Studie beschäftigt sich jedoch ausschließlich mit der Anwendung von Pflanzenschutzmitteln gegen Insekten. Als letztes Mittel der Wahl kann es bei einem Schädlingsbefall auch zum Einsatz von Luftfahrzeugen - also zur aviochemischen Ausbringung von Pflanzenschutzmitteln - kommen. Entscheidungen hierüber werden nach intensiver Abwägung aller Vor- und Nachteile getroffen und sind mit hohen Sicherheitsauflagen verbunden. Die tatsächlichen Anwendungsfälle halten sich daher in einem sehr begrenzten Rahmen.

Für die Presse sind derartige Bekämpfungsfälle Anlass für ihre Berichterstattung. Neben der visuellen Wahrnehmung dieser Einsätze wird die Allgemeinheit folglich auch durch Zeitungsartikel informiert. Gleichzeitig stehen Insektizide bzw. Pflanzenschutzmittel im öffentlichen Fokus. Besonders das Pflanzenschutzmittel Glyphosat hat in den letzten Jahren für Aufmerksamkeit gesorgt. So erschienen allein im Jahr 2014 in der Deutschen Presse 434[1] Artikel zu diesem Thema. Eine Veröffentlichung erfolgte im Durchschnitt also jeden Tag. Auch wenn Glyphosat im Wald nicht angewendet wird, ist die Wahrscheinlichkeit trotzdem hoch, dass sich diese Problematik und die Berichterstattungen darüber auf die Meinungsbildung der Bevölkerung hinsichtlich der Insektizideinsätze auswirken.

Ziel dieser Studie ist die Untersuchung der tatsächlichen aviochemischen Anwendungsfälle, bei denen Insektizide gegen eine definierte Auswahl an Schadinsekten eingesetzt wurden. Weiterhin soll die Art und Qualität der Informationen überprüft werden, die in Form von Pressemeldungen an die Bevölkerung weitergegeben wurden. Darüber hinaus

---

[1] vgl. Sucherergebnis für Glyphosat für 2014 in Presse Deutschland in der Genios-Datenbank https://www.genios.de

soll der Wissensstand der Bevölkerung zum Insektizideinsatz im Wald sowie deren Einstellung zu derartigen Maßnahmen ermittelt werden.

Im Folgenden sollen zunächst die These und das Ziel dieser Studie detaillierter erläutert werden. In einem zweiten Schritt wird das praktische Vorgehen zum Schutz des Waldes näher beleuchtet. Der Hauptteil dieses Buches beschäftigt sich mit Methodik, Datenerhebung und Auswertung der gewonnenen Daten. Am Ende sollen Schlussfolgerungen auf Basis der ermittelten Daten und der gewonnenen Erkenntnisse abgeleitet werden.

2 Hypothese und Ziel dieser Studie

Zum Schutz des Waldes ist bei verstärktem Insektenbefall der Einsatz von Pflanzenschutzmitteln unerlässlich. Die Entscheidung hierüber wird von den zuständigen Stellen erst nach reiflicher Abwägung getroffen. Nur wenn bestimmte Parameter erfüllt sind, darf eine Ausbringung von Insektiziden mittels Hubschrauber erfolgen. Hierzu zählt z. B. die Alternativlosigkeit, d. h., dass es keinen anderen Weg der Gefahrenabwehr gibt und dass der betroffene Wald in seiner Existenz unmittelbar bedroht ist (Zielgefährdungen)[2]. Ein Einsatz erfolgt somit ultima ratio, als letztes Mittel der Wahl. Aus diesem Grund erfolgt die Ausbringung von Insektiziden im Wald auch sehr selten und enorm sparsam.

Trotzdem stehen derartige Maßnahmen sofort im Fokus der Öffentlichkeit und Berichterstattung der Presse. Dies kann zum einen an der Präsenz und zwangsläufigen Wahrnehmung der Maßnahme liegen. Zum anderen wird aber seit einigen Jahren auch verstärkt von möglichen krebserregenden Wirkungen[3] der Pflanzenschutzmittel berichtet bzw. von der monopolistischen Stellung und Profitgier der Pflanzenschutzmittelhersteller[4]. Diese Berichte können sich teilweise auf Mittel beziehen, die ausschließlich in der Landwirtschaft angewendet werden oder auf Einsätze die in der Dritten Welt vorgenommen wurden. Die Wahrscheinlichkeit ist trotzdem hoch, dass sich in der Wahrnehmung der Bevölkerung die Problematik um die Insektizide bzw. Pflanzenschutzmittel im Allgemeinen in negativer Weise manifestiert und eine Differenzierung zwischen Forst, Landwirtschaft oder Anwendungsregion nicht mehr erfolgt.

Auch steht die Forstwirtschaft häufig in der öffentlichen Kritik und muss sich Angriffen oder gar Beleidigungen stellen.[5] Besonders die Umwelt- und Naturschutzverbände oder auch Bürgervereinigungen sind mit der Arbeit der Forstwirtschaftler oftmals unzufrieden. Es gibt sogar Foren und Blogs, die sich mit dem Thema beschäftigen. Durch entsprechende Veröffentlichungen wird diese Meinung auch an die Bevölkerung kommuniziert. Im Folgenden einige Beispiele:
- „NABU kritisiert Waldbewirtschaftung"[6]

---

[2] vgl. MÜLLER, Michael: Ökologische Waldwirtschaft/Ökologischer Waldschutz ‚Teil II: Waldschutz. Rostock: Universität, 2013. S. 16.
[3] vgl. MAIER, M.; Deutsche Wirtschafts Nachrichten (Hrsg.): Krebs: WHO warnt vor Insektiziden. 25.08.2015.
[4] vgl. WEIKARD, A.; HUSMANN, N.: Die Welternährungs-AG. In: Focus Ausgabe 39 vom 24.09.2016. S. 62 – 67.
[5] vgl. HASSAN, A.: Aktionismus kann nur schädlich sein. In: AFZ Der Wald, 60. Jahrgang 2005, Heft 7. S. 355.
[6] STIFTUNG UNTERNEHMEN WALD (Hrsg.): NABU kritisiert Waldbewirtschaftung. o.J.

- „Deutschlands Forstwirtschaft auf dem Holzweg"[7]
- „300 Jahre nachhaltige Forstwirtschaft: Mehr Schein als Sein"[8]
- „Forst- und Holzmärchen - Forst- und Holz-‚Propaganda'"[9]

Ebenso stellten sich diese Tendenzen in Gesprächen[10] mit Forstexperten heraus.

Weiterhin wird vermutet, dass die Bevölkerung im Allgemeinen wenig Hintergrundwissen zu Waldschutzmaßnahmen hat. Auf diese nicht vorhandene „Wissensbasis" bauen meinungsbildende Prozesse auf. Hierzu zählen die verstärkte Wahrnehmung von Waldschutzmaßnahmen und die selektive Informationsweitergabe der Medien.

Dieser Ansatz soll im Folgenden näher erläutert werden.

2.1 Wissensstand der Bevölkerung

Viele Menschen schätzen den Wald und interessieren sich für seinen Erhalt. Sie nutzen ihn für Spaziergänge oder Radtouren, sammeln Pilze und Beeren und genießen das Erleben der Natur. Doch wie viel wissen sie eigentlich über den Wald?
Vermutlich hat der Normalbürger eher wenig Hintergrundwissen zu forstwirtschaftlichen Themen. Dies dürfte vor allem daran liegen, dass forstliche Hintergründe im Laufe der schulischen Ausbildung eher wenig bzw. gar nicht thematisiert werden.[11] Entsprechendes Wissen kann somit nur durch Eigeninitiative (z. B. gezieltes Nachlesen) oder fachliche Ausbildung erworben werden. Eine dritte Möglichkeit bieten die Medien. Jedoch ist fraglich welchen Informationsgehalt bzw. welche Qualität diese Informationen haben.

2.2 Meinungsbildung

Aufgrund des vermuteten geringen Hintergrundwissens zum Thema Waldschutz kann sich die Bevölkerung unter Umständen verschiedene Sachverhalte nicht erklären oder wird durch Zeitungsartikel bzw. andere eingangs dargestellte Veröffentlichungen in ihrer Meinungsbildung beeinflusst. Es wird deshalb vermutet, dass sich vor allem negative As-

---

[7] PANEK, N.: Deutschlands Forstwirtschaft auf dem Holzweg. 2011.
[8] GREENPEACE (Hrsg.): 300 Jahre nachhaltige Forstwirtschaft: Mehr Schein als Sein. o.J.
[9] ROELCKE, S.; Waldproblematik (Hrsg.): FORST- UND HOLZMÄRCHEN - Forst- und Holz-„Propaganda". o.J.
[10] mündliches Gespräch mit Herrn Prof. Dr. Michael Müller – Lehrstuhlinhaber der Professur für Waldschutz an der TU Dresden
[11] vgl. PFALZ, Werner; PRIEN, Siegfried: Ökologische Waldwirtschaft/Ökologischer Waldschutz ‚Teil I: Ökologischer Waldbau. Rostock: Universität, 2005. S. 5.

pekte des Insektizideinsatzes bei der Bevölkerung manifestiert haben. Andererseits ist der Wald für die Bevölkerung „ein Stück Lebensqualität"[12], weswegen vermutet wird, dass durchweg der Wunsch besteht, den Wald in seinem Bestand zu erhalten. Beides widerspricht sich, denn oftmals ermöglicht erst die chemische Bekämpfung den Erhalt des Waldbestandes.

Dieser Gegensatz erklärt sich durch eine Studie für die Heinz Lohmann Stiftung. Demnach treten heutzutage immer wieder „Widersprüchlichkeiten in der Meinungsbildung"[13] auf. Die Menschen vertreten paradoxe Auffassungen gleichzeitig bzw. ändern ihre Meinung je nach Kontext.[14]

2.2.1 Wahrnehmung von Waldschutzmaßnahmen

Forstwirtschaftler stoßen immer wieder auf Unverständnis oder gar Widerstand, z. B. wenn es zu Holzeinschlägen[15] oder der aviochemischen Ausbringung von Pflanzenschutzmitteln[16] kommt. Beides sind Maßnahmen, die im Rahmen des integrierten Waldschutzes nötig werden können und letztlich dem Erhalt des Waldbestandes dienen. Sie werden also nicht grundlos durchgeführt. Aber wie wirken sie nach außen?

Entsprechende Maßnahmen sind sehr präsent und sofort sichtbar. Sie werden folglich von jedem Waldbesucher wahrgenommen. Ein Kahlschlag ist nicht zu übersehen, genauso wie ein Hubschraubereinsatz, der unter Umständen mehrere Tage dauert und zu einer vorübergehenden Sperrung des Waldes führt. Die damit verbundenen Ziele wiederum sind häufig nicht unmittelbar erkennbar. Dies liegt zum einen daran, dass sie häufig langfristig angelegt sind (z. B. Waldumbau von der Monokultur hin zum Mischwald). Zum anderen kann es sein, dass sich das Bild des Waldes für den Besucher nach Zielerreichung nicht geändert hat. Dies kann der Fall sein, wenn z. B. ein Waldbestand wegen eines prognostizierten bestandsbedrohenden Insektenbefalls besprüht wurde und folglich keine Fraßschäden sichtbar sind. Nach einer erfolgreichen Befliegung sieht das Waldstück noch genauso aus wie vorher. Umgekehrt sieht ein fast kahl gefressener Bestand nach erfolgreicher Befliegung nach wie vor kahl aus. Dass der Bestand dennoch gerettet werden konnte, zeigt sich unter Umständen erst Monate später, wenn die Bäume neu austreiben.

---

[12] WIPPERMANN, C.; WIPPERMANN, K.: Mensch und Wald. Bielefeld: Bertelsmann Verlag, 2010. S. 37.
[13] RHEINGOLD Salon (Hrsg.): Gesellschaftsstudie zur Meinungsbildung. Öffentlich Meinung in der Krise?, 2015. S. 2.
[14] vgl. Ders., S. 3.
[15] vgl. STRANZ, T.: Bürger kämpfen weiter für Triebtal-Fichten. In: Freie Presse vom 24.12.2014. S. 13.
[16] vgl. Proplanta GmbH & Co. KG (Hrsg.): Bürger gegen Bekämpfung des Eichenprozessionsspinners. 2014.

Dem Einzelnen mag es daher schwerfallen, diesen Zusammenhang herzustellen, was wiederum zu fehlendem Verständnis für die Maßnahme führen kann. Somit stehen sich der von jedem wahrgenommene und sichtbare Waldzustand (bzw. Maßnahmen, die zu seinem Erhalt durchgeführt werden) und die gegebenenfalls nicht nachvollziehbaren Ziele bzw. Gründe gegenüber.

2.2.2 Informationsweitergabe und Meinungsbildung durch die Medien

2.2.2.1 Informationsgehalt und Meinungsbildung

Fernsehen, Presse oder auch Radio sind Medien, welche die Bürger über Geschehnisse auf regionaler und/oder überregionaler Ebene informieren. In dieser Untersuchung soll insbesondere auf die Presse eingegangen werden, da diese Form der Berichterstattung über Zeitungsarchive nachvollziehbar und im Rahmen dieser Studie auswertbar ist.

Neben der Intention der Informationsweitergabe besteht in aller Regel auch ein wirtschaftliches Interesse. Die Zeitung ist schließlich auf hohe Auflagen angewiesen und je sensationeller, spektakulärer oder brisanter eine Sache ist, umso größer ist die Wahrscheinlichkeit hoher Verkaufszahlen. Hierzu bedient man sich verschiedener Werkzeuge. Die Überschriften werden z. B. zu Schlagzeilen aufgebauscht[17]; der Schreibstil kann überspitzt, ironisch oder sarkastisch sein und letztlich wirkt sich auch der verfügbare Platz (Wortanzahl des Artikels) auf den Inhalt aus. All diese Dinge beeinflussen die Qualität und den Informationsgehalt eines Artikels. Auch besteht die Gefahr, dass Aussagen aus Interviews gekürzt oder - aus dem Zusammenhang gerissen - so aneinandergereiht werden, dass der Sinn des ursprünglich Gesagten nicht mehr nachvollziehbar oder gar ein anderer ist. So kann es vorkommen, dass beim Leser oder Zuhörer nur die halbe Wahrheit ankommt. Im schlimmsten Fall werden falsche Informationen übermittelt. Solche Artikel sind „undifferenziert, selektiv, irreführend und dennoch meinungsbildend".[18] Hieraus kann die Schlussfolgerung gezogen werden, dass in Zeitungsartikeln nur Ausschnitte der Realität wiedergegeben werden. Auf dieser Grundlage ziehen die Leser jedoch verallgemeinernde Schlüsse und bilden sich ihre Meinung.[19]

---

[17] vgl. DEUTSCHE TAGESZEITUNGEN (Hrsg.): Schlagzeilen und ihre suggestive Meinungsbildung, o.J.
[18] KIRCHHOFF, S.; KUHNT, S.; LIPP, P.; SCHLAWIN, S.: Der Fragebogen - Datenbasis, Konstruktion und Auswertung. 4. überarbeitete Auflage. Wiesbaden: VS Verlag. 2008. S. 12.
[19] vgl. Ders., S. 12.

2.2.2.2 Bewusste und unbewusste Wahrnehmung

Beim Leser können die in den Druckmedien enthaltenen Informationen zur Erweiterung seines Wissens beitragen. Ohne tiefer in die Psychologie abschweifen zu wollen, soll kurz erklärt werden, wie auch unterbewusste Wahrnehmung zur Meinungsbildung beitragen kann. Erscheint z. B. jeden Tag ein Bericht zu einem bestimmten Thema in der Zeitung, deutet dies evtl. auf eine hohe Brisanz hin. Hierzu ist es nicht erforderlich, den Artikel unbedingt zu lesen. Allein durch die Wahrnehmung der Überschrift durch den Zeitungsleser (bewusst oder unbewusst), prägt sich die Thematik bereits in sein Unterbewusstsein ein. Zu gegebener Zeit kann er auf diese Information auch zugreifen. Kommt es im Gespräch auf das Thema „Anwendung von Pflanzenschutzmitteln im Wald", wird sein „Bauchgefühl" ihm wahrscheinlich sagen, dass es wohl sehr oft zu Bekämpfungsmaßnahmen kommt – er hat eine Meinung dazu.[20]

2.3   Zusammenfassung der Hypothese

Es wird vermutet, dass eine Diskrepanz zwischen der tatsächlichen Anwendung von Insektiziden im Wald (z. B. Umfang, Einsatzbedingungen etc.) und dem hierüber vorhanden Wissen der Bevölkerung besteht. Weiterhin ist anzunehmen, dass die Berichterstattung durch die Presse einen eher geringen Informationsgehalt hat und schlimmstenfalls sogar die Realität verzerrt.

Im Laufe dieser Untersuchung soll festgestellt werden, ob diese Diskrepanz tatsächlich besteht, welche Informationen durch die Presse an die Bevölkerung weitergegeben wurden und wie die Einstellung der Bevölkerung zu den Insektizideinsätzen ist. Wie bereits erwähnt, wird vermutet, dass sich die Problematik um die Insektizide bzw. Pflanzenschutzmittel im Allgemeinen in negativer Weise manifestiert hat.

Zusammenfassend sollen folgende Punkte untersucht werden:
- Umfang der Insektizideinsätze.
- Wissensstand der Bevölkerung bezüglich der Anwendung von Insektiziden im Wald.
- Informationsgehalt bzw. die Qualität (Expertise) der durch die Presse übermittelten Informationen.
- Einstellung der Bevölkerung gegenüber dem Einsatz von Insektiziden im Wald.
- Einstellung der Bevölkerung zum Bestandserhalt der Wälder.

---

[20] vgl. MENTALBUSINESS: Unbewusste Wahrnehmung, o.J.

3 Sachstand Integrierter Waldschutz in der Forstwirtschaft

Auch für die Forstwirtschaft stellt das Gesetz zum Schutz der Kulturpflanzen (Pflanzenschutzgesetz - PflSchG) die gesetzliche Grundlage im Pflanzenschutz dar. Pflanzenschutzmaßnahmen dürfen gem. § 3 Abs. 1 PflSchG nur nach guter fachlicher Praxis durchgeführt werden. Hierzu zählt vor allem die Einhaltung der Grundsätze des integrierten Pflanzenschutzes, die in der Richtlinie 2009/128/EG Anhang III definiert sind. Beim integrierten Pflanzen- bzw. Waldschutz geht es vor allem um:

- die Vorbeugung von Schadinsektenbefall durch Waldbaumaßnahmen und saubere Waldwirtschaft,
- die Überwachung von Schadorganismen mit dem Ziel der Früherkennung,
- genaues Abwägen der möglichen Bekämpfungsmaßnahmen, wobei biologische, physikalische oder andere nichtchemische Verfahren zu bevorzugen sind,
- die Beschränkung des Einsatzes von Pflanzenschutzmitteln auf das Nötigste,
- die Auswahl der PSM, die die geringsten Auswirkungen auf Menschen, Nicht-Ziel-Organismen und Umwelt haben, sofern eine chemische Bekämpfung unausweichlich ist.

Nach Möglichkeit sollen die Waldökosysteme durch die veranlassten Maßnahmen kaum beeinträchtigt werden. Die Forstwirtschaft hat sich darüber hinaus an eine Reihe weiterer Vorschriften und Gesetze zu halten, wie z. B. das Gesetz zur Erhaltung des Waldes und zur Förderung der Forstwirtschaft (BWaldG) bzw. die präzisierten Anweisungen aus den Landeswaldgesetzen oder das Gesetz über Naturschutz und Landschaftspflege (BNatSchG).[21]

Das Motto heißt also Vorbeugen, Schützen und wenn unumgänglich auch Bekämpfen. Integrierter Waldschutz ist somit „ein Kompromiss zwischen ökologischen Bedenken und chemischer Effizienz"[22]. Er kann als Lösungsansatz für den „Widerspruch zwischen biologischer Vielfalt und wirtschaftlichem Erfolg"[23] verstanden werden.

---

[21] vgl. ALTENKIRCH, W.; MAJUNKE, C.; OHNESORGE, B.: Waldschutz auf ökologischer Grundlage. Stuttgart: Ulmer. 2002. S. 144 – 153.
[22] RÜSCHEMEYER, G.: Maikäfer stirb! In: Frankfurter Allgemeine Sonntagszeitung Nr. 20, 21.05.2006.
[23] BADEN-WÜRTTEMBERGISCHES MINISTERIUM für Ländlichen Raum und Verbraucherschutz (Hrsg.): Schädlinge als Teil des Ganzen. o.J.

3.1 Gesellschaftliches Waldverständnis

Der Wald nimmt aufgrund seiner vielfachen Funktionen eine wichtige Rolle für die Gesellschaft ein. In der 2010 veröffentlichten Studie „Mensch und Wald" wird das gesellschaftliche Waldverständnis thematisiert, weswegen die Inhalte hier etwas näher beleuchtet werden sollen.

Historisch bedingt sehen sich die Deutschen als „Waldvolk" und haben ein besonderes Verhältnis zum Wald. Dies beruht aber immer weniger auf dem echten Erleben des Waldes, sondern vielmehr auf „selektiv wahrgenommenen Informationen aus den Massenmedien"[24]. Die Nutzung des Waldes als Rohstofflieferant stößt in den meisten Fällen auf Kritik. Der Rohstoff Holz erfreut sich zwar allgemeiner Beliebtheit, wobei das Fällen der Bäume nicht gerne gesehen wird. Dies ist ein weiteres Beispiel für die unter Punkt 2.2 dargestellten oft widersprüchlichen Ansichten. Die Forstwirtschaft hinsichtlich ihrer ökonomischen Tätigkeit hat auch ein recht schlechtes Image (laut Studie sogar schlechter als die Ölindustrie - Stand 2001).[25]

Beim Wissensstand über die ökologischen Funktionen des Waldes bestehen große Defizite. In erster Linie verbinden die Menschen den Wald mit seiner Funktion als Sauerstofflieferant, Luftfilter und Lebensraum für Tiere und Pflanzen. Die Wenigsten denken dabei an seine Funktion als Wasserspeicher oder seine Relevanz im Boden- und Klimaschutz.[26]

Vor allem wegen des Wissensdefizites, werden die Zielsetzungen der nachhaltigen Waldwirtschaft nur bedingt unterstützt. Zudem lässt sich ein Interessenkonflikt hinsichtlich der verschiedenen Nutzungsarten feststellen. Während die Einen im Wald Ruhe und Erholung suchen, wollen ihn Andere beispielsweise zum Radsport (Mountainbiking) nutzen. Reiter, Spaziergänger, Hundehalter oder Waldeigentümer haben zum Teil unterschiedliche Anforderungen an den Wald und kommen sich mit ihren Bedürfnissen unter Umständen in die Quere.[27]

Interessant ist auch die Feststellung, dass Konflikte, die sich aus diesen unterschiedlichen Nutzungsinteressen ergeben, in der Öffentlichkeit ausgetragen werden und die öffentliche Meinung wiederum die Ausgestaltung rechtlicher Grundlagen hinsichtlich Waldnutzung

---

[24] vgl. WIPPERMANN, C.; WIPPERMANN, K.: Mensch und Wald. Bielefeld: Bertelsmann Verlag, 2010. S. 9.
[25] vgl. Ders., S. 8 - 10.
[26] vgl. Ders., S. 45.
[27] vgl. Ders., S. 7, 10.

und Waldschutz beeinflusst.[28] Der Einfluss der öffentlichen Meinung ist demnach nicht unerheblich. Umso wichtiger ist es, dass diese Meinung auf einem realen Bild basiert.

3.2 Warum muss der Wald geschützt werden?

Zunächst lässt sich festhalten, dass die Definition über das Vorliegen eines „Schadens", vor dem der Wald geschützt werden muss, stark von den Zielvorstellungen des jeweiligen Betrachters abhängt. Genauso verhält es sich mit dem Begriff „Schädling". Insekten z. B. sind ein wichtiger Bestandteil des Waldökosystems und haben außerhalb einer Gradation auch ihren Nutzen. So sind beispielsweise die Borkenkäfer wichtiger Bestandteil der Destruentenkette beim Abbau von totem Holz. „Schaden" und „Schädlinge" im forstwirtschaftlichen Sinne sind also anthropogen geprägte Begriffe.[29]

Letztlich sind Schadeinwirkungen Teil einer natürlichen Sukzession und gehören damit zum Werden und Vergehen. Mitunter werden sogar im Sinne des Naturschutzes menschliche Eingriffe abgelehnt, mit der Konsequenz, ggf. auch katastrophale Folgen einer Nichteinmischung zu tolerieren. Dies beschreibt auch den Zwiespalt, der sich aus dem integrierten Waldschutz ergibt. Andererseits muss auch klar festgestellt werden, dass menschliches Eingreifen in natürliche Abläufe (z. B. auch im medizinischen Bereich) ein Grundpfeiler der menschlichen Entwicklung ist, ohne die wir heute zumindest nicht in dieser Form existieren würden. Für Mensch und Umwelt erfüllt der Wald wichtige Funktionen. Er bietet Lebensraum für unzählige Tier- und Pflanzenarten, bietet Schutz vor Erosion, dient als Rohstofflieferant für Holz und bietet Erholung für den Menschen. Er spielt auf globaler Ebene eine wichtige Rolle als CO_2 Speicher und hat eine überregionale Schutzfunktion für Boden, Klima und Wasser. Durch die Klimaveränderung, Schadstoffeinträge etc. werden auch regionale Waldprobleme hervorgerufen. Durch wärmere klimatische Bedingungen beispielsweise kommt es häufiger zu Massenvermehrungen. Auch beeinflusst dies die Fortpflanzungszyklen der Insekten, wodurch die Generationen schneller aufeinanderfolgen können.[30]

---

[28] vgl. WIPPERMANN, C.; WIPPERMANN, K.: Mensch und Wald. Bielefeld: Bertelsmann Verlag. S. 5 - 9.
[29] vgl. ALTENKIRCH, W.; MAJUNKE, C.; OHNESORGE, B.: Waldschutz auf ökologischer Grundlage. Stuttgart: Ulmer. 2002. S. 35.
[30] vgl. Ders., S. 12 – 14; 255 – 257.

Der Wald wird seit jeher vom Menschen genutzt und wurde (wird) zeitweise auch ausgebeutet. Vor allem durch die Rodungen von 800 n. Chr. bis ins Mittelalter wurde der Waldbestand minimiert und das Waldgefüge verändert.[31]

Die Folgen sind auch jetzt noch spürbar. Heute gibt es nur noch wenige Urwälder.[32] Die FAO (Food and Acriculture Organization of the United Nations) definiert diese als Naturwälder, in denen keine sichtbaren Eingriffe menschlicher Aktivität vorliegen und deren ökologische Prozesse ungestört verlaufen.[33]

Hieraus ergeben sich vielfach Probleme, die den Wald teilweise in seiner Existenz bedrohen. Ohne Schutz würde der Wald in vielen der genannten Funktionen beeinträchtigt werden und unter Umständen größere Zusammenbrüche der Ökosysteme nach sich ziehen. Die Folgen wären teilweise verheerend. Der Schutz des Waldes ist deshalb von immenser Bedeutung.

3.3 Ursache für Schäden in Wäldern

3.3.1 Gesamtüberblick

Schäden entstehen in Wäldern durch biotische und abiotische Faktoren. Zu den abiotischen Faktoren gehören z. B. Feuer, Sturm, Schnee oder Extremtemperaturen. Aber auch anthropogene Einflüsse, wie Schadstoffimmissionen oder Schäden durch mechanische Verwundung bei waldbaulichen Maßnahmen gehören dazu. Zu den biotischen Faktoren gehören Pilze, Krankheitserreger, unerwünschte Pflanzenkonkurrenz, Fadenwürmer, Schnecken, Milben, Insekten, Vögel, Kleinsäuger und Wild.[34]

Im Folgenden werden ausschließlich die Insekten als Schadverursacher betrachtet, da im Rahmen dieser Studie die Anwendung von Insektiziden thematisiert wird.

---

[31] vgl. HOFMEISTER, H.: Lebensraum Wald. 2. revidierte Auflage. Hamburg; Berlin: Parey Verlag. 1983. S. 13.
[32] vgl. GRÜNE REIHE des Lebensministeriums; Bundesministerium für Land- und Forstwirtschaft, Umwelt und Wasserwirtschaft (Hrsg.): Wald - Biotop und Mythos. Wien: Böhlau Verlag. 2011. S. 11.
[33] vgl. FAO - FOOD AND AGRICULTURE ORGANIZATION OF THE UNITED NATIONS (Hrsg.): Global Forest Resources Assessment 2005. 2006. S. 40.
[34] vgl. ALTENKIRCH, W.; MAJUNKE, C.; OHNESORGE, B.: Waldschutz auf ökologischer Grundlage. Stuttgart: Ulmer. 2002. S. 217 – 345.

3.3.2 Insekten

Insekten schaden den Pflanzen auf unterschiedlichste Weise. Dazu zählt z. B. Blatt-, Nadel-, Rinden-, Holz- oder Wurzelfraß. Das Fressen von Blättern und Nadeln vermindert die Photosynthese des Baumes und damit seine Stoffwechselprozesse. Die Zerstörung von Trieben und Knospen kann zu erheblichen Deformationen führen, da sie über die „Wuchsstoffproduktion das Wachstum der Waldbäume"[35] steuern. Die größten Abwehrmaßnahmen setzt der Baum gegen Angreifer auf Kambium und Bast ein, denn wegen der hier verlaufenden Leitungsbahnen ist dies immer ein direkter Angriff auf das Leben des Baumes. Er versucht sich durch Ausharzen zu verteidigen.[36]

Jeglicher Befall kann dabei existenzbedrohend sein, vor allem wenn der Baum bereits geschwächt ist oder die Schädlinge in einer überdurchschnittlich hohen Anzahl auftreten. Hinsichtlich der Populationen kommt es immer wieder zu Dichteänderungen, was auch als Fluktuation bezeichnet wird. Wenn ein starker Dichteanstieg zu verzeichnen ist, spricht man von einer Massenvermehrung; auch Gradation genannt. Diese erreicht ihren Höhepunkt in der Kulmination und sinkt dann in der Retrogradation wieder auf das Latenzniveau ab. Massenvermehrungen werden in ihrem Verlauf durch natürliche Gegenspieler, Witterung oder auch Bekämpfungsmaßnahmen beeinflusst. Die Häufigkeit von Gradationen kann dabei einem regelmäßigen Muster folgen oder unregelmäßig auftreten (z. B. witterungsbedingt oder nach Sturmschäden).[37]

3.3.2.1 Wichtige Forstschädlinge

Da der Umfang dieser Studie begrenzt ist, wurden 13 wichtige Waldschädlinge aus der Gruppe der Insekten ausgewählt. Diese sollen im Rahmen der hier vorgenommenen Datenerhebungen zur näheren Betrachtung herangezogen werden. Die Auswahl enthält Vertreter aus der Gruppe der Holz- und Rindenbrüter, Nadel- und Blattschädlinge sowie Schädlinge an Kulturen, wobei die Möglichkeiten der Bekämpfung dabei unterschiedlich sind. Zum Teil ist eine Bekämpfung nur vom Boden möglich oder wird nur noch als Werterhaltung des bereits gefällten Holzes durchgeführt. Diese Insekten sind vor allem aufgrund des hohen Schadholzaufkommens relevant.

---

[35] ALTENKIRCH, W.; MAJUNKE, C.; OHNESORGE, B.: Waldschutz auf ökologischer Grundlage. Stuttgart: Ulmer. 2002. S. 52.
[36] vgl. Ders., S. 42, 52 – 53.
[37] vgl. Ders., S. 59, 65 – 82.

Es wurden folgende Insekten aufgrund ihrer Bedeutsamkeit hinsichtlich der verursachten Waldschäden ausgewählt (siehe Tab. 1). Die Bedeutung der Schädlinge variiert jedoch in den unterschiedlichen Bundesländern, was vor allem auf die jeweils verschiedenen Baumarten zurückzuführen ist.

Tab. 1: Ausgewählte Schädlinge und deren Schadbild

	Name	Schaden		es schadet	befällt vorallem
1	Buchdrucker (Ips typographus)	Rinden-/ Holzbrüter	Stammzerstörer	Larve	Fichten
2	Kupferstecher (Pityogenes chalcographus)			Larve	Fichten
3	Blauer Kiefernprachtkäfer (Phaenops cyanea)			Larve	Kiefer
4	Eichenprachtkäfer (Agrilus biguttatus)			Larve	Eiche
5	Asiatische Laubholzbockkäfer (Anoplophora glabripennis)			Larve	Weiden, Pappeln, Ahorn, Obstbäume
6	Nonne (Lymantria monacha)	Nadelschädling	Blatt- und Nadelfraß	Raupe	Fichten, Kiefer
7	Forleule (Panolis flammea)			Raupe	Kiefer
8	Kiefernspinner (Dendrolimus pini)			Raupe	Kiefer
9	Eichenwickler (Tortrix viridana)	Blattschädling		Raupe	Eiche
10	Schwammspinner (Lymantria dispar)			Raupe	Eichen, Hainbuchen
11	Eichenprozessionsspinner (Thaumetopoea processionea)			Raupe	Eiche
12	Großer brauner Rüsselkäfer (Hylobius abietis)	Schädling an Kulturen	Rindenfraß	Käfer	Douglasien, Kiefern und Lärchen, allg. an Koniferen,
13	Maikäfer (Melolontha)		Wurzelfraß durch Larven (Blattfraß durch Käfer)	Larve (Käfer)	Wurzeln von Laub- und Nadelbäumen

Bei der Auswahl wurden folgende Entscheidungskriterien zugrunde gelegt:
- hohes Schadholzaufkommen und Vertreter Rindenbrüter bei Fichten (Buchdrucker, Kupferstecher)
- Medienrelevanz aufgrund von Gesundheitsgefährdung (Eichenprozessionsspinner)
- Bekämpfung in Massenvermehrung mit dem Hubschrauber (Nonne, Forleule, Kiefernspinner, Eichenwickler, Schwammspinner,)
- allgemeine Bekanntheit (Maikäfer)
- Gefährlichkeit/Quarantäneschädling (Asiatischer Laubholzbockkäfer)
- gefährlichster Schädling an Nadelholzkulturen (Großer brauner Rüsselkäfer)
- Vertreter Rindenbrüter bei Kiefer (Blauer Kiefernprachtkäfer)
- Vertreter Rindenbrüter bei Eiche (Eichenprachtkäfer)

Hintergrundwissen über ihre Biologie, Fraßverhalten und Schadwirkung kann sich entscheidend auf die Interpretation der Daten auswirken. Deshalb sollen diese Schädlinge im

Folgenden hinsichtlich Schadbild und Bekämpfungsmöglichkeiten näher vorgestellt werden.

Buchdrucker und Kupferstecher

Buchdrucker und Kupferstecher sind wohl die bekanntesten Borkenkäfer, die beide als Wirtsbaum die Fichte bevorzugen. Sie „brüten meist in geschwächten, absterbenden oder schon toten (...) Nadelbäumen"[38], die sie anhand von Duftstoffen ausmachen können. Die Käfer wiederum scheiden nach Befall sogenannte Aggregationspheromone aus, die dann weitere Käfer anlocken. Gesunde Bäume können sich durch Ausharzen gegen einen Befall wehren. Bei einer Massenvermehrung können allerdings auch gesunde Bäume der Vielzahl ihrer „Angreifer" unterliegen. In die eingebohrten Löcher legen die Borkenkäfer ihre Eier. Die Larven ernähren sich dann von der Bastschicht und zerstören diese, wodurch der Nährstoff- und Wassertransport des Baumes unterbrochen wird – der Baum stirbt ab. Massenvermehrungen treten besonders nach entsprechenden Witterungseinflüssen wie Sturm- oder Schneebruch, Trockenheit oder einem warmen Frühjahr auf. Bei der Borkenkäferbekämpfung steht an erster Stelle die Entfernung des bruttauglichen Materials, also die saubere Waldwirtschaft. Besonders wichtig ist deshalb die Überwachung der Bestände hinsichtlich zu entfernender Bäume und des vorherrschenden Käferaufkommens. Gängige Maßnahmen sind weiterhin der Einsatz von Lockstofffallen oder Fangbäumen.[39]

Eine chemische Bekämpfung ist in erster Linie zum Werterhalt von Stapelholz möglich und hier auch stellenweise sinnvoll, um das Ausschwärmen der Käfer zu verhindern. Der Einsatz von Insektiziden aus der Luft wiederum ist weder zugelassen (vgl. § 18 Abs. 2 Punkt 2 PflSchG) noch sinnvoll, da Insektizide gegen Borkenkäfer auf dem Stamm ausgebracht werden müssen und dieser beim Sprühen aus der Luft nicht erreicht werden würde. Außerdem werden lebende Bäume nur im Fall einer Massenvermehrung befallen und haben dann keine Überlebenschance. Einzig sinnvolle Bekämpfung ist hier die bereits erwähnte saubere Waldwirtschaft.

Blauer Kiefernprachtkäfer und Zweifleckiger Eichenprachtkäfer

Beide Prachtkäfer verursachen ähnliche Schäden wie die Borkenkäfer, da es sich auch um Rindenbrüter handelt. Sie sind typische Sekundärschädlinge, die besonders die bereits geschwächten Bäume ins Visier nehmen. Dabei tritt der Eichenprachtkäfer häufig

---

[38] ALTENKIRCH, W.; MAJUNKE, C.; OHNESORGE, B.: Waldschutz auf ökologischer Grundlage. Stuttgart: Ulmer. 2002. S. 308.
[39] vgl. Ders., S. 308 – 310.

nach dem Befall durch beispielsweise Eichenwickler, Schwammspinner und Eichenprozessionsspinner an der Eiche auf und der Blaue Kiefernprachtkäfer nach dem Befall durch Nonne oder Forleule an der Kiefer. Wenn die Käfer in Massenvermehrung auftreten, können auch vitale Bäume befallen werden. Die Bekämpfung gestaltet sich hier ebenfalls schwierig. Der Einsatz von Insektiziden an Lagerholz gewährleistet keinen ausreichenden Schutz, da es aufgrund der Robustheit der Käfer einer wesentlich höheren Mittelkonzentration bedarf, als bei der Borkenkäferbekämpfung. An erster Stelle steht auch hier wieder die saubere Waldwirtschaft.[40]

Nonne, Forleule und Kiefernspinner

Hierbei handelt es sich um bedeutende Kiefernschädlinge, wobei die Nonne eher die Fichte bevorzugt. Die Raupen fressen je nach Art und Larvenstadium die jungen Mainadeln, Altnadeln oder auch Knospen des Baumes. Im Entwicklungsverlauf verzehrt beispielsweise die Nonne bis zu 200 Kiefernnadeln oder 1.000 Fichtennadeln.[41] Ihr Fraß ist dabei verschwenderisch, denn beim Abbeißen werden weitere Nadeln in Mitleidenschaft gezogen. Während die Raupen von Nonne und Forleule ausschließlich im Frühjahr fressen, schlüpfen die Raupen des Kiefernspinners bereits im Herbst. Hier treten dann auch erste Fraßschäden auf. Der Frühjahrsfraß im Folgejahr ist aber weit bedeutsamer. Die Überlebenschance der Bäume ist bei der regenerationsfähigeren Kiefer wesentlich höher als bei der Fichte. Letztere überlebt einen starken Fraß eher selten. Die Kiefer dagegen hat bei bis zu 90 % Kahlfraß eine sehr gute Überlebenschance. Dies ist aber letztlich von weiteren Faktoren abhängig wie z. B. Erhalt der Knospen, Befall von Folgeschädlingen oder anderer Stressfaktoren für den Baum (z. B. Trockenheit). Alle drei Schädlinge richten in Massenvermehrung großen Schaden an. Eine Gradation folgt zumeist auf trockene und warme Witterungsverhältnisse und folgt somit keiner direkten Periodizität. Die Schädlinge können nach Abwägung aller Möglichkeiten mit einem Insektizid aus der Luft bekämpft werden.[42]

Eichenwickler, Eichenprozessionsspinner und Schwammspinner

Bei diesen Schädlingen handelt es sich um bedeutende Schadverursacher an der Eiche, die alle Teil der Eichenfraßgesellschaft sind, wobei auch andere Laubbäume als Wirt infrage kommen. Die Raupen fressen je nach Art und Larvenstadium an den Knospen und

---

[40] vgl. MUCK, M.; LOBINGER, G.; Bayerische Landesanstalt für Wald und Forstwirtschaft (Hrsg.): Zunahme des Prachtkäferbefalls in Bayern. 2007. S. 1 – 4.
[41] vgl. EBNER, S., SCHERER, A.: Die wichtigsten Forstschädlinge. 4. Auflage. Stuttgart: Leopold Stocker Verlag. 2012. S. 62.
[42] vgl. ALTENKIRCH, W.; MAJUNKE, C.; OHNESORGE, B.: Waldschutz auf ökologischer Grundlage. Stuttgart: Ulmer. 2002. S. 325 – 329.

Blättern der Eiche. Auch nach einem Kahlfraß ist ein Wiederaustrieb im Juni möglich (Johannistrieb). So kann die Eiche auch einen wiederholten Kahlfraß überstehen. Jedoch werden die Bäume geschwächt und sind somit auch anfälliger.[43]

Der Eichenprozessionsspinner (EPS) nimmt eine besondere Stellung ein, da er neben seiner forstwirtschaftlichen Bedeutung auch eine nicht unerhebliche Gefahr für die menschliche Gesundheit darstellt. Durch seine Brennhaare wird das Nesselgift Thaumetopoein abgegeben, das beim Menschen allergische Reaktionen hervorrufen kann.[44]

Ist der Bestand in seiner Existenz bedroht (z. B. nach Mehrfachbefall), besteht die Möglichkeit diese Schädlinge mit einem Insektizid aus der Luft zu bekämpfen. Aufgrund der Artenvielfalt an der Eiche und den zahlreich vorhandenen Nicht-Ziel-Organismen ist der Einsatz von selektiven Insektiziden notwendig, allerdings wegen der Vielzahl der zu bekämpfenden Schädlinge auch schwierig.[45]

Großer Brauner Rüsselkäfer

Hierbei handelt es sich um den wichtigsten Schädling an Nadelholzkulturen. Beim Großen Braunen Rüsselkäfer schaden nicht die Larven, sondern die adulten Käfer selbst. Er frisst an Rinde und Kambium junger Bäume; vor allem Fichte und Kiefer. Wird die Pflanze geringelt oder die Rinde auf großen Flächen zerstört, besteht so gut wie keine Überlebenschance. Überlebende Pflanzen sind geschwächt und für weitere Schadeinflüsse anfällig. Da die Eier in toten Baumstümpfen abgelegt werden, ist besonders nach Kahlschlägen mit einer Massenvermehrung zu rechnen. Deswegen sind auch intensive Überwachungs- und Präventionsmaßnahmen (z. B. Schlagruhe) nötig. Der Einsatz von Insektiziden mittels Hubschrauber scheidet bei Jungpflanzen aufgrund des fehlenden Kronenbereiches (vgl. § 18 Abs. 2 Punkt 2 PflSchG) aus. Eine chemische Bekämpfung ist im Spritz- oder Tauchverfahren möglich. Weiterhin gibt es mechanische Verfahren wie das Auslegen von Fangrinden.[46]

Maikäfer

Der Maikäfer ist wohl einer der bekanntesten Insekten. Den meisten Menschen wird er jedoch nicht als Waldschädling bekannt sein. In Massenvermehrung kann es innerhalb

---

[43] vgl. ALTENKIRCH, W.; MAJUNKE, C.; OHNESORGE, B.: Waldschutz auf ökologischer Grundlage. Stuttgart: Ulmer. 2002. S. 318, 330 – 331.
[44] vgl. ARBOFUX - Diagnosedatenbank für Gehölze (Hrsg.), LOHRER, T.: Eichenprozessionsspinner. 2013.
[45] vgl. ALTENKIRCH, W.; MAJUNKE, C.; OHNESORGE, B.: Waldschutz auf ökologischer Grundlage. Stuttgart: Ulmer. 2002. S. 318.
[46] vgl. Ders. S. 302 – 304.

des Reifefraßes zum Kahlfraß der Wirtsbäume kommen, wobei sich die Bäume meist regenerieren. Die eigentliche Gefahr geht von den Engerlingen, also von den Larven aus. Maikäfer haben eine Generationsdauer von vier Jahren, weswegen ein Flugstamm auch ca. alle vier Jahre ein Hauptflugjahr hat. Besonders im 2. und 3. Entwicklungsjahr richten die Engerlinge große Schäden an den Wurzeln an.[47]

Massenvermehrungen verlaufen meist zyklisch, wobei zwischen den Gradationen bis zu 45 Jahre liegen können.[48] Wirksam gegen die Engerlinge ist der Pilz Beauveria brongniartii, dessen flächendeckender Einsatz aber aufgrund der Ausbringungsart (Pflanzlochbehandlung bei Neupflanzungen oder allgemeine Bodeneinarbeitung) unmöglich ist.[49] Gegen die adulten Käfer selbst kann bei Bestandsbedrohung auch durch den aviochemischen Einsatz von Insektiziden vorgegangen werden[50], wodurch die Anlage einer Neubrut verhindert bzw. minimiert wird.

Asiatische Laubholzbockkäfer

Der Asiatische Laubholzbockkäfer (ALB) nimmt in dieser Schädlingsaufstellung einen besonderen Platz ein, da es sich nicht um einen einheimischen Schädling handelt, sondern um eine invasive Art (Neozoon). Er wird vor allem in Verpackungsmaterial (z. B. Paletten) aus China eingeschleppt und in Europa gem. Richtlinie 2000/29/EG Anhang I als Quarantäneschädling eingestuft. Er zählt zu den hundert gefährlichsten invasiven Arten[51] der Welt.[52]

Der ALB ist besonders gefährlich. Er ist bei der Wirtsbaumwahl nicht wählerisch, denn vom Prinzip kommen alle Laubbäume und sogar Sträucher in allen Altersklassen für die Brut infrage. Anders als die bereits vorgestellten Rindenbrüter befällt der ALB problemlos vitale Bäume. Die Larven fressen sich dabei bis ins Splintholz vor und verursachen dadurch eine massive Schädigung des Baumes. Schon wenige Larven können je nach Alter und Vitalität des Baumes zu seinem Absterben führen.[53]

---

[47] vgl. JULIUS-KÜHN-INSTITUT (Hrsg.): Der Waldmaikäfer Melolontha hippocastani F. 2010. S. 1 – 2.
[48] vgl. ALTENKIRCH, W.; MAJUNKE, C.; OHNESORGE, B.: Waldschutz auf ökologischer Grundlage. Stuttgart: Ulmer. 2002. S. 296.
[49] vgl. Julius-Kühn-Institut (Hrsg.): Das Maikäfer-Phänomen. 2011. S. 2 – 3.
[50] vgl. Julius-Kühn-Institut (Hrsg.): Der Waldmaikäfer Melolontha hippocastani F. 2010. S. 1.
[51] vgl. GISD - Global Invasive Species Database; Invasive Species Specialist Group (Hrsg.): 100 of the World's Worst Invasive Alien Species. 2013.
[52] vgl. HOLLJESIEFKEN, A.; Schriftenreihe Natur und Recht, Bd. 8: Die rechtliche Regulierung invasiver gebietsfremder Arten in Deutschland. Berlin: Springer Verlag. 2007. S. 40.
[53] vgl. WALDWISSEN.NET (Hrsg.), WERMELINGER, B. et al.: Asiatischer Laubholzbockkäfer und Chinesischer Laubholzbockkäfer. 2013.

Die Käfer sind träge und fliegen somit nur kleiner Strecken, weswegen die Ausbreitung eher langsam erfolgt. Aufgrund seiner Gefährlichkeit ist der Fund eines Asiatischen Laubholzbockkäfers meldepflichtig. Bekämpfungsmaßnahmen basieren auf dem EU-Durchführungsbeschluss 2015/893 mit der Zielsetzung, den Schädling auszurotten. Demnach gelten Einfuhrbestimmungen für Länder, in denen der ALB vorkommt. Bei Feststellung eines Käferbefalles werden die Bäume umgehend gefällt und entsorgt. Es wird eine Quarantänezone definiert und ein intensives Monitoring durchgeführt. Sogar eigens ausgebildete Spürhunde kommen zum Einsatz.[54]

Die Quarantänezone bleibt mindestens vier Jahre bestehen.[55]

3.3.2.2 Abwehr bzw. Regulation potenzieller Schadinsekten

Die Bäume besitzen unterschiedliche Abwehrmechanismen, die sie zur Verteidigung gegen ihre Angreifer einsetzen. Hierin spiegelt sich ihre Widerstandskraft bzw. Resistenz wieder. Ein Abwehrmechanismus ist z. B. die Aussonderung von Harz beim Eindringen eines Schädlings. Manche Bäume können das befallene Gewebe sogar zum Absterben bringen (Abwehrnekrose).[56]

In einer Massenvermehrung kann sich der Baum aber kaum in ausreichender Intensität wehren. Die Populationsentwicklung wird durch verschiedene Regulationsmechanismen beeinflusst. Durch verringertes Nahrungsangebot, mangelndem Platz, Witterungsbedingungen oder dem verstärkten Auftreten von Antagonisten kann das Wachstum einer Population gebremst werden oder sogar zum Zusammenbruch führen.[57]

Vorbeugung ist ein weiterer Schlüsselbegriff. Monokulturen sind anfällig für Schädlinge. Durch naturnahe Waldbestände mit standortgerechten Baumarten – im Optimalfall als Mischwald – wird weniger Angriffsfläche geboten und der Bestand gestärkt. Auch die saubere Waldwirtschaft hilft dabei Massenvermehrung zu reduzieren.[58]

Nützlinge sollten wo möglich gefördert werden, da sie als natürliche Feinde der Schadinsekten fungieren und zu deren Schwächung beitragen. Auch hier stehen waldbauliche Maßnahmen und gezielte Schutzmaßnahmen an oberster Stelle.[59]

---

[54] vgl. BAYERISCHE LANDESANSTALT FÜR LANDWIRTSCHAFT (Hrsg.): Der Asiatische Laubholzbockkäfer (ALB) in Bayern. o.J.
[55] vgl. BAYERISCHE LANDESANSTALT FÜR LANDWIRTSCHAFT (Hrsg.): Quarantänezone - ALB. o.J.
[56] vgl. BUNDESAMT für Umwelt Schweiz BAFU (Hrsg.): Anwendung von Pflanzenschutzmitteln im Wald. 2010. S. 34 - 35.
[57] vgl. Ders., S. 19 - 20.
[58] vgl. Ders., S. 56 - 58.
[59] vgl. ALTENKIRCH, W.; MAJUNKE, C.; OHNESORGE, B.: Waldschutz auf ökologischer Grundlage. Stuttgart: Ulmer. 2002. S. 111.

Neben diversen mechanischen oder physikalischen Methoden steht als letztes Mittel der Wahl der Einsatz von chemischen Pflanzenschutzmitteln zur Verfügung.

3.4 Pflanzenschutzmittel gegen Insekten im Wald

3.4.1 Gesetzliche Bestimmungen

Im Jahre 2009 wurde das europäische Pflanzenschutzpaket verabschiedet, das neben den direkt geltenden EU-Verordnungen auch zu einigen Neuerungen im deutschen Recht führte. Seit dem Neuerlass des Pflanzenschutzgesetzes (PflSchG) im Jahr 2012 muss gem. § 9 der Anwender, Vertreiber oder Berater über einen Sachkundenachweis verfügen. Damit ein PSM angewendet werden darf, muss es für den Einsatz zugelassen sein (vgl. § 12 Abs. 1 PflSchG). Für die Zulassung gilt europäisches Recht, wonach die Wirkstoffe der PSM „in einem für alle Mitgliedstaaten verbindlichen Gemeinschaftsverfahren"[60] bewertet werden (vgl. Verordnung (EG) Nr. 1107/2009 Artikel 4 ff sowie Anhang II). Die Zulassung eines PSM in einem Mitgliedstaat ist nur dann möglich, wenn der Wirkstoff in einer Positivliste enthalten ist. Durch zonale Zulassungsverfahren ist die Antragstellung für mehrere Mitgliedstaaten möglich. Die Einteilung Europas erfolgte hierfür in drei Zonen was außerdem die gegenseitige Anerkennung der PSM-Zulassungen ermöglicht (vgl. Verordnung (EG) Nr. 1107/2009 Artikel 40 ff). In Deutschland ist das Bundesamt für Verbraucherschutz und Lebensmittelsicherheit für die Bearbeitung der Anträge verantwortlich.[61]

Weiterhin besteht eine Aufzeichnungspflicht zum Einsatz von PSM (vgl. VO (EG) Nr. 1107/2009 Artikel 67 sowie § 11 PflSchG) wonach vor allem Menge, verwendetes Mittel, Fläche, behandelte Pflanze und Zeitpunkt der Verwendung dokumentiert werden müssen. Diese Daten können zwar im Zuge der Überwachungs- und Kontrollaufgaben (vgl. Verordnung (EG) Nr. 1107/2009 Artikel 68) von übergeordneter Stelle abgerufen werden, allerdings besteht keine zentrale Meldepflicht, weswegen auch keine Gesamterhebung zum Einsatz von Insektiziden existiert (vgl. Punkt 4.1.1.1). In diesem Zusammenhang soll auch auf die Verordnung (EG) Nr. 1185/2009 verwiesen werden, wonach die Mitgliedstaaten verpflichtet sind, Daten zum Absatz und zur Anwendung von PSM an die Europäische Kommission zu melden. Gemäß Artikel 1 Abs. 2 in Verbindung mit Anhang II der Verordnung (EG) Nr. 1185/2009 bezieht sich diese Verpflichtung aber ausschließlich auf eine landwirtschaftliche Verwendung.

---

[60] DIENSTLEISTUNGSZENTRUM LÄNDLICHER RAUM (DLR) Rheinpfalz (Hrsg.): Pflanzenschutzgesetz. 2015.
[61] vgl. Ders.

Wie bereits unter Punkt 3 erwähnt, darf der Einsatz von PSM nur im Rahmen der guten fachlichen Praxis und des integrierten Pflanzenschutzes erfolgen, wonach vor allem der Einsatz auf das Nötigste beschränkt werden soll. Eine Bekämpfung kommt demnach nur infrage, wenn der Waldbestand unmittelbar in seiner Existenz bedroht ist, keine andere Art der Gefahrenabwehr besteht, die Maßnahme insbesondere mit der Schutz- und Erholungsfunktion vereinbar ist und die zu erwartenden Nebenwirkungen geringer sind, als die Folgen einer Nichtbehandlung.

Die Ausbringung von PSM mit Luftfahrzeugen ist gem. § 18 Abs. 1 PflSchG ohne Genehmigung verboten. Eine Genehmigung kann nur auf Antrag erfolgen und ist nur für die Ausbringungen im steillagigen Weinbau oder im Kronenbereich von Wäldern zulässig (vgl. § 18 Abs. 2 PflSchG). Eine Genehmigung wird nur erteilt, wenn „keine schädlichen Auswirkungen auf die Gesundheit von Mensch und Tier oder auf Grundwasser und keine sonstigen nicht vertretbaren Auswirkungen auf den Naturhaushalt"[62] zu erwarten sind. Genauere Bestimmungen über die Genehmigung und Durchführung der aviochemischen Bekämpfung regeln die Artikel 9 ff der Richtlinie 2009/128/EG. Unter anderem ist ein Antrag demnach nur zu genehmigen, wenn keine andere Alternative der Gefahrenabwehr besteht. Sollte es sich bei der befallenen Fläche um ein Naturschutzgebiet handeln, ist die Zulassung nur über eine sogenannte Notfallzulassung durch die zuständige Landesbehörde möglich. Bei der Anwendung in Schutzgebieten gelten darüber hinaus die Vorschriften der Länder (vgl. § 22 Abs. 1 PflSchG).[63]

Der Vollständigkeit halber soll erwähnt werden, dass der Einsatz von Insektiziden zum Schutz der menschlichen Gesundheit nicht unter das PflSchG fällt, sondern unter das Biozidrecht.[64]

3.4.2 Ausbringung von Insektiziden

Ein Geräte zur Ausbringung eines PSM muss „so beschaffen sein, dass bei seiner bestimmungsgemäßen und sachgerechten Verwendung die Anwendung des Pflanzenschutzmittels keine schädlichen Auswirkungen auf die Gesundheit von Mensch und Tier und auf das Grundwasser sowie keine sonstigen nicht vertretbaren Auswirkungen, insbesondere auf den Naturhaushalt, hat, die nach dem Stande der Technik vermeidbar sind."[65]

---

[62] § 18 Abs. 4 PflSchG.
[63] vgl. UMWELTBUNDESAMT (Hrsg.): Pflanzenschutz mit Luftfahrzeugen. 2015. S. 2 – 3.
[64] vgl. UMWELTBUNDESAMT (Hrsg.): Im Hubschrauber gegen Eichenprozessionsspinner & Co. 2015.
[65] § 16 Abs. 1 PflSchG.

Die Insektizide werden dabei beispielsweise im Spritzverfahren, Tauchverfahren oder mittels Luftfahrzeug ausgebracht.[66]

3.4.3 Insektizide und deren Wirkungsweise

Bei den Insektiziden handelt es sich um eine Mittelgruppe aus der Kategorie der Pflanzenschutzmittel. Sie werden zur Bekämpfung von Insekten eingesetzt und basieren auf unterschiedlichen Wirkstoffgruppen. Im Folgenden sollen drei wichtige Wirkstoffgruppen erläutert werden, die im weiteren Verlauf dieser Untersuchung von Bedeutung sind. Hierzu zählen die **Pyrethroide**. Sie wirken bei Kontakt und Fraß als Nervengift. Es ist folglich keine Blattmasse nötig, weswegen die Mittel auch nach einem Kahlfraß zur Verfügung stehen. Die Einwirkzeit ist gering. Weiterhin gibt es die **Chitinsynthesehemmer**, die mit der Nahrung aufgenommen werden. Sie verhindern die Häutung bestimmter Insekten in einem abgegrenzten Larvenstadium und führen somit zum Absterben. Die Wirkung setzt verzögert ein. Außerdem gibt es Präparate auf Basis des Bakteriums **Bacillus thuringiensis (B.t.)**, die ebenfalls über die Nahrung aufgenommen werden. Die toxische Wirkung entfaltet sich erst im Darm bestimmter Insekten. Durch Entzündungen kommt es nach relativ kurzer Einwirkzeit zur Zerstörung des Darmepithels. Bei Fraßgiften ist das Vorhandensein einer Nahrungsgrundlage (z. B. Blattmasse) zwingend erforderlich, damit sie wirken können.[67]

Im weiteren Verlauf dieser Untersuchung wird insbesondere der Zeitraum 2004 bis 2015 betrachtet. In dieser Zeit wurden zur aviochemischen Bekämpfung forstlicher Insekten vor allem folgende Insektizide eingesetzt:
- **Karate Forst** aus der Wirkstoffgruppe der Pyrethroide
- **Dimilin** aus der Wirkstoffgruppe der Häutungshemmer
- **Dipel ES** aus der Wirkstoffgruppe der B.t.-Präparate

3.4.4 Zugelassene Mittel für den Einsatz im Wald und in der Landwirtschaft

Das Bundesamt für Verbraucherschutz und Lebensmittelsicherheit veröffentlicht im sogenannten Pflanzenschutz-Verzeichnis die zugelassenen Pflanzenschutzmittel je nach Einsatzgebiet. Im aktuellen Verzeichnis für 2016 gibt es sieben Teile, wovon Teil 4 die forst-

---

[66] vgl. ALTENKIRCH, W.; MAJUNKE, C.; OHNESORGE, B.: Waldschutz auf ökologischer Grundlage. Stuttgart: Ulmer. 2002. S. 140 – 141.
[67] vgl. Ders., S. 133 – 137, 361.

lich zugelassenen Mittel auflistet. Hierin enthalten sind momentan elf zugelassene Mittel zur Bekämpfung von Insektiziden im Wald.[68]

Vergleich zur Landwirtschaft: In Teil 1 betreffend Ackerbau, Wiesen und Weiden, Hopfenbau und Nichtkulturland werden bereits 77 zulässige Insektizide[69] festgelegt und in Teil 2 betreffend Gemüsebau, Obstbau und Zierpflanzenbau sind es 118 Insektizide[70].

3.4.5 Risiken und Nebenwirkungen

Die Ausbringung von Insektiziden zieht nicht nur den gewünschten Effekt nach sich, sondern es entstehen weitere unerwünschte Nebeneffekte. Zum einen wirken die Insektizide nicht nur auf den Zielorganismus, sondern haben auch direkte oder indirekte Auswirkungen auf Nicht-Ziel-Organismen. Je nach Wirkungsgrad des Insektizids können diese auch für artverwandte Insekten tödlich sein. Weiterhin besteht die Gefahr der Nebenwirkungen auf entferntere Verwandte, also z. B. Insekten oder allgemein Arthropoden mit ähnlicher Systematik bzw. Taxonomie. Diesbezüglich sind vor allem die Bienen und andere Nutzorganismen zu nennen. Nebenwirkungen können z. B. in Form von verminderter Fraßleistung oder verringerter Fertilität auftreten. Die Wirkungsbreite wird durch die **Selektivität** beschrieben. Je nach Abbauverhalten der chemischen Bestandteile und der im Abbauprozess entstehenden Metaboliten kommt es außerdem zu Stoffeinträgen in Boden, Grundwasser und Gewässern, wo wiederum mit Auswirkungen auf dort lebende Organismen zu rechnen ist. Dies betrifft z. B. die Bodenmikroflora, Regenwürmer, Fische und Fischnährtiere. Die Verweildauer der chemischen Verbindungen in der Umwelt bzw. die Dauer des Abbauprozesses wird durch eine hohe oder niedrige **Persistenz** angegeben. Manche Stoffe werden vollständig abgebaut – andere dagegen **reichern sich in der Nahrungskette an**. Sie werden von Konsument zu Konsument weitergegeben und finden sich zum Schluss „in bedenklicher Konzentration in Fischen und Vögeln"[71] wieder. Man spricht von Bioakkumulation. Nach Bekanntwerden solcher Folgen wie beispielsweise bei dem nunmehr verbotenen Insektizid DDT, werden solche Insektizide heutzutage nicht mehr zugelassen. Ein weiteres wichtiges Kriterium hinsichtlich der Nebenwirkungen ist die **Warmblütertoxizität**. Sie beschreibt die Giftigkeit eines Insektizids gegenüber Vögeln,

---

[68] vgl. BUNDESAMT für Verbraucherschutz und Lebensmittelsicherheit (Hrsg.): Pflanzenschutzmittelverzeichnis 2016 Teil 4. 2016. S. 17 – 23.
[69] vgl. BUNDESAMT für Verbraucherschutz und Lebensmittelsicherheit (Hrsg.): Pflanzenschutzmittelverzeichnis 2016 Teil 1. 2016. S. 152 – 185.
[70] vgl. BUNDESAMT für Verbraucherschutz und Lebensmittelsicherheit (Hrsg.): Pflanzenschutzmittelverzeichnis 2016 Teil 2. 2016. S. 150 – 229.
[71] ALTENKIRCH, W.; MAJUNKE, C.; OHNESORGE, B.: Waldschutz auf ökologischer Grundlage. Stuttgart: Ulmer. 2002. S. 138.

Säugetieren und damit auch gegenüber dem Menschen. Neben diesen direkten Auswirkungen kann es beispielsweise durch die Minimierung des Nahrungsangebotes zu Brutausfällen bei bestimmten Vogelarten kommen (indirekte Auswirkung).[72]

Die unter Punkt 3.4.3 vorgestellten Mittel haben unterschiedliche Wirkungsweisen und damit auch unterschiedliche Nebenwirkungen. Die Pyrethroide sind demnach als die „gefährlichsten" der genannten Insektizide einzustufen. Sie haben
- eine geringe Selektivität (wirken prinzipiell auf Arthropoden)
- eine mittelmäßige Persistenz (bauen sich langsam im Boden ab, jedoch sind keine Grundwassereinträge zu erwarten)
- eine niedrige Warmblütertoxizität
- ein erhebliches Risikopotenzial für Fische und Invertebraten

Anreicherungen in der Nahrungskette sind nicht bekannt.[73&74]

Die Cithinsynthesehemmer haben
- eine hohe Selektivität (wirkt nur im Entwicklungsstadium der Häutung)
- eine hohe Persistenz (hält sich lang auf den Blättern, jedoch schneller Abbau im Boden; Grundwassereinträge sind nicht zu erwarten)
- eine sehr geringe Warmblütertoxizität
- ein erhebliches Risikopotenzial für Invertebraten

Anreicherungen in der Nahrungskette sind nicht bekannt.[75&76]

Die B.t.-Präparate haben
- eine sehr hohe Selektivität (Schmetterlingsraupen)
- eine sehr geringe Persistenz (Grundwassereinträge sind nicht zu erwarten)
- keine Warmblütertoxizität
- keine zu erwartenden Auswirkungen auf Arten in Gewässern

Es kommt zu keinen Anreicherungen in der Nahrungskette.[77&78]

---

[72] vgl. ALTENKIRCH, W.; MAJUNKE, C.; OHNESORGE, B.: Waldschutz auf ökologischer Grundlage. Stuttgart: Ulmer. 2002. S. 138 – 140.
[73] vgl. MÜLLER, Michael: Ökologische Waldwirtschaft/Ökologischer Waldschutz ‚Teil II: Waldschutz. Rostock: Universität, 2013. S. 16.
[74] vgl. UMWELTBUNDESAMT (Hrsg.): Umweltauswirkungen von Bioziden und Pflanzenschutzmitteln zur EPS-Bekämpfung. o.J.
[75] vgl. MÜLLER, Michael: Ökologische Waldwirtschaft/Ökologischer Waldschutz ‚Teil II: Waldschutz. Rostock: Universität, 2013. S. 16.
[76] vgl. UMWELTBUNDESAMT (Hrsg.): Umweltauswirkungen von Bioziden und Pflanzenschutzmitteln zur EPS-Bekämpfung. o.J.
[77] vgl. MÜLLER, Michael: Ökologische Waldwirtschaft/Ökologischer Waldschutz ‚Teil II: Waldschutz. Rostock: Universität, 2013. S. 16.
[78] vgl. UMWELTBUNDESAMT (Hrsg.): Umweltauswirkungen von Bioziden und Pflanzenschutzmitteln zur EPS-Bekämpfung. o.J.

In einem Bericht der Bundesanstalt für Arbeitsschutz und Arbeitsmedizin aus dem Jahr 2003 wurden die Insektizide Karate Forst, Dimilin 80 WG und Dipel ES im Auftrag des Bundesministeriums für Umwelt, Naturschutz und Reaktorsicherheit einer kursorischen Bewertung unterzogen. Die Bundesanstalt für Arbeitsschutz und Arbeitsmedizin kommt demnach zu dem Schluss, „dass die Verwendung unter Berücksichtigung der festgelegten Anwendungsbedingungen und -konzentrationen für Mensch und Umwelt vertretbar ist."[79]

3.4.6 Umweltverbände zum Thema Pflanzenschutzmittel im Wald

Wegen der besagten Nebenwirkungen sind viele Umweltverbände und Naturschutzorganisationen gegen den Einsatz von PSM im Wald – insbesondere gegen die Ausbringung mit Luftfahrzeugen. Prinzipiell wird davon ausgegangen, dass man bei einheimischen Arten nicht von einem „Schädling" sprechen darf – „Im Gegenteil: Sie können sogar bei einem Waldumbau zurück zu standortgerechtem Mischwald helfen."[80] Im Vordergrund der Kritik steht die Wirkung auf Nicht-Ziel-Organismen in direkter oder indirekter Weise. Es wird von massivem Artenrückgang und dramatischem Insektensterben[81] gesprochen, weswegen nach Auffassung der Umweltverbände der Einsatz von Pflanzenschutzmitteln unverantwortlich ist.[82] Weiterhin werden die verwendeten Insektizide als gesundheitsgefährdend eingestuft und die Auswirkungen auf Mensch und Umwelt als nicht ausreichend erforscht.[83]

Diese Kritik wird in Positionspapieren und anderen Veröffentlichungen bekannt gegeben. Auch wurde bereits gerichtlich gegen geplante aviochemische Bekämpfungseinsätze vorgegangen.[84]

Die Argumente der Umweltverbände sind zum Teil nachvollziehbar und beschreiben letztlich keine andere Bedenken, als die der Forstwirtschaft. Dennoch steht diese, wie bereits beschrieben, oftmals scharf in der Kritik. Die Betrachtungsweisen und Argumente wirken oft einseitig, vereinfacht und meist sehr dramatisch. So wird beispielsweise meist von großflächigen Bekämpfungsmaßnahmen gesprochen, welche die Biodiversität gefährden. In der Realität kommt es wegen heterogener Waldstrukturen, unterschiedlicher Besitzverhältnissen oder auch wegen Abstandseinhaltung zu Gewässern und Waldrändern eher zu

---

[79] BUNDESMINISTERIUM für Umwelt, Naturschutz und Reaktorsicherheit (Hrsg.): Bericht zur Bewertung der Mittel gegen den Eichenprozessionsspinner. 2013. S. 1.
[80] BUND für Umwelt und Naturschutz Deutschland e.V.: Wald und Pestizide: Gifteinsatz nur als letztes Mittel. o.J.
[81] vgl. NABU – Naturschutzbund Deutschland e.V.: Dramatisches Insektensterben. o.J.
[82] vgl. NABU – Naturschutzbund Deutschland e.V.: Kein Gifteinsatz über deutschen Wäldern. 2012.
[83] vgl. BUND für Umwelt und Naturschutz Deutschland e.V.: Unseren Wald vor Pestiziden schützen. 2012. S. 1 - 2.
[84] vgl. NABU – Naturschutzbund Deutschland e.V.: Eichenprozessionsspinner-Bekämpfung in Wäldern. 2014.

mehreren kleineren Bekämpfungsflächen. So war z. B. in Bayern 2011 die Gesamtbekämpfungsfläche gegen den ESP 2.218 ha groß. Sie unterteilte sich in 90 getrennte Flächen. Dadurch wird die Gefährdung der Biodiversität minimiert.[85]

Ein weiteres Bespiel für die einseitige Darstellung ist die Aussage, dass bei der Bekämpfung mit Dipel ES 214 Schmetterlingsarten betroffen sein können.[86] Dies ist an sich keine falsche Aussage, allerdings befinden sich bei einer Massenvermehrung an den befallenen Eichen in erster Linie die Raupen der Eichenfraßgesellschaft. Diese dominieren hier das System und verdrängen andere Arten, da für diese keine Nahrung übrig bleibt. Tötet man die dominierende Art, kann meist bereits einige Monate später eine größere Vielfalt und eine größere Individuenanzahl in den Arten beobachtet werden.[87]
Der interessierte aber wenig informierte Bürger weiß davon aber nichts und somit sind die Argumente der Umweltverbände gut nachvollziehbar und vermitteln kein positives und auch falsches Bild von der Forstwirtschaft bzw. dem Insektizideinsatz.

3.5 Fazit

Der Wald ist nicht nur von lokaler oder regionaler Bedeutung, sondern wirkt auf globaler Ebene (z. B. als CO_2 Speicher). Waldareale sind artenreiche und vielschichtige Ökosysteme. Waldschutz beinhaltet deswegen nicht nur den Schutz des Waldes als Ganzes, sondern er muss auch das Zusammenspiel und die Wechselwirkungen der einzelnen Teilbereiche im Auge behalten und dabei außerdem die verschiedenen Funktionen des Waldes berücksichtigen, denn nur intakte Ökosysteme bedeuten auch Walderhalt.

Aufgrund der strengen gesetzlichen Vorlagen bzw. Auflagen, die sich mit den Neuerungen im Pflanzenschutzrecht ergeben haben, wird die aviochemische Ausbringung von Insektiziden und damit der Waldschutz zunehmend erschwert. Genehmigungen erfolgen mit Auflagen, die oftmals zu allgemein gehalten sind und damit der Zielwirkung des Einsatzes entgegenstehen (z. B. Ausbringung auf max. 50 % einer zusammenhängenden Waldfläche; Stand 2015).[88]
Experten befürchten sogar die Entwicklung „hin zu einem folgenloses Monitoring"[89].

---

[85] vgl. PETERCORD, R.: Pflanzenschutz mit Luftfahrzeugen. In: AFZ Der Wald, 70. Jahrgang 2015, Heft 8, S. 15.
[86] vgl. NABU – Naturschutzbund Deutschland e.V.: Kein Gifteinsatz über deutschen Wäldern. 2012.
[87] mündliches Gespräch mit Herrn Prof. Dr. Michael Müller – Lehrstuhlinhaber der Professur für Waldschutz an der TU Dresden.
[88] vgl. PETERCORD, R.: Pflanzenschutz mit Luftfahrzeugen. In: AFZ Der Wald, 70. Jahrgang 2015, Heft 8, S. 11 – 13.
[89] KRONAUER, H.: Liebe Leserinnen und Leser. In: AFZ Der Wald, 70. Jahrgang 2015, Heft 7, S. 3.

Darüber hinaus verringert sich die Anzahl der zugelassenen Mittel immer mehr. Ein wichtiger Grund hierfür ist sicherlich, dass die Hersteller von PSM aufgrund der geringen Abnahmemengen im Forst das Interesse an einer Zulassung verlieren.[90]

Insektizide werden schließlich nur ultima ratio eingesetzt, weswegen die Ausbringungsmenge im Wald quasi bedeutungslos ist.[91] Anders sehen das diverse Umweltverbände, wie unter Punkt 3.4.6 erörtert.

---

[90] vgl. PETERCORD, R.: Pflanzenschutz mit Luftfahrzeugen. In: AFZ Der Wald, 70. Jahrgang 2015, Heft 8, S. 14.
[91] vgl. DEUTSCHER LANDWIRTSCHAFTSVERLAG (Hrsg.): BDF verwahrt sich gegen die Darstellung des NABU. 2015.

4 Methodik, Durchführung & Auswertung der Datenerhebung

Nachdem die Hypothese erläutert und der Sachstand zum Waldschutz kurz beschrieben wurde, soll im Folgenden auf den Praxisteil der Studie sowie dessen Auswertung eingegangen werden.

Für die vorliegende Studie wurde eine dreifache Datenerhebung durchgeführt, wobei jeder Teil als eigenständige Säule der gesamten Untersuchung zu verstehen ist. In der ersten Säule wurde die Erhebung der Schad- und Bekämpfungsflächen sowie die Auswertung der tatsächlichen Anwendungsfälle von Insektiziden im Wald in den Jahren 2004 bis Anfang 2015 durchgeführt. In der zweiten Säule wurde untersucht, welche Informationen im selben Zeitraum durch die Presse vermittelt wurden und welche Qualität diese hatten. In der dritten Säule wurden abschließend die Wahrnehmung und der Wissensstand der Bevölkerung mittels empirischer Datenerhebung in Form eines Fragebogens erfasst. Die jeweils gewonnenen Erkenntnisse flossen bei der Entwicklung, Herangehensweise und Umsetzung der nachkommenden Säulen mit ein, sodass diese aufeinander aufbauen.

4.1 Erste Säule: Schad- und Bekämpfungsflächen

In diesem Abschnitt wurde zur Ermittlung der tatsächlichen Schad- und Bekämpfungsflächen die Fachzeitschrift „AFZ Der Wald" herangezogen. Ziel der Studie war die Betrachtung über einen Zeitraum von zehn Jahren. Um die vollständigen Daten für ein Kalenderjahr zu erfassen, sind jeweils zwei Jahrgänge der Zeitschrift „AFZ Der Wald" zu betrachten, da den relevanten Ausgaben eine jahresübergreifende Erhebungsperiode zugrunde liegt. Begonnen wurde mit der zu Beginn der Studie aktuellsten Ausgabe (Jahrgang 70), die sich auf die Erhebungsperiode 2014/2015 bezieht. Hiervon ausgehend wurden elf Jahrgänge zur Auswertung herangezogen (60. – 70. Jahrgang). Durch diese Vorgehensweise sind die Erhebungsperioden 2004/2005 bis 2014/2015 inkludiert, sodass Daten für zehn volle Kalenderjahre (2005 – 2014) zur Verfügung stehen.

4.1.1 Herangehensweise

Wie unter Punkt 3.4.2 beschrieben, gibt es verschiedene Bekämpfungsmethoden. Statistische Zahlen für die Bekämpfungsflächen bzw. -mengen z. B. für die Behandlung von Stapelholz oder Tauchverfahren bei Rüsselkäferbefall liegen nicht vor. Für den Einsatz von Pflanzenschutzmitteln aus der Luft hingegen ist entsprechendes Zahlenmaterial vorhanden.

4.1.1.1 Die Zeitschrift „AFZ Der Wald"

In der Fachzeitschrift „AFZ Der Wald" erscheint seit 25 Jahren[92] einmal pro Jahr jeweils in Heft 7 ein Bericht zur Waldschutzsituation des vergangenen Jahres. War es anfangs nur in Form einer losen Berichterstattung, an der sich nicht alle Bundesländer beteiligt haben, so entwickelte es sich doch zu einem umfangreichen und informativen Waldschutzbericht der Länder.[93] Die Situation in den Bundesländern Saarland, Schleswig-Holstein, Hessen und Niedersachsen wird jeweils in einem Bericht (Nordwestdeutschland) zusammengefasst. Die Bundesländer Baden-Württemberg, Bayern, Rheinland-Pfalz, Thüringen, Sachsen, Nordrhein-Westfalen, Brandenburg (inkl. Berlin) und Mecklenburg-Vorpommern geben jeweils einen eigenen ca. 4-seitigen Bericht ab.

Hinsichtlich Form und Inhalt gibt es keine Vorgaben, sodass sich die Berichte in ihrer Struktur unterscheiden. Die Meldungen beziehen sich im Wesentlichen auf die Ereignisse aus dem Vorjahr. Allerdings werden des Öfteren auch Prognosen für das laufende bzw. kommende Jahr mit angegeben. Dies betrifft vor allem Insekten, deren Populationsentwicklung überwacht wird. So werden auch die Berichterstattungen jeweils auf eine jahresübergreifende Erhebungsperiode deklariert (z. B. 2004/2005). Im folgenden Verlauf der Studie wird daher ebenfalls von jahresübergreifenden Erhebungsperioden gesprochen. Das maßgebliche Heft erscheint Anfang April, sodass die Berichte von den verantwortlichen Stellen jeweils bis Ende Februar vorzulegen sind. Anzumerken ist auch, dass der Stellenwert des Waldschutzes sowie dessen Organisation und Meldewesen von Bundesland zu Bundesland verschieden ist. Daher ist auch nicht davon auszugehen, dass die hier gemachten Angaben abschließend bzw. vollständig sind.[94]
Die Verwendung dieser Daten ist daher nur bedingt als unmittelbar wissenschaftliche Statistik zu verstehen. Die erhobenen und bewerteten Zahlen sind daher lediglich als Anhaltspunkt zu verstehen, jedoch ohne abschließenden Anspruch auf Vollständigkeit.

4.1.1.2 Abgrenzung der Begrifflichkeiten

In den jeweiligen Ausgaben der Zeitschrift „AFZ Der Wald" wird eingangs eine Tabelle der wichtigsten Schadfaktoren nach Bundesländern und deutschsprachigem Ausland aufgeführt (im Folgenden „AFZ-Schadholztabelle" genannt). In dieser Tabelle finden sich Zahlen zu den gemeldeten Schäden in Festmetern (= **Schadholz**) und den gemeldeten Schäden in Hektar (=**Schadflächen**). Zu beachten ist hierbei, dass es sich bei den Fest-

---

[92] persönliche Korrespondenz mit der Redaktion „AFZ Der Wald"
[93] Ders.
[94] Ders.

meterangaben (FM) um tatsächlich angefallenes Schadholz handelt – also Holz, das geschlagen und genutzt wurde. Diese Zahl betrifft in erster Linie die holz- und rindenbrütenden Insekten. Zum Teil erfolgen hier auch Angaben zum Schadholz in Hektar, die gegebenenfalls auf einen Stehendbefall hindeuten könnten. Allerdings ist bei einem Rindenbrüterbefall davon auszugehen, dass das Holz geschlagen werden muss, da betroffene Bäume nicht überleben. So konnte stellenweise in den Berichtteilen nachvollzogen werden, dass auch bei den FM-Angaben von Stehendbefall gesprochen wird. Zum Umgang mit den Hektar-Angaben wurde deshalb Kontakt mit der Forstlichen Versuchs- und Forschungsanstalt Baden-Württemberg (FVA) aufgenommen, da vor allem in diesem Bundesland auch Angaben in Hektar gemacht wurden. Es wurde mitgeteilt, dass es sich bei den Hektar-Angaben um summierte Schätzungen der Forstbehörden handelt und es bei diesen Werten eher darum geht, Tendenzen im Vergleich zum Vorjahr festzustellen.[95] Sie haben folglich in dieser Datenerhebung keine Relevanz.

Bei den in Hektar angegebenen Schäden durch blatt- und nadelfressende Insekten bzw. Schädlinge an Kulturen ist davon auszugehen, dass zwar auf dieser Fläche ein Schaden durch Befall entstanden ist, sich die befallenen Bäume aber unter Umständen wieder regenerieren konnten, indem sie beispielsweise den Befall abwehren konnten bzw. duldeten oder aber durch Bekämpfungsmaßnahmen geschützt wurden. Allerdings entstehen solche **Schadflächen** vor allem dadurch, dass gerade keine Bekämpfung durchgeführt wurde. Es wäre jedoch auch denkbar, dass erst nach Feststellung eines Schadens aufgrund unvorhersehbarer Umstände (z. B. Trockenheit, mehrfacher Schädlingsbefall) eine Bestandsbedrohung festgestellt wird, die zu einer Bekämpfung führt. So wurde beispielsweise in Brandenburg der Kiefernspinner erst im Sommer 2010 nach starkem Fraß auf 253 ha bekämpft.[96]

Tatsächlich angefallenes Schlagholz kann auch bei den Blatt- und Nadelfressern bzw. Kulturschädlingen in FM beziffert werden – hierzu liegen jedoch sehr selten Zahlen vor.

Neben der oben genannten Tabelle sind in der maßgeblichen Ausgabe der „AFZ Der Wald" die bereits erwähnten Berichte pro Bundesland (bzw. Norddeutschland) enthalten, in denen die Vorkommnisse der letzten Erhebungsperiode beschrieben werden. Aus diesen Berichten ergeben sich auch die **Bekämpfungsflächen**, die mittels Hubschrauber behandelt wurden. Bekämpfungsflächen werden in erster Linie durch aufwendige Prognoseverfahren ermittelt. Die Schädlinge werden durch umfangreiche Monitoring-

---

[95] persönliche Korrespondenz mit der Forstlichen Versuchs- und Forschungsanstalt Baden-Württemberg
[96] vgl. MÖLLER, K. et al.: Waldschutzsituation 2010/2011 in Brandenburg und Berlin. In: AFZ Der Wald, 66. Jahrgang 2011, Heft 7. S. 36.

Maßnahmen überwacht, sodass Prognosen über das künftige Schädlingsaufkommen möglich sind. Kommen mehrere Faktoren zusammen (z. B. hoher Raupenfund bei Winterbodensuche, hohe Schlupfraten, Vorschädigung der Bäume z. B. durch Trockenstress bzw. geduldeter Befall im Vorjahr, etc.) kann die Forstbehörde bereits im Herbst eine bevorstehende Bestandbedrohung für das kommende Frühjahr prognostizieren und eine Bekämpfung beantragen. Verläuft der Einsatz erfolgreich, werden höchstwahrscheinlich keine bzw. nur geringe Schadflächen entstehen - so ist eine Bekämpfung möglich, bevor es zu einem Schaden kommt. Beispielsweise meldet Sachsen-Anhalt in der „AFZ Der Wald" Ausgabe 2006 nur zehn Hektar Schadfläche für Kiefernspinner und Nonne sowie eine gemeinsame Bekämpfungsfläche von 18.600 ha (vgl. Anhang 2). Im Berichtteil wird erklärt, dass im Frühjahr 2005 „die seit 20 Jahren größte Bekämpfungsaktion gegen Nonne und Kiefernspinner"[97] durchgeführt wurde. Weiter wird erklärt, dass aufgrund der erfolgreichen Bekämpfungsaktion nur besagte zehn Hektar Fraßschäden anfielen.

<u>Der Zusammenhang zwischen den Flächen wird folgendermaßen interpretiert:</u>
Die gesamte befallene Fläche bleibt unbekannt. Sie setzt sich zusammen aus den AFZ-Schadflächen, den AFZ Bekämpfungsflächen sowie den nicht bekannten Befallsflächen auf denen (noch) kein Schaden entstanden ist (vgl. Abb. 1). Auf den benannten Schadflächen kann ein Schaden entstanden sein, weil beispielsweise keine Bekämpfung durchgeführt wurde. Es wäre aber auch denkbar, dass erst aufgrund des entstandenen Schadens ein Insektizid ausgebracht wurde oder aber trotz einer Bekämpfung ein Schaden entsteht (beispielsweise bei eingeschränkter Wirkung durch Regen). Somit sind Überlappungen bei Schad- und Bekämpfungsflächen sehr wahrscheinlich. Die Größe der Überlappungsfläche lässt sich jedoch nicht beziffern.

---

[97] KONTZOG, H.: Waldschutzsituation 2005/2006 in Sachsen-Anhalt. In: AFZ Der Wald, 61. Jahrgang 2006, Heft 7, S. 375.

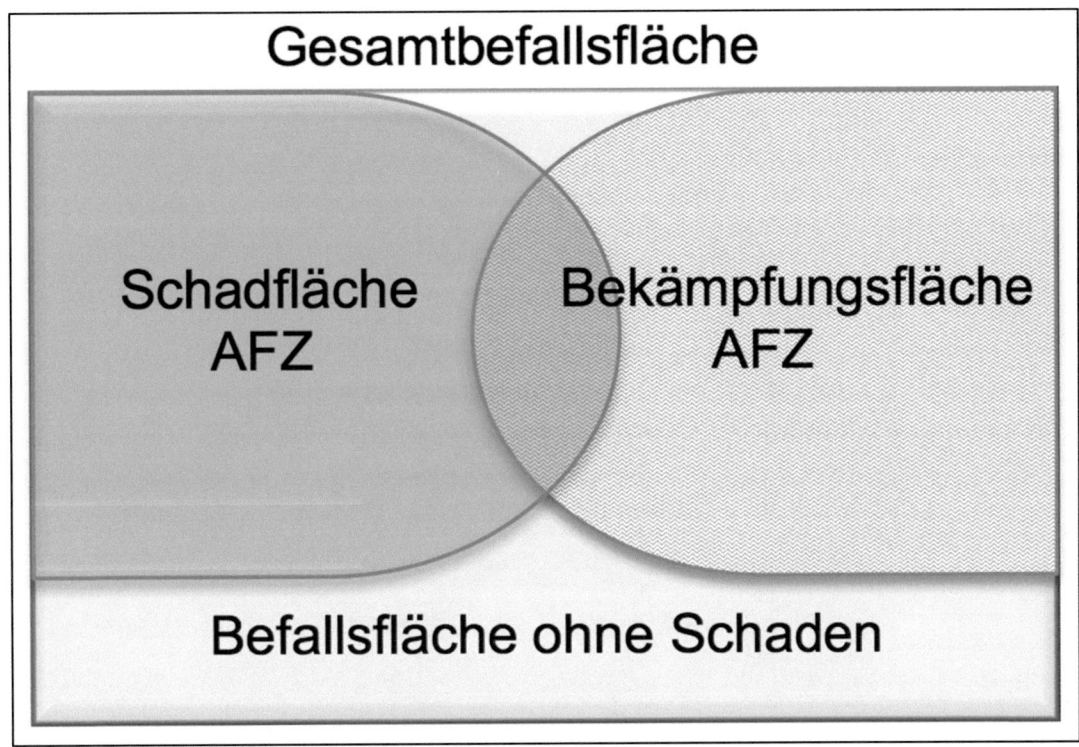

Abb. 1: Definition der Gesamtbefallsfläche

4.1.2 Datenerhebung

Für die ausgewählten Insekten wurde pro Jahr eine Tabelle erstellt (im Folgenden „Mengen&Flächenauswertung" genannt), in der für jeden Schädling die gemeldete Schadholzmenge bzw. -fläche und Bekämpfungsfläche pro Bundesland dargestellt wird. Die Schadholzmengen und -flächen wurden aus den „AFZ-Schadholztabellen" der Jahrgänge 60 bis 70 übernommen. Die Bekämpfungsflächen wurden aus den jeweiligen Berichten dieser Jahrgänge ermittelt und den gemeldeten Schadholzangaben gegenübergestellt. Anzumerken ist, dass bisher keine Zahlen für den Asiatischen Laubholzbockkäfer vorliegen. Dieser wird lediglich in den Berichten erwähnt. Diese Informationen wurden der Vollständigkeit halber in die Tabellen übernommen.

Zur Veranschaulichung soll exemplarisch die Tabelle „Mengen&Flächenauswertung 2004/2005" herangezogen werden (siehe Tab. 2). Die Tabellen für den gesamten Erhebungszeitraum sind dem Anhang 1 bis 11 zu entnehmen.

Tab. 2: Mengen- und Flächenauswertung der Schäden und Bekämpfungsmaßnahmen pro Bundesland (Erhebungsperiode 2004/2005)

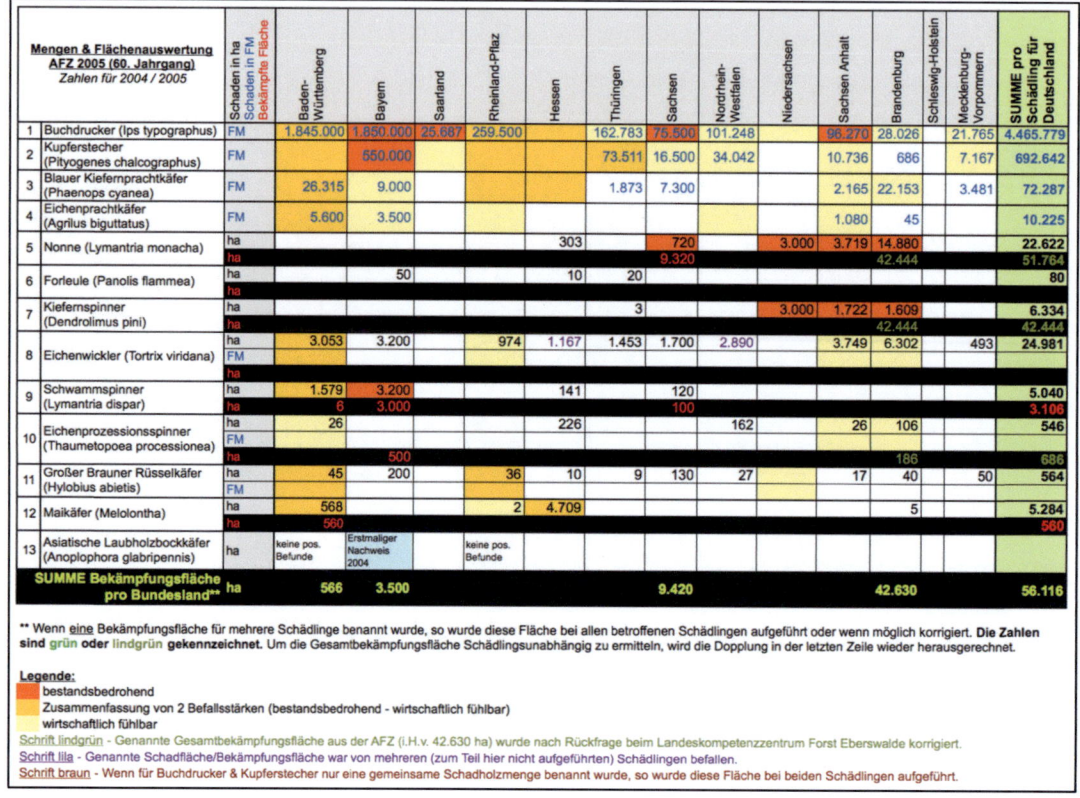

Interpretation und Umgang mit den Zahlen aus den „AFZ-Schadholztabellen" und „AFZ-Berichten":

Zu den Borken- und Prachtkäfern meldeten in erster Linie Baden-Württemberg und Rheinland-Pfalz nicht nur Schäden in FM, sondern machten parallel dazu auch noch **Angaben in ha**. Wie unter Punkt 4.1.1.2 erläutert, sind diese Daten von untergeordneter Relevanz und flossen daher nicht in die Auswertung ein. Als repräsentative Größe wurde die FM-Angabe angesehen.

Zu den Blatt- und Nadelfressern sowie Schädlingen an Kulturen liegen nur sporadisch **Schadmengen in FM** vor (EPS, Eichenwickler und Großer Brauner Rüsselkäfer). Meldungen erfolgten ausschließlich von Rheinland-Pfalz, Nordrhein-Westfalen, Sachsen-Anhalt und Schleswig-Holstein (vgl. Anhang 12). Die Zahlen wurden informationshalber mit übernommen. Da aber davon auszugehen ist, dass die Angaben bei anderen Bundesländern fehlen, wurden sie in die Auswertung nicht einbezogen.

In einigen Fällen wurde für Buchdrucker und Kupferstecher eine **gemeinsame Schadholzmenge** angegeben. In solchen Fällen wurde diese für beide Käfer übernommen, da davon auszugehen ist, dass entsprechendes Schadholz von beiden Käfern verursacht wurde. Diese Zahlen wurden braun gekennzeichnet.

Wurden **Schadflächen für mehrere Schädlinge** zusammengefasst angegeben (z. B. Eichenfraßgesellschaft), obwohl jeweils nur ein Schädling in der hier vorliegenden Aufstellung betrachtet wird, so wurde die komplette Fläche bei diesem Schädling aufgeführt und die entsprechenden Zahlen lila gekennzeichnet.

Des Weiteren wird im Bericht „Waldschutzsituation 2010 in Nordwestdeutschland"[98] eine **Bekämpfung** des Eichenprozessionsspinners für die Bundesländer Niedersachsen und Sachsen-Anhalt mit insgesamt 1.000 ha **zusammengefasst** angegeben. In der Tabelle „Mengen&Flächenauswertung 2010/2011" (siehe Anhang 7) wurde die Gesamtfläche für beide Bundesländer vereint. Der Bericht enthält keine Angaben zu der Aufteilung der Fläche im jeweiligen Bundesland. Aus diesem Grund wurde bei der Gesamtaufstellung (siehe Anhang 12) für jedes Bundesland ein Anteil von 500 ha angenommen. Ebenso wurde bei Tab. 3 (siehe Punkt 4.1.3.2) vorgegangen.

Die **Stärke des Befalls** wurde durch die farblichen Markierungen informationshalber mit übernommen. Die Legende ergibt sich aus Tab. 2. Auch wurde festgestellt, dass in den „AFZ-Schadholztabellen" zu bestimmten Insekten zwar durch die farbliche Markierung eine Bestandsbedrohung angezeigt wird und sogar eine Bekämpfungsfläche benannt wird, jedoch keine Schadfläche hinterlegt ist (vgl. Anhang 5, Eichenprozessionsspinner in Brandenburg). Ob sich die Meldung der Bestandsbedrohung auf die Definition einer Prognosefläche bezieht oder tatsächlich eine Schadfläche entstanden ist, zu der keine Flächenangaben gemacht wurden, ist nicht nachvollziehbar.

Problematisch gestaltet sich auch die Meldung von **Gesamtbekämpfungsflächen**, die von mehreren Schädlingen befallen waren. Aus den „AFZ-Berichten" ist nicht immer ersichtlich, wie diese Zahlen zu interpretieren sind. Sehr wahrscheinlich handelt es sich bei diesen Flächen um die Summe mehrerer Einsätze in unterschiedlichen Forstbezirken. Ob es sich tatsächlich immer um gemeinsame Befallsflächen handelt, ist nicht nachvollziehbar, insbesondere weil zum Teil darauf hingewiesen wird, dass nur partiell ein gemeinsamer Befall gegeben war. In einem andern Fall wurde eine Gesamtbekämpfungsfläche für

---

[98] vgl. BRESSEM, U; HABERMANN, M.; HURLING, R.; KRÜGER, F.: Waldschutzsituation 2010 in Norddeutschland. In: AFZ Der Wald, 66. Jahrgang 2011, Heft 7, S. 33.

Kiefernspinner und Eichenprozessionsspinner gemeldet. Aufgrund der unterschiedlichen Art der befallenen Bäume und der natürlichen Resistenz von Mischwäldern ist eher nicht davon auszugehen, dass es sich hierbei um einen Eichen-Kiefernmischwald handelt. Sofern explizit darauf hingewiesen wurde bzw. keine gegenteiligen Anzeichen vorlagen, dass die genannte Fläche komplett von allen angeführten Schädlingen befallen war, wurde die Fläche bei allen Schädlingen aufgenommen und grün gekennzeichnet. Hinsichtlich vier nicht eindeutiger Meldungen aus Brandenburg wurde Kontakt mit dem Landeskompetenzzentrum Forst Eberswalde (LFE) aufgenommen. Die ergänzenden Antworten der Leitung des Sachgebietes Waldschutz wurden in die Tabellen „Mengen & Flächenauswertungen" aufgenommen und lindgrün gekennzeichnet (siehe Anhang 1, 2, 4, 10). Hierbei handelte es sich um folgende Fälle[99]:

- In Heft 7 (60. Jahrgang) der Zeitschrift „AFZ Der Wald" aus 2005 wird eine Gesamtfläche für Kiefernspinner (und Nonne) und Eichenprozessionsspinner i. H. v. 42.630 ha gemeldet. Laut Auskunft des LFE wurde der Eichenprozessionsspinner lediglich auf einer Fläche von 186 ha bekämpft.

- In Heft 7 (61. Jahrgang) der Zeitschrift „AFZ Der Wald" aus 2006 wird für Kiefernspinner und Nonne eine gemeinsame Fläche i. H. v. 15.774 ha gemeldet (wobei darauf hingewiesen wird, dass diese Fläche sowohl Fraßgemeinschaft mit Nonne als auch reinen Kiefernspinnerbefall betrifft). Nach Auskunft des LFE war meist eine Fraßgemeinschaft betroffen, sodass die Zahl nicht eindeutig zuzuordnen ist. Allerdings wurde der Kiefernspinner auf einer Fläche von 4.500 ha überwiegend allein bekämpft, sodass eine Korrektur der Bekämpfungsfläche für die Nonne erfolgen konnte.

- In Heft 7 (63. Jahrgang) der Zeitschrift „AFZ Der Wald" aus 2008 wird eine Fläche von 2.870 ha gemeldet, die verstärkt durch den Kiefernspinner - in Verbindung mit Nonne und Forleule - befallen war. Hierzu teilte das LFE mit, dass der Kiefernspinner in dem betroffenen Gebiet deutlich auffälliger war als Nonne und Forleule. Es wurde daher empfohlen, die Gesamtfläche allein dem Kiefernspinner zuzuschreiben.

- Gemäß den Angaben aus Heft 7 (69. Jahrgang) der Zeitschrift „AFZ Der Wald" aus 2014 wurde die Nonne auf 11.222 ha bekämpft – lokal gemeinsam mit dem Kiefernspinner. Das LFE teilte mit, dass die Nonne weitaus stärker vertreten war; der geschätzte Anteil des Kiefernspinners liegt bei 6.000 ha.

---

[99] persönliche Korrespondenz mit dem Landeskompetenzzentrum Forst Eberswalde

Gemeinsame Bekämpfungsflächen wurden also jeweils komplett für alle betroffenen Schädlinge übernommen oder korrigiert. Aus der letzten Spalte („SUMME pro Schädling") der Tabellen „Mengen&Flächenauswertung" ergibt sich somit, auf welcher Fläche die einzelnen Insekten in Deutschland bekämpft wurden. In der letzten Zeile („SUMME Bekämpfungsfläche pro Bundesland") wurden Mehrfachangaben von Gesamtbekämpfungsflächen wieder herausgerechnet, um so bereinigte Gesamtflächen je Bundesland bzw. deutschlandweit zu erhalten.

Bei der Definition der Bekämpfungsfläche kommt es in der Praxis zur sogenannten **Flächenarrondierung**. Dies ist nötig, da ein Hubschrauber die zu bekämpfende Fläche auch abfliegen muss – beliebige Kurven, Wendungen etc. sind technisch nicht immer möglich bzw. schwierig. Eine geringfügige Vergrößerung der Bekämpfungsfläche ist deshalb denkbar.[100]

Wie bereits erwähnt, können **rindenbrütende Insekten** nicht aus der Luft bekämpft werden, sodass hier **keine Bekämpfungsflächen** angegeben sind. Dies betrifft den Buchdrucker, Kupferstecher, Blauer Kiefernprachtkäfer und Eichenprachtkäfer. Ebenso wenig wird der Große braune Rüsselkäfer aus der Luft bekämpft. Eine chemische Bekämpfung erfolgt bei diesem Käfer vor allem durch die Behandlung der Jungpflanzen vor dem Setzen (Tauchverfahren).[101]
Zu den Insektizidmengen, die vom Boden ausgebracht wurden, liegen keine Angaben vor, sodass sich diese in der hier vorliegenden Datenerhebung nicht wiederfinden.

Die Ergebnisse der nach oben genannter Methodik erstellten elf Tabellen „Mengen & Flächenauswertung" (2004/2005 bis 2014/2015 - siehe Anhang 1 bis 11) wurden in einer Gesamtaufstellung zusammengefasst, d. h. die Ergebnisse aller elf Erhebungsperioden wurden aufaddiert (siehe Anhang 12). Hieraus ergeben sich die Gesamtmengen für Schadholz bzw. Schadflächen sowie Bekämpfungsflächen pro Schädling und Bundesland und im Ergebnis eine Summe für ganz Deutschland. Des Weiteren werden die Bekämpfungsflächen schädlingsunabhängig pro Bundesland aufgeführt und in der Summe eine deutschlandweite Gesamtbekämpfungsfläche gebildet.

---

[100] mündliches Gespräch mit Herrn Prof. Dr. Michael Müller – Lehrstuhlinhaber der Professur für Waldschutz an der TU Dresden.
[101] vgl. WALDWISSEN.NET (Hrsg.), PERNY, B; GRUBER, F.; PFISTER, A.: Bekämpfungsmaßnahmen gegen den Großen Braunen Rüsselkäfer. 2008.

4.1.3 Auswertung

4.1.3.1 Schadholzmengen und Schadflächen

Durch die **rindenbrütenden Insekten** entstand in den elf Erhebungsperioden ein Gesamtschaden von knapp 32 Mio. FM Schadholz. Anhand der gemeldeten Schadholzmengen liegt der Buchdrucker weit vorn. Er verursachte deutschlandweit über 25 Mio. FM Schadholz. Das entspricht der 4,5-fachen Menge, die z. B. vom Kupferstecher verursacht wurde und der elffachen Menge, die durch den Eichenprachtkäfer anfiel (vgl. Abb. 2). Besonders betroffen sind dabei die Bundesländer Bayern und Baden-Württemberg (vgl. Abb. 3).

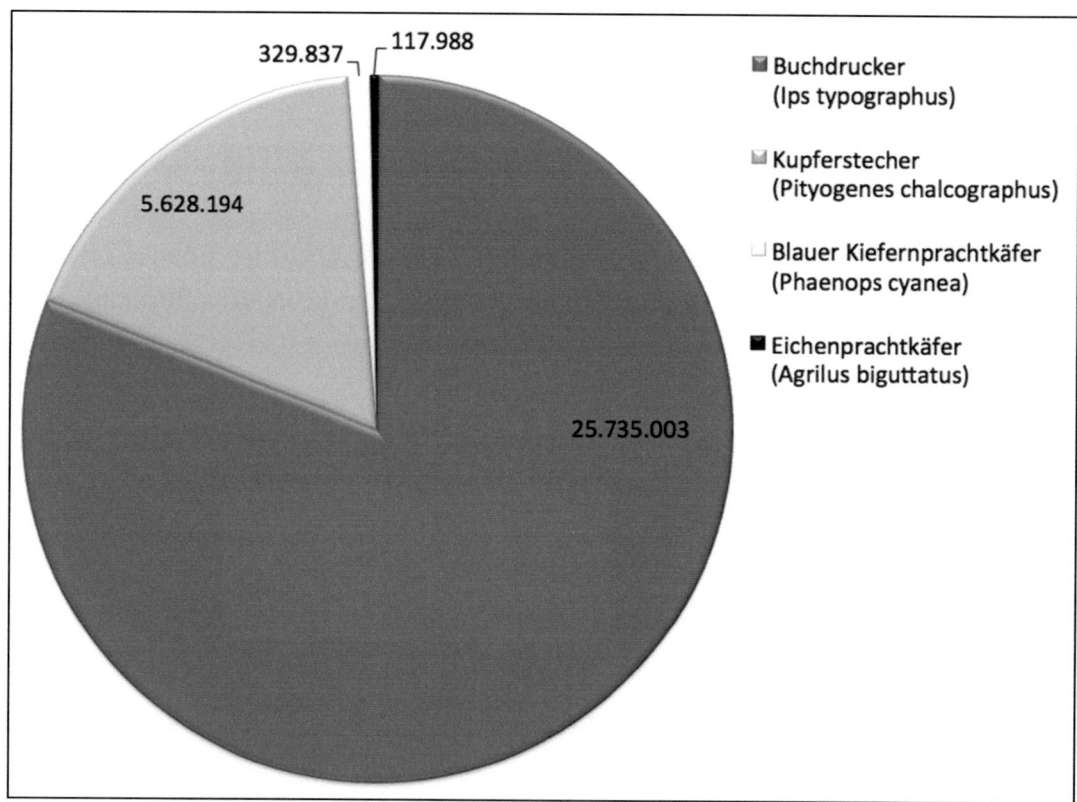

Abb. 2: Schadholzmengen („AFZ Der Wald" 2005 bis 2015) der holz- und rindenbrütenden Insekten für ganz Deutschland in FM

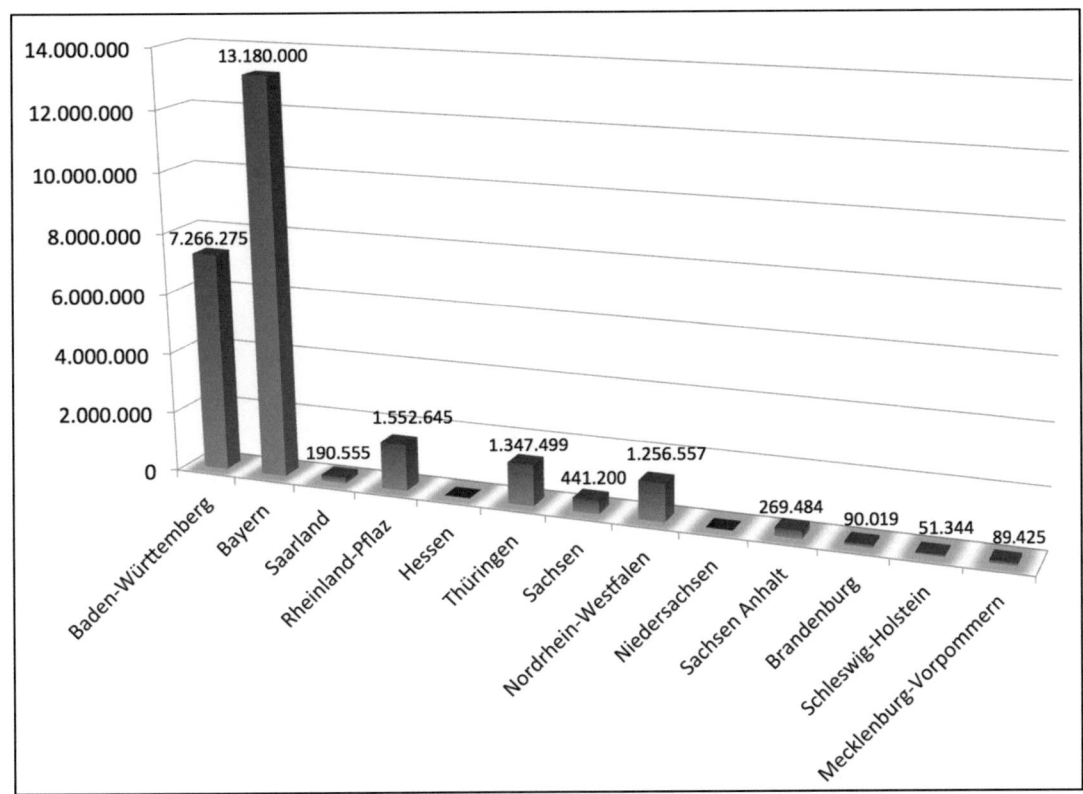

Abb. 3: Schadholzmengen je Bundesland („AFZ Der Wald" 2005 bis 2015) - verursacht durch den Buchdrucker in FM

Bei einer gemeinsamen Betrachtung der **blatt- und nadelfressenden Insekten** sowie der **Schädlinge an Kulturen** (vgl. Abb. 4) fällt insbesondere der Eichenwickler mit deutschlandweit 159.531 ha Schadfläche in 11 Erhebungsperioden auf. Anzumerken ist, dass hiervon Schäden auf einer Fläche von 64.259 ha (= ca. 40 %) zusammen mit anderen Schädlingen der Eichenfraßgesellschaft verursacht wurden. Der Schaden, der von Nonne, Eichenprozessionsspinner und Maikäfer verursacht wurde, liegt jeweils mehr als 100.000 ha darunter. Der durch den Kiefernspinner verursachte Schaden wird auf 21.896 ha beziffert, während Schwammspinner, Forleule und Großer Brauner Rüsselkäfer bei unter 15.000 ha Schadfläche liegen. Anzumerken ist, dass auf diesen Flächen zwar Schäden entstanden sind, jedoch besteht auch ohne Bekämpfung die Möglichkeit, dass sich die Bäume regeneriert haben. Der Umfang der Schadfläche muss daher nicht in direktem Zusammenhang mit der Gefährlichkeit des Schädlings stehen (vgl. Punkt 4.1.3.3.).

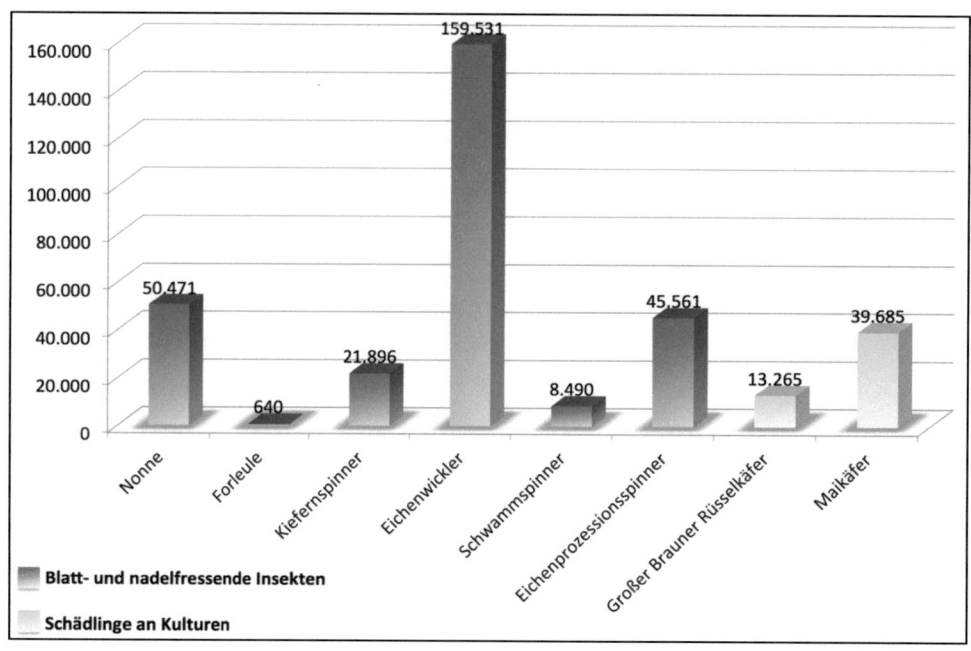

Abb. 4: Schadflächen der blatt- und nadelfressenden Insekten und Schädlingen an Kulturen („AFZ Der Wald" 2005 bis 2015) für ganz Deutschland in ha

Die Entwicklung der Schädlinge im Zeitraum von 2004 bis Anfang 2015 soll im Folgenden näher betrachtet werden (vgl. Abb. 5 bis 8). Dabei wird in Abb. 5 und 6 die Entwicklung der rindenbrütenden Insekten aufgrund der Mengenunterschiede getrennt in 2 Diagrammen dargestellt. Ebenso wurde bei den blatt- und nadelfressenden Insekten in Abb. 7 und 8 verfahren.

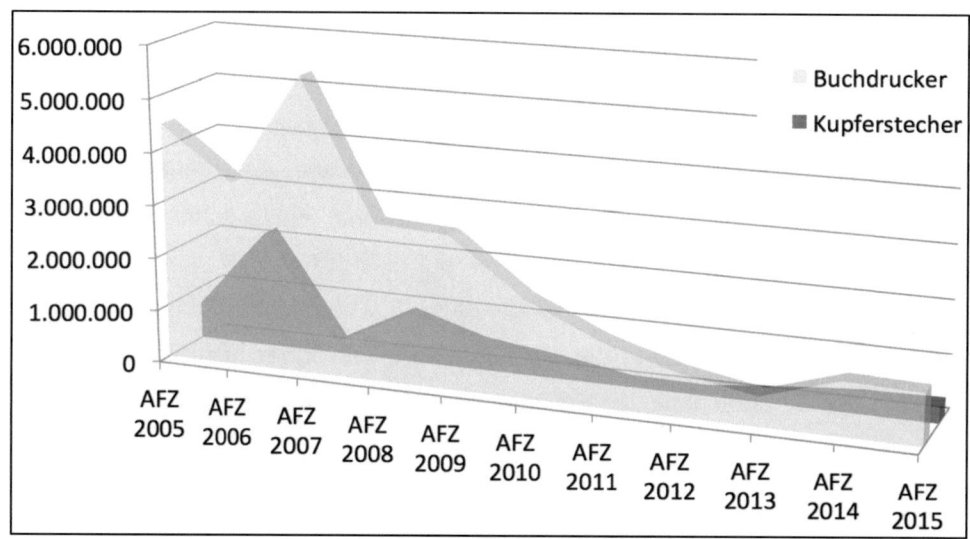

Abb. 5: Schadholzmengenentwicklung von Buchdrucker und Kupferstecher („AFZ Der Wald" 2005 bis 2015) für ganz Deutschland in FM

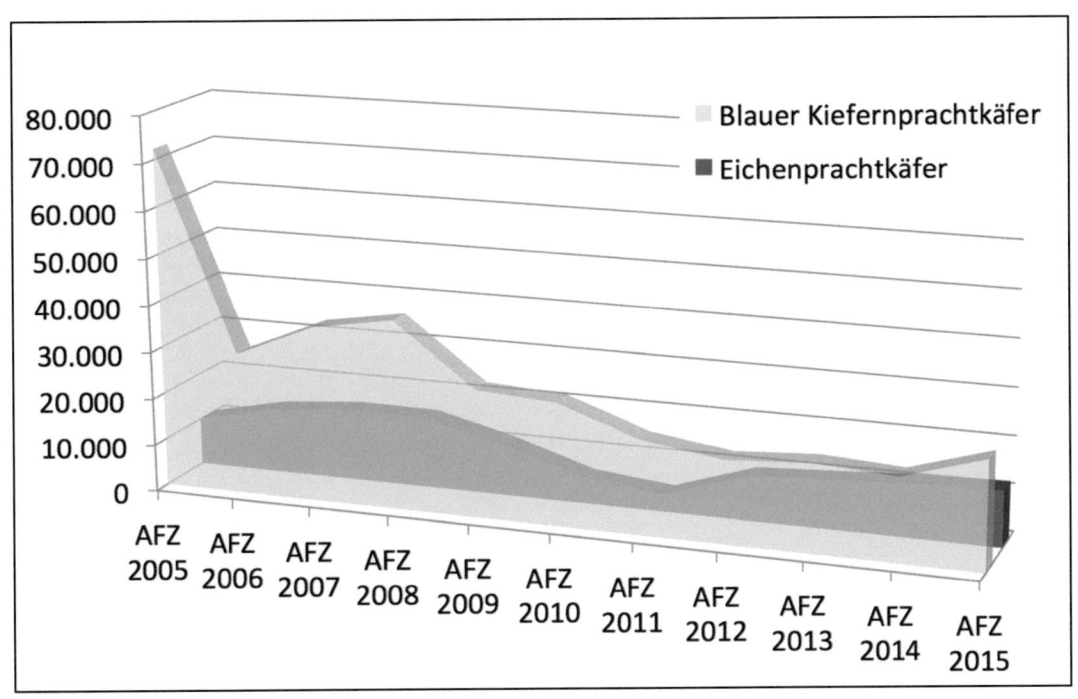

Abb. 6: Schadholzmengenentwicklung von Blauen Kiefern- und Eichenprachtkäfer („AFZ Der Wald" 2005 bis 2015) für ganz Deutschland in FM

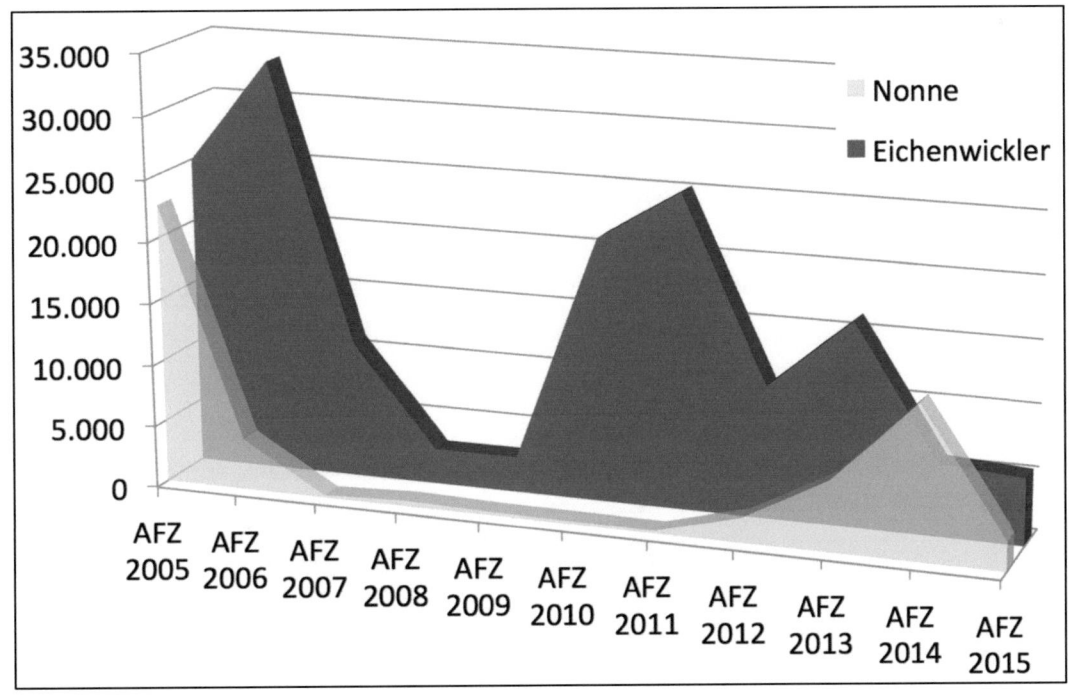

Abb. 7: Schadflächenentwicklung von Nonne und Eichenwickler („AFZ Der Wald" 2005 bis 2015) für ganz Deutschland in ha

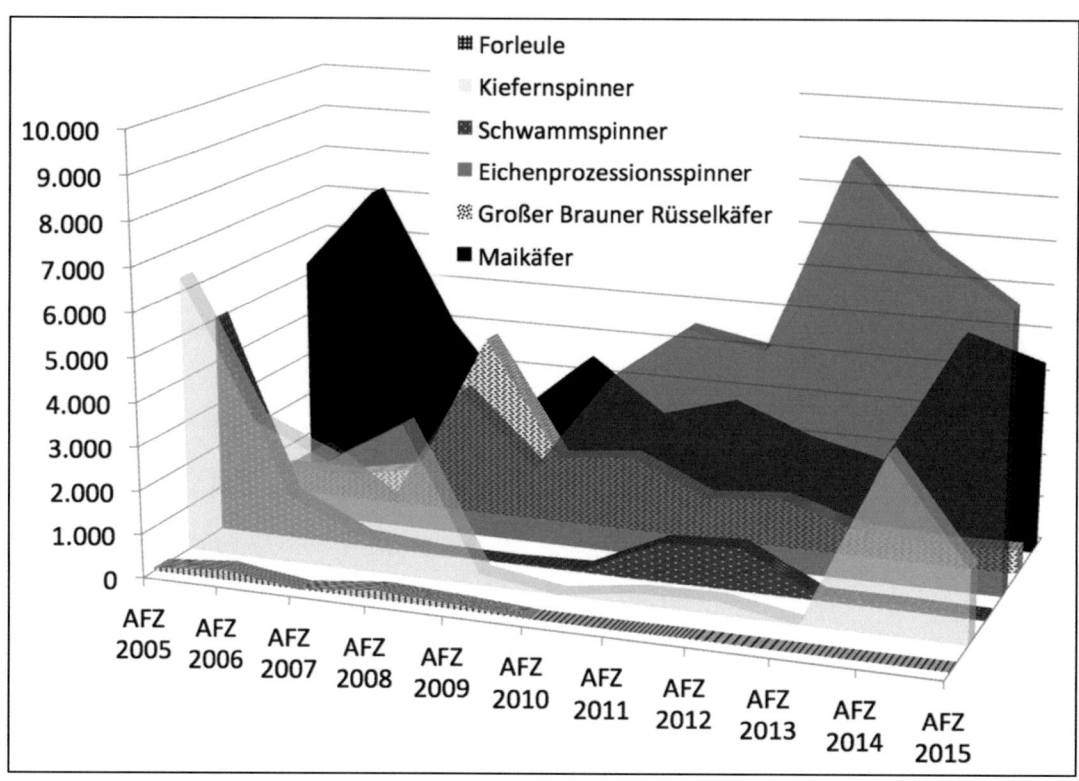

Abb. 8: Schadflächenentwicklung der restlichen blatt- und nadelfressenden Insekten und Schädlingen an Kulturen („AFZ Der Wald" 2005 bis 2015) für ganz Deutschland in ha

Die Schadmengen- und Schadflächenentwicklung ist von Massenvermehrungszyklen gekennzeichnet. Die jeweiligen Spitzen in Abb. 5 – 8 weisen auf Kulminationen hin. Hierbei fällt auf, dass besonders in den Erhebungsperioden 2004/2005 (AFZ 2005), 2007/2008 (AFZ 2008) und 2013/2014 (AFZ 2014) Kulminationen mehrerer Schädlinge auftraten.

Diese Massenvermehrungen erklären sich zum einen dadurch, dass Dichteveränderungen in den Populationen durch Witterungsbedingungen (z. B. anhaltende Trockenheit) und damit verbundenen Wetterextremen ausgelöst werden können.[102] Infolge der Klimaveränderung treten diese häufiger auf.[103]

Der Extremsommer 2003 z. B. führte zu einer „explosionsartigen Vermehrung aller rindenbrütenden Borkenkäferarten"[104]. Unter solchen Stressfaktoren leiden die Bäume und

---

[102] vgl. PETERCORD, R.; Bayerische Landesanstalt für Wald und Forstwirtschaft (Hrsg.): Waldschutz und Klimawandel – „Wettlauf" mit den Schädlingen?. In: LWF Wissen 63 – Fichtenwälder im Klimawandel. 2009. S. 62.
[103] vgl. BIRKMANN, J.; VOLLMER, M.; SCHANZE, J.; Akademie für Raumforschung und Landesplanung (Hrsg.): Raumentwicklung im Klimawandel – Herausforderungen für die räumliche Planung. Hannover : Akademie für Raumforschung und Landesplanung. 2013. S. 83.
[104] SCHRÖTER, H.; DELB, H.; METZLER, B.: Waldschutzsituation 2004/2005 in Baden-Württemberg. In: AFZ Der Wald, 60. Jahrgang 2005, Heft 7, S. 338.

sind aufgrund ihrer verminderten Widerstandskraft auch in den Folgejahren anfälliger für den Befall von Schadinsekten. Die Auswirkungen des Extremsommers 2003 können in den Populationserhöhungen sowohl bei den Rindenbrütern als auch bei den Blatt- und Nadelfressern in den Erhebungsperioden 2004/2005 (AFZ 2005) bis 2005/2006 (AFZ 2006) beobachtet werden (vgl. Abb. 5 – 8). Orkan Kyrill und teilweise starke Schneefälle[105] im Jahr 2007 zeigen deutliche Auswirkungen auf die Schadholzmengenentwicklung der Rindenbrüter (vgl. Abb. 5 – 6). Die Blattfresser an der Eiche führten ebenfalls in den Erhebungsperioden 2004/2005 (AFZ 2005) und 2012/2013 (AFZ 2013) zu größeren Schadflächen (vgl. Abb. 7 – 8). Die Schadholzmenge des Eichenprachtkäfers als Sekundärschädling folgt in abgeschwächter Form dieser Entwicklung (vgl. Abb. 6). Nonne und Kieferspinner als Nadelfresser an Fichte und vor allem Kiefer verzeichnen hauptsächlich 2004/2005 (AFZ 2005) und 2013/2014 (AFZ 2014) Höchstwerte. Auch hier kann teilweise eine parallele Entwicklung des Blauen Kiefernprachtkäfers als Sekundärschädling beobachtet werden (vgl. Abb. 6). Neben den Witterungsbedingungen spielen auch die natürlichen Massenvermehrungszyklen der Schädlinge (insofern gegeben) eine Rolle.

Da die Schädlinge nicht in allen Bundesländern gleichermaßen vorkommen, wurde der Vollständigkeit halber auch die jeweilige Entwicklung – aufgegliedert nach Bundesländern - betrachtet. Vor allem in den für den Schädling relevanten Bundesländern (ersichtlich aus Anhang 13 - 24 jeweils Bild 1) kann die hier bereits dargelegte Tendenz ebenfalls nachvollzogen werden (vgl. Anhang 13 – 24 jeweils Bild 2). Beispielsweise geht aus Anhang 13 Bild 1 hervor, dass der Buchdrucker vor allem in Baden-Württemberg und Bayern hohe Schadholzmengen verursacht. Betrachtet man Anhang 13 Bild 2 für die genannten Bundesländer, so ist die in Abb. 5 aufgezeigte deutschlandweite Entwicklung des Buchdruckers ebenfalls nachvollziehbar.

Die Entwicklung des **Asiatischen Laubholzbockkäfers** soll im Folgenden kurz skizziert werden. Der Schädling wurde in Bayern erstmals im Jahr 2004 nachgewiesen. Der Befall war im Ortsbereich, sodass Waldflächen verschont blieben.[106]
Im Laufe der Jahre wurde er immer wieder beobachtet. Die nächsten Vorkommnisse traten im Jahr 2011 in Baden-Württemberg auf. Im Hafen von Weil am Rhein konnten mehrere erwachsene Käfer identifiziert werden, woraufhin in den angrenzenden Gebieten Überwachungsmaßnahmen eingeleitet wurden.[107]

---

[105] vgl. BAIER, U.: Waldschutzsituation 2007/2008 in Thüringen. In: AFZ Der Wald, 63. Jahrgang 2008, Heft 7.
[106] vgl. LOBINGER, G.; SKATULLA, U.; BLASCHKE, M.: Waldschutzsituation 2004/2005 in Bayern. In: AFZ Der Wald, 60. Jahrgang 2005, Heft 7, S. 342.
[107] vgl. SCHRÖTER, H. et al: Waldschutzsituation 2011/2012 in Baden-Württemberg. In: AFZ Der Wald, 67. Jahrgang 2012, Heft 7, S. 11.

Im Jahr 2012 berichtet Baden-Württemberg erneut im Gebiet des Hafens Weil am Rhein von Einzelbaumbefall. Die Bäume wurden vernichtet und eine Quarantänezone eingerichtet.[108] Im bayerischen Feldkirchen wurde im Oktober 2012 sowohl ein Befall im Ortsbereich als auch ein europaweiter Erstbefall im Wald festgestellt.[109]

Im folgenden Jahr 2013 wurden erneut einzelne Tiere im Hafengebiet Weil am Rhein gefunden. Die Überwachungsmaßnahmen blieben weiter bestehen.[110]

Die in Bayern eingerichtete Quarantänezone bei Feldkirchen musste im Juli 2013 vergrößert werden. Zur Eindämmung des Schädlingsbefalls mussten 5 ha Waldfläche geschlagen werden.[111]

Erstmals berichtet 2013 auch Thüringen von einem Käferfund auf einer städtischen Baustelle, woraufhin ein Monitoring eingeleitet wurde. Die Paletten, mit denen der Käfer eingeschleppt wurde, waren mit Methyl-Bromid begast worden. Dies führte offensichtlich nicht zur vollständigen Abtötung der Insekten.[112]

Eine letzte Meldung aus dem Erhebungszeitraum erfolgte wiederum durch Bayern. Im Jahr 2014 kamen zwei weitere Befallsgebiete hinzu. Außerdem musste die Quarantänezone bei Feldkirchen erneut erweitert werden.[113]

Aufgrund der intensiven Maßnahmen konnte eine größere Ausbreitung des ALB verhindert werden, sodass bisher nur vereinzelt Waldflächen betroffen waren. Es bleibt zu hoffen, dass der Schädling auch weiterhin schnell ausgerottet werden kann und eine Auflistung der verursachten Schadholzmengen in den AFZ Tabellen auch künftig nicht nötig wird.

4.1.3.2 Bekämpfungsflächen

Neben den Schadholzmengen/-flächen wurden auch die Bekämpfungsflächen betrachtet, d. h. die Flächen, die tatsächlich von Bekämpfungsmaßnahmen betroffen waren. In Tab. 3 wurde die Anzahl der Bekämpfungsmaßnahmen pro Bundesland sowie deren räumlicher Umfang erfasst. Die Anzahl der Bekämpfungsmaßnahmen pro Erhebungsperiode gibt

---

[108] vgl. DELB, H. et al.: Waldschutzsituation 2012/2013 in Baden-Württemberg. In: AFZ Der Wald, 68. Jahrgang 2013, Heft 7, S. 11.
[109] vgl. STRAßER, L. et al.: Die Waldschutzsituation in Bayern 2012. In: AFZ Der Wald, 68. Jahrgang 2013, Heft 7, S. 13.
[110] vgl. DELB, H. et al.: Waldschutzsituation 2013/2014 in Baden-Württemberg. In: AFZ Der Wald, 69. Jahrgang 2014, Heft 7, S. 11.
[111] vgl. WITTE, I. et al.: Waldschutzsituation in Bayern 2013. In: AFZ Der Wald, 69. Jahrgang 2014, Heft 7, S. 15.
[112] vgl. BAIER, U.; THIEL, J.; STÜRTZ, M.: Waldschutzsituation 2013/2014 in Thüringen. In: AFZ Der Wald, 69. Jahrgang 2014, Heft 7, S. 22.
[113] vgl. GÖßWEIN, S. et al.: Waldschutzsituation 2014/2015 in Bayern. In: AFZ Der Wald, 70. Jahrgang 2015, Heft 7, S. 21.

somit Aufschluss darüber, wie viele Schädlinge bekämpft wurden. Durch diese Tabelle soll die Relevanz der Bundesländer in der Schädlingsbekämpfung beleuchtet werden.

Tab. 3: Anzahl der Bekämpfungsmaßnahmen und Flächengröße in ha aus „AFZ Der Wald" 2005 bis 2015

Anzahl der Bekämpfungsmaßnahmen und Flächengröße AFZ 2005 bis 2015 (60. bis 70. Jahrgang)		Baden-Württemberg	Bayern	Saarland	Rheinland-Pfalz	Hessen	Thüringen	Sachsen	Nordrhein-Westfalen	Niedersachsen	Sachsen Anhalt	Brandenburg	Schleswig-Holstein	Mecklenburg-Vorpommern	SUMME
AFZ 2005	Anzahl "Bekämpfungsmaßnahmen"*	2	2					2				3			9
	Gesamtfläche in ha	566	3.500					9.420				42.630			56.116
AFZ 2006	Anzahl "Bekämpfungsmaßnahmen"*	2	1					1		2	2	2			10
	Gesamtfläche in ha	370	3.600					420		2.600	18.600	15.884			41.474
AFZ 2007	Anzahl "Bekämpfungsmaßnahmen"*	1			1	1						1			4
	Gesamtfläche in ha	622			51	500						4.850			6.023
AFZ 2008	Anzahl "Bekämpfungsmaßnahmen"*	1										4			5
	Gesamtfläche in ha	1.764										3.040			4.804
AFZ 2009	Anzahl "Bekämpfungsmaßnahmen"*	2	1		1							2			6
	Gesamtfläche in ha	3.028	280		150							786			4.244
AFZ 2010	Anzahl "Bekämpfungsmaßnahmen"*	1	1		1	1					1	1			6
	Gesamtfläche in ha	300	280		23	280					370	684			1.937
AFZ 2011	Anzahl "Bekämpfungsmaßnahmen"*	1	2		1					1	1	2	1		9
	Gesamtfläche in ha	13	3.100		50					1.000		615	20		4.798
AFZ 2012	Anzahl "Bekämpfungsmaßnahmen"*	1	2		1	1				1	3	2			11
	Gesamtfläche in ha	72	2.200		50	270				290	3.670	1.621			8.173
AFZ 2013	Anzahl "Bekämpfungsmaßnahmen"*									1	2	2			5
	Gesamtfläche in ha									648	8.210	5.732			14.590
AFZ 2014	Anzahl "Bekämpfungsmaßnahmen"*									2	2	3			7
	Gesamtfläche in ha									890	2.022	19.969			22.881
AFZ 2015	Anzahl "Bekämpfungsmaßnahmen"*							1		1		3			5
	Gesamtfläche in ha							125		132		12.479			12.736
SUMME Anzahl Bekämpfungsmaßnahmen*		11	9		5	3		4		8	11	25	1		77
Rang nach Bekämpfungsmaßnahmen*		2	3		5	7		6		4	2	1	8		
SUMME der Fläche		6.735	12.960		324	1.050		9.965		5.060	33.372	108.290	20		177.776
Rang nach Fläche		5	3		8	7		4		6	2	1	9		

■ 2010/2011 wurde für beide Bundesländer eine gemeinsame Bekämpfungsfläche von 1.000 ha angegeben. In dieser Gesamtaufstellung wurden pro Bundesland 500 ha angenommen.

* Eine "Bekämpfungsmaßnahme" steht dabei für die Tatsache, dass einer der hier relevanten Schädlinge in einer Erhebungsperiode bekämpft wurde (egal in wie viel unterschiedlichen Einsätzen).

Zur Bekämpfung der hier betrachteten Insekten wurden - bezogen auf die elf Erhebungsperioden - auf einer Fläche von 177.776 ha Pflanzenschutzmittel aus der Luft ausgebracht. Dies entspricht einer durchschnittlichen Fläche von 16.161 ha pro Jahr. Bezogen auf die Gesamtwaldfläche in Deutschland von 11,4 Mio. ha[114] wurden somit nur 0,14 % pro Jahr mit einem Pflanzenschutzmittel aus der Luft behandelt. Konkret bewegt sich die

---

[114] vgl. JOHANN HEINRICH VON THÜNEN-INSTITUT, Bundesforschungsinstitut für Ländliche Räume, Wald und Fischerei (Hrsg.): Dritte Bundeswaldinventur. 2012.

Größe der behandelten Flächen zwischen 1.937 ha (AFZ 2010) und 56.116 ha (AFZ 2005) – also zwischen 0,02 % und 0,5 % der Gesamtwaldfläche.

Aus den Berichtteilen der Zeitschrift „AFZ Der Wald" ergibt sich, dass in den elf Erhebungsperioden die in dieser Studie betrachteten Schädlinge 77-mal bekämpft wurden. Diese Zahl ist nicht mit den einzelnen Einsätzen gleichzusetzen. Vielmehr steht der Begriff "Bekämpfungsmaßnahme" für die Tatsache, dass einer der Schädlinge in einer Erhebungsperiode in einem Bundesland bekämpft wurde. Sie gibt damit Aufschluss darüber, wie oft in den elf Jahren gegen die hier relevanten Schädlinge vorgegangen wurde. Dies sind durchschnittlich sieben Bekämpfungsmaßnahmen pro Jahr. Konkret waren es zwischen vier (AFZ 2007) und elf (AFZ 2012) Maßnahmen, wobei die dabei bekämpfte Fläche nicht in unmittelbaren Zusammenhang mit der Anzahl der Meldungen zu sehen ist. Zum Beispiel gab es in Sachsen-Anhalt elf Bekämpfungsmaßnahmen, die sich insgesamt über eine Fläche von 33.372 ha erstreckten, während in Baden-Württemberg mit elf Maßnahmen nur eine Fläche von 6.735 ha behandelte wurde.

Aus der Aufstellung in Tab. 3 ergeben sich die Bundesländer, die in den letzten Jahren am häufigsten Bekämpfungen aus der Luft vorgenommen haben. Spitzenreiter in dieser Aufstellung ist das Land Brandenburg mit 25 Bekämpfungsmaßnahmen. Platz 2 teilen sich Baden-Württemberg und Sachsen-Anhalt mit jeweils elf Maßnahmen. Auf Platz 3 folgt Bayern mit neun, gefolgt von Niedersachsen mit acht Maßnahmen. Rheinland-Pfalz landet mit fünf Bekämpfungsmaßnahmen auf Platz 5 und Sachsen mit vier Maßnahmen auf Platz 6. Hessen meldete drei Maßnahmen (Platz 7) und Mecklenburg-Vorpommern eine (Platz 8). Das Saarland, Thüringen, Nordrhein-Westfalen und Schleswig-Holstein meldeten in ihren „AFZ-Berichten" keine Einsätze gegen die hier betrachteten Schädlinge.

Auch bei der relevanteren Betrachtung der Flächengröße liegt Brandenburg mit 108.290 ha auf Platz 1. Mit deutlichem Abstand folgen Sachsen-Anhalt (33.372 ha), Bayern (12.960 ha) und Sachsen (9.965 ha). Die nicht genannten Bundesländer haben entweder auf einer Fläche von weniger als 7.000 ha Pflanzenschutzmittel aus der Luft ausgebracht bzw. überhaupt keine Bekämpfungsmaßnahmen ergriffen (vgl. Abb. 9).

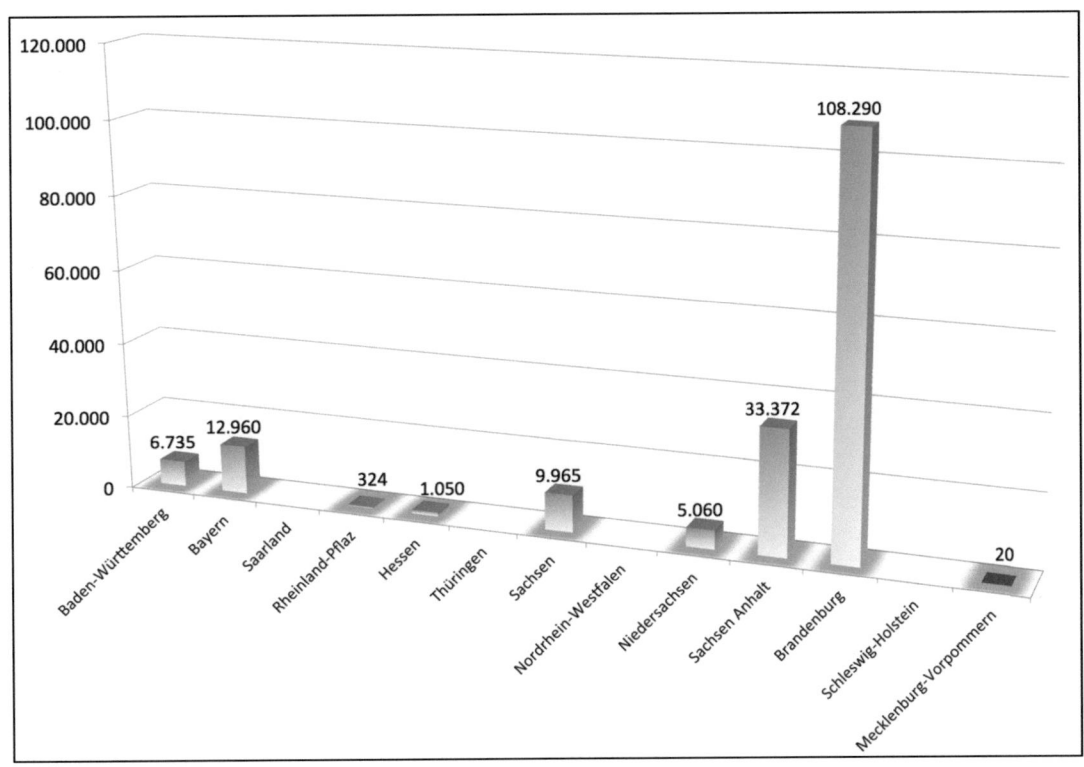

Abb. 9: Bekämpfungsflächen nach Bundesländern in ha („AFZ Der Wald" 2005 bis 2015)

4.1.3.3 Gegenüberstellung Befallsflächen – Bekämpfungsflächen - Schadflächen

Es ist davon auszugehen, dass die Befallsflächen weit größer sind als die Bekämpfungsflächen. Dies ist einerseits darauf zurückzuführen, dass nicht jeder Befall zu einem Schaden führt und auch nicht jeder Schaden den Bestand in seiner Existenz bedroht (vgl. farbliche Markierungen der Tab. 2). Im Zuge der hier vorgenommenen Datenerhebung konnten die Gesamtbefallsflächen nicht ermittelt werden. Um die Flächen entsprechend zu beziffern, wurde davon ausgegangen, dass die Schadflächen plus Bekämpfungsflächen abzüglich der unbekannten Überlappungsflächen einen Großteil der hier relevanten Befallsfläche ausmachen (vgl. Abb. 1).

Um die Flächen miteinander zu vergleichen, soll ein Teil der Befallsfläche ermittelt werden, indem Schadflächen und Bekämpfungsflächen addiert werden (vgl. Abb. 10). Die Überlappungsflächen werden bei dieser Betrachtung ignoriert, da davon auszugehen ist, dass die Gesamtbefallsfläche grundsätzlich noch größer ist. Die Betrachtung erfolgt in Summe über alle elf Erhebungsperioden.

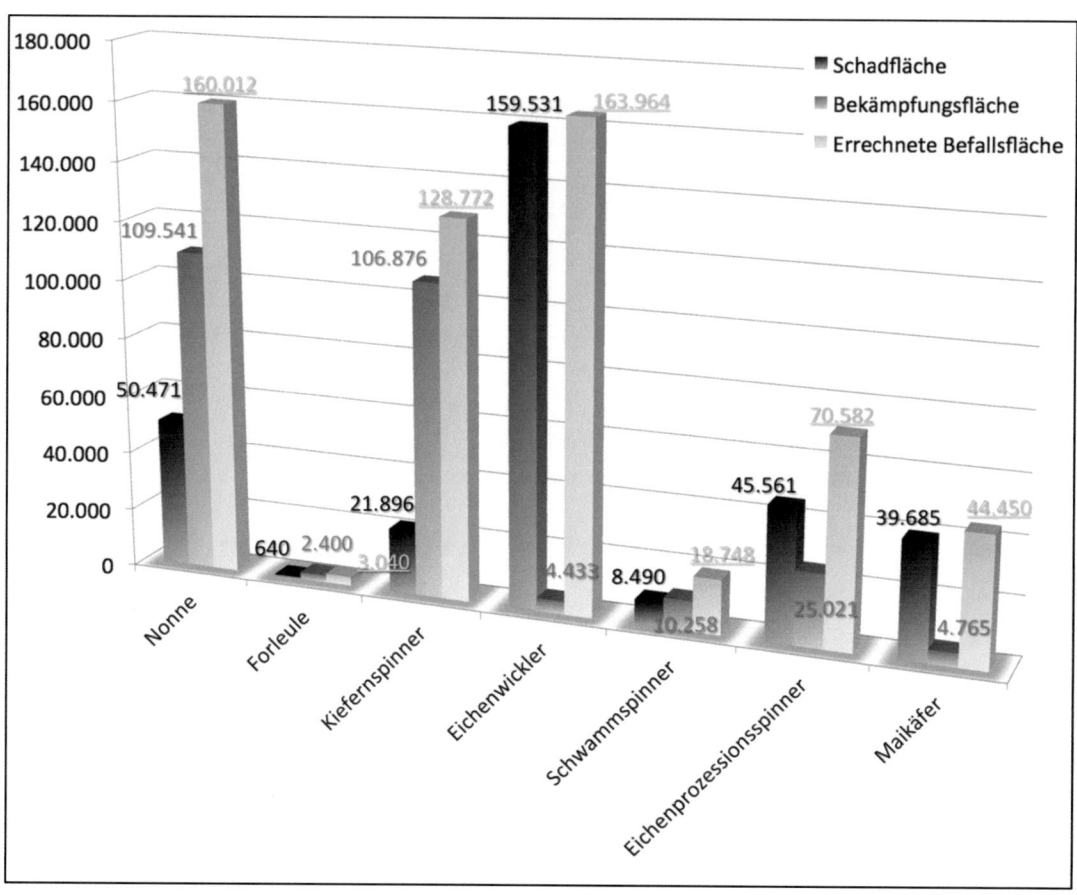

Abb. 10: Gegenüberstellung der Schad-, Bekämpfungs- und Befallsflächen für ganz Deutschland in ha („AFZ Der Wald" 2005 bis 2015)

Besonders bei **Nonne, Forleule, Kiefernspinner und Schwammspinner** sind die ausgewiesenen Bekämpfungsflächen größer als die vermerkten Schadflächen und liegen somit recht nah an den errechneten Befallsflächen. Die Erläuterung soll am Beispiel der Nonne erfolgen. Von der in Abb. 10 angenommenen Befallsfläche i. H. v. 160.012 ha konnten 109.541 ha durch die Ausbringung eines Insektizides vor Schaden bewahrt werden. Auf einer Fläche von 50.471 ha wurde ein Schaden festgestellt, der höchstwahrscheinlich auf fehlende Bekämpfung zurückzuführen ist. Allerdings ist hierbei zu beachten, dass vor allem diese Insekten auch mit anderen Insekten auf gemeinsamer Fläche bekämpft wurden, wodurch es zu einer bereits beschriebenen Vergrößerung der angegebenen Bekämpfungsflächen kommen kann. Der Vollständigkeit halber wurde zum Vergleich deshalb für alle Schädlinge die Fläche errechnet, auf der eine gemeinsame Bekämpfung mit anderen Schädlingen stattfand. Je größer diese gemeinsame Fläche ist, desto höher ist auch die Wahrscheinlichkeit, dass die tatsächliche Bekämpfungsfläche aufgrund der bereits erläuterten Interpretationsschwierigkeiten kleiner war. Die gemeinsame Bekämpfungsfläche beträgt ca. 21 % der Gesamtbekämpfungsfläche beim Schwammspinner, ca. 81 % bei der Nonne, ungefähr 83 % beim Kiefernspinner und volle 100 % bei der Forleule. Kieferspinner und Nonne wurden dabei fast immer gemeinsam bekämpft, unter Umständen auch zusammen mit der Forleule.

Die hohen Bekämpfungsflächen bzw. die geringen geduldeten Schadflächen lassen darauf schließen, dass beispielsweise der Nonnen- oder Schwammspinnerfraß für den Baum sehr gefährlich ist.

Bei **Eichenwickler, Eichenprozessionsspinner und Maikäfer** liegen deutlich höhere Schadflächen als Bekämpfungsflächen vor. Hier fand entweder keine oder nur eine geringe gemeinsame Bekämpfung mit anderen Insekten statt. Die diesbezügliche Interpretation soll am Beispiel des Eichenwicklers erfolgen. Von der in Abb. 10 angenommenen Befallsfläche i. H. v. 163.964 ha wurden nur 4.433 ha durch die Ausbringung eines Insektizides vor Schaden bewahrt. Auf einer Fläche von 159.535 ha wurde ein Schaden festgestellt, der höchstwahrscheinlich aufgrund fehlender Bekämpfung entstand. Aufgrund der geringeren Bekämpfungsfläche bzw. aufgrund der hohen geduldeten Schadfläche lässt sich vermuten, dass beispielsweise der Eichenwicklerfraß für den Baum eher selten existenzbedrohend ist.

Aus dem Verhältnis von Schad- und Bekämpfungsfläche lassen sich somit aussagekräftige Rückschlüsse über die „Gefährlichkeit" des Schädlings ziehen. So kann beispielsweise ein einmaliger Fraß des Schwammspinners bereits zum Absterben des Baumes führen.[115] Da er der Eichenfraßgesellschaft zuzuordnen ist, ist die Wahrscheinlichkeit einer Bekämpfung recht hoch. Dies könnte erklären, warum für Schwammspinner oder auch andere gefährliche Forstschädlinge wie Nonne und Kiefernspinner höhere Bekämpfungsflächen vorliegen. Die Eichenwicklerraupen hingegen beginnen ihren Fraß mit dem Austreiben der Bäume. Vitale Bäume können selbst bei Kahlfraß noch im gleichen Jahr mit dem Johannistrieb neu austreiben. Der Baum hat also eine gute Chance einen Befall zu überleben. Dies erklärt auch, warum der Eichenwickler trotz der hohen Fraßschäden auf minimaler Fläche bekämpft wurde.[116]

---

[115] vgl. WALDWISSEN.NET (Hrsg.), WOLF, M; PETERCORD, R.: Eichenschäden. 2014.
[116] vgl. ARBOFUX - Diagnosedatenbank für Gehölze (Hrsg.), LOHRER, T.: Grüner Eichenwickler. 2012.

In der deutschlandweiten Gesamtbetrachtung über alle elf Erhebungsperioden errechnen sich aus Abb. 10:

- 177.776 ha Bekämpfungsfläche
- 326.274 ha Schadfläche
- 504.050 ha Befallsfläche (=Bekämpfungsfläche + Schadfläche)

4.1.4 Fazit

Die ermittelten Daten können aufgrund der erläuterten Interpretationsschwierigkeiten lediglich zur Ableitung von Tendenzen herangezogen werden. Hinsichtlich der in dieser Studie betrachteten Schädlinge konnte jedoch festgestellt werden, dass im Verlauf der elf Erhebungsperioden knapp 32 Mio. FM Schadholz durch die rindenbrütenden Insekten entstanden ist. Weiterhin entstand auf 326.274 ha Fläche ein Schaden durch Blatt- und Nadelfresser sowie Schädlinge an Kulturen. Auf einer Fläche, die nur ungefähr halb so groß ist (177.776 ha), wurde eine aviochemische Bekämpfung durchgeführt. Dies wiederum betraf durchschnittlich weniger als 0,14 % der deutschen Gesamtwaldfläche.

Diese Ergebnisse belegen den in der Hypothese dargelegten sparsamen Einsatz von Pflanzenschutzmitteln im Wald und damit die pflichtbewusste Anwendung der guten fachlichen Praxis und Umsetzung des integrierten Waldschutzes der Forstbehörden.

4.2 Zweite Säule: Berichterstattung der Presse

4.2.1 Herangehensweise

Diese Säule soll beleuchten, in welcher Form, in welchem Umfang und in welcher Qualität die Presse über die definierten Schädlinge inkl. deren Bekämpfungsmaßnahmen berichtet hat und welcher Eindruck dabei bei den Lesern entstehen könnte.

4.2.1.1 Auswahl der Bundesländer für die weitere Datenerhebung

Da eine deutschlandweite Erhebung der Daten für die zweite und dritte Säule den Rahmen dieser Untersuchung sprengen würde, waren auf Grundlage der bereits ermittelten Daten Einschränkungen vorzunehmen. So wurde zunächst die Auswahl eines bestimmten Bundeslandes oder Gebietes (z. B. Lausitz) in Erwägung gezogen. Für diese Vorgehensweise würde sprechen, dass konkret auf Zeitungen/Zeitschriften aus einer bestimmten Region zurückgegriffen werden könnte und auch die Befragung (Säule 3) regional begrenzt wäre. Allerdings besteht die Gefahr, dass in dem ausgewählten Gebiet die Bevölkerung aufgrund von starkem Befall bereits übersensibilisiert ist oder in einer Region mit wenig Befall eher unwissend ist. Außerdem unterscheiden sich die vorherrschenden Schädlinge und Bekämpfungsmaßnahmen von Bundesland zu Bundesland. Durch eine Datenerhebung in mehreren Bundesländern mit regional unterschiedlich starkem Befall und einer nicht selektiven Auswahl der Befragungsgebiete könnte dagegen ein repräsentativer Durchschnitt abgebildet werden, sodass man sich einem Gesamtbild annähert und gegebenenfalls allgemeine Schlüsse ziehen kann.

Aufgrund der bei den Bekämpfungsmaßnahmen ermittelten Rangfolge (vgl. Punkt 4.1.3.2 Tab. 3) wurde Brandenburg (Rang 1) in die weitere Datenerhebung einbezogen. Zusätzlich wurden die Bundesländer Bayern (Rang 3) und Sachsen (Rang 4) ausgewählt, da die Autorin aufgrund ihres Wohnortes bzw. ihrer Arbeitsstätte einen persönlichen Bezug zu beiden Bundesländern hat und eine Erreichbarkeit hinsichtlich der durchzuführenden Umfrage gewährleistet ist. Zudem werden durch diese Auswahl Befallsgebiete für alle in dieser Studie relevanten Schädlinge abgedeckt.

4.2.1.2 Die Genios-Datenbank und die Auswahl der Zeitschriften

Zunächst wurde eine Vorauswahl der größeren Zeitschriften in den oben genannten Bundesländern getroffen und eine Onlinerecherche hinsichtlich vorhandener Zeitungsarchive durchgeführt. Viele Zeitschriften bieten Onlinearchive an, die aber oftmals nur wenige

Jahre zurückreichen und nicht alle publizierten Artikel enthalten. Die Autorin nahm diesbezüglich auch Kontakt zu mehreren Redaktionen auf. Die meisten Zeitschriften besitzen kein vollständiges Onlinearchiv oder gewähren ausschließlich einen kostenpflichtigen Zugang. Im Laufe der Recherche stieß die Autorin auf die Datenbank der GBI-Genios Deutsche Wirtschaftsdatenbank GmbH. Bei der Genios-Datenbank handelt es sich unter anderem um ein umfassendes Archiv einer Vielzahl deutscher Zeitschriften, das weit über 10 Jahre zurückreicht. Der Abruf der vollständigen Artikel ist dort kostenpflichtig möglich. Für die Suche nach den Artikeln selbst werden jedoch keine Gebühren erhoben. Die Suche kann auf das gesamte Archiv ausgedehnt oder mittels Filter auf maximal eine Zeitschrift eingegrenzt werden. Die Auswahl mehrerer relevanter Zeitschriften (Quellenzusammenstellung) ist demnach nicht möglich. Jedoch kann nach Erscheinungsgebiet selektiert werden (Überregional, Nord, West, Süd, Ost). Da die Verbreitungsgebiete der in den ausgewählten Bundesländern erscheinenden Zeitungen auf den Filter Süd und Ost zutreffen, wurde dahingehend selektiert. Weiterhin sollten auch überregionale Zeitschriften erfasst werden, die deutschlandweit gelesen werden. Über diese Filterungen erreicht man alle in der Genios-Datenbank registrierten Zeitschriften, die für die ausgewählten Bundesländer relevant sind. Darüber hinaus waren vor allem Zeitschriften aus Baden-Württemberg, Thüringen und Sachsen-Anhalt enthalten, die bei der Recherche jedoch nicht berücksichtigt wurden.

Im Zuge der Datenerhebung wurde entschieden, einige Zeitschriften aus dem Erscheinungsgebiet nicht mit in die Analyse aufzunehmen, weil es sich entweder um kleine Tagesblätter handelte oder bereits eine andere Zeitschrift der Verlagsgruppe betrachtet wurde. In letzterem Fall wurde festgestellt, dass in diesen Medien fast identische Artikel erschienen.

In Tab. 4 sind die Zeitungen aufgelistet, die generell in die Analyse aufgenommen wurden – wobei im späteren Verlauf nicht aus allen Zeitschriften Artikel bewertet wurden; diese sind in der Tabelle grau markiert.

Tab. 4: Zeitschriften nach Verbreitungsgebiet

Bayern	Sachsen	Brandenburg	Überregional
Bayerische Staatszeitung	Freie Presse	Berliner Kurier	Die Tageszeitung
Die Kitzinger	Lausitzer Rundschau	Berliner Morgenpost	Die Welt
Fränkischer Tag	Leipziger Volkszeitung	Berliner Zeitung	Die Zeit
Frankenpost	Mitteldeutsche Zeitung (Leipziger Einzugsgebiet)	BZ Berlin	Focus
Lausitzer Rundschau	Sächsische Zeitung	Der Tagesspiegel	Frankfurter Allgemeine Zeitung
Mittelbayerische Zeitung	Torgauer Zeitung	Märkische Allgemeine	Handelsblatt
Münchner Abendzeitung		Potsdamer Neueste Nachrichten	Spiegel
Nürnberger Nachrichten			Stern
Nürnberger Zeitung			Süddeutsche Zeitung
Passauer Neue Presse			SUPERillu
Saale Zeitung			
Süddeutsche Zeitung			

4.2.2 Datenerhebung

4.2.2.1 Suchbegriffe

Um die Recherche in der Genios-Datenbank starten zu können, waren Suchbegriffe zu definieren. Es wurden zunächst alle 13 Schädlinge inklusive lateinischer Bezeichnung festgelegt. Weiterhin wurden die gängigen Insektizide, Begriffskombinationen zur Massenvermehrung und zu Pflanzenschutzmitteln abgefragt. Die Auswahl der Suchbegriffe erhebt keinesfalls den Anspruch auf Vollständigkeit. Vielmehr hätte die Palette der Suchbegriffe noch weiter ausgedehnt werden können. Da aber bereits diese Abfrage zu einer hohen Trefferquote führte, wurde von weiteren Suchbegriffen abgesehen. In Tab. 5 sind alle Suchbegriffe und deren Treffer abgebildet.

Tab. 5: Trefferquote der Suchbegriffe

Suchbegriff	Treffer	Suchbegriff	Treffer
Pyrethroide	215	Eichenprachtkäfer	75
Bacillus thuringiensis	803	Agrilus biguttatus	2
Fraßgift	224	Kiefernspinner	432
Kontaktgift	225	Dendrolimus pini	11
DIPEL	837	Eichenwickler	409
DIMILIN	341	Tortrix viridana	3
NOMOLT	4	Schwammspinner	477
Karat*Forst	1	Lymantria dispar	7
Karate+Forst	34	Forleule	204
Karate+Fastac	0	Panolis flammea	1
Karate*Fastac	0	Maikäfer *Bekämpfung*	338
Fastac	14	Melolontha	104
aviochemisch	1	Thaumetopoea processionea	56
Hubschrauber+Forst	0	Eichenprozessionsspinner	4.576
Hubschrauber+Wald	1	*borkenkäfer*	2.089
Hubschrauber *Wald*	39.459	Pityogenes chalcographus	24
Hubschrauber+Raupe	0	*kupferstecher* *bekämpfung*	280
Hubschrauber+Insektizid	0	Kupferstecher	4.678
Insektizid+Wald	0	*braun* *rüsselkäfer*	122
Insektizid *wald*	1.873	Hylobius abietis	1
Insektizid	2.786	Ips typographus	67
NeemAzal-T/s	18	*buchdrucker* *massenvermehrung*	299
Beauveria Brongniartii	45	*buchdrucker* *pflanzenschutzmittel*	36
Chitinsynthesehemmer	0	Buchdrucker	5.421
Diflubenzeron	0	*Asiatisch* *Laubholzbockkäfer*	775
Häutungshemmer	139	Anoplophora glabripennis	33
blau *kiefernprachtkäfer*	143	*Pflanzenschutzmittel* *wald*	3.190
Phaenops cyanea	5	*Pflanzenschutzmittel* *forst*	2.521
Lymantria monacha	50	Massenvermehrung	1.615
Treffer Gesamt			75.064
Relevante Treffer (weiß markiert)			6.856

Alle weiß markierten Suchbegriffe wurden vollständig geprüft. Grau markierte Begriffe führten zu keinerlei Treffern. Die schwarz markierten Suchbegriffe führten zu einer so großen Trefferzahl, dass auf eine Berücksichtigung in der Auswertung komplett verzichtet wurde. Wenn möglich, wurde der Suchbegriff durch eine andere Suchkombination eingeschränkt bzw. verfeinert. Es wurde mit folgenden Operatoren gearbeitet:

- mit dem Plus Zeichen (+) wurden mehrere Begriffe miteinander verbunden (die Reihenfolge der Nennung war dabei ausschlaggebend)
- mit einem Stern (*) konnten Begriffe kombiniert werden, um sie in beliebiger Reihenfolge zu suchen. Auch konnten so verschiedene Endungen eines Wortes ersetzt werden

Die Recherche in der Genios-Datenbank erfolgte im Bereich Presse Deutschland mit folgenden Einschränkungen:
- Region: Überregional, Süd, Ost
- Erscheinungsdatum: 01.01.2004 – 31.12.2014

Durch diese Einschränkungen wird das Zielgebiet Brandenburg, Sachsen und Bayern sowie der Erhebungszeitraum der ersten Säule abgedeckt. Die Suche erfolgte in Titel und Text der archivierten Artikel.

So ergaben sich insgesamt 75.064 Treffer, wovon 6.856 gesichtet wurden.

4.2.2.2 Artikelrecherche

Zu jedem Treffer wurden über die Datenbank der Titel und ein kurzer Ausschnitt aus dem Text angezeigt. Die oben genannten 6.856 Treffer wurden vollständig gesichtet. Artikel aus nicht relevanten Zeitschriften wurden ignoriert. Des Öfteren erschienen fast identische Artikel in unterschiedlichen Zeitschriften, die aufgrund der Doppelung ebenfalls ignoriert wurden. Zum anderen führten mehrere Suchbegriffe zu denselben Treffern, die nur einfach in die Auswertung einbezogen wurden. Nach der durchgeführten Selektion verblieben 1.697 Artikel.

Zum Erfassen und späteren Bewerten dieser 1.697 Artikel wurde eine Tabelle (im Folgenden „Zeitungsartikelrecherche") erstellt, in der Erscheinungsdatum, Quelle, Titel, zutreffende Suchbegriffe, Wortanzahl und der betroffene Schädling erfasst wurden.

4.2.2.3 Bewertung der Artikel

Über den kostenpflichtigen Online-Zugang der Städtischen Bibliotheken Dresden war ein uneingeschränkter Zugriff auf die Genios-Datenbank möglich. Ausgenommen hiervon waren die Süddeutsche Zeitung und die Frankfurter Allgemeine Zeitung, die jedoch über den Vorort-Zugriff der Sächsischen Landesbibliothek - Staats- und Universitätsbibliothek Dresden erreicht wurden.

Eine Bewertung der erfassten 1.697 Artikel war aufgrund der Menge im Detail nicht realisierbar. Die Artikel wurden in einer Tabelle „Zeitungsartikelrecherche" nach Datum und Schädling sortiert und chronologisch durchgesehen. Als Entscheidungshilfe, ob ein Artikel

in die Bewertung einbezogen werden sollte, wurden folgenden Kriterien definiert:
- im Ergebnis sollten ca. 1/3 aller Artikel bewertet werden
- Relevanz zu forstlichen Schadinsekten allgemein
- Relevanz zum Thema aviochemische Bekämpfung
- Wortanzahl
- Bei einer Häufung mehrerer Artikel zu dem gleichen Ereignis (beispielsweise an mehreren aufeinanderfolgenden Tagen in der gleichen Zeitschrift) wurden nur ausgewählte Artikel zur Bewertung herangezogen, da sich diese inhaltlich meist wiederholten.

Durch die Bewertung sollte ein Eindruck entstehen, welche Informationen und in welcher Qualität durch die Presse an die Leser vermittelt wurden. Eine Vergleichbarkeit der Artikel muss daher gegeben sein. Es wurden Kategorien, Wertungskriterien und Wertungspunkte definiert, um jeden Artikel nach einheitlichen Kriterien zu betrachten (vgl. Tab. 6) und somit zu einer objektiven Bewertung zu gelangen. Die Erhebung erstreckte sich jedoch über einen längeren Zeitraum, sodass man davon ausgehen muss, dass auch subjektives Empfinden in die Wertung eingeflossen ist.

Durch die Bewertung der Artikel sollte in erster Linie der Informationsgehalt, die Vermittlung von Fehlinformationen und der Stil ermittelt werden. Hieraus wären dann Schlüsse bezüglich des Eindruckes möglich, der beim Leser entstehen könnte. Beim ALB sollte außerdem festgestellt werden, ob seine Gefährlichkeit thematisiert wurde. Das hierzu entwickelte Bewertungsschema ergibt sich aus Tab. 6.

Tab. 6: Bewertungsschema

Kategorie:	Wertungskriterium:	Wertung:
Allgemeines	Hintergrund	• Allgemeine Information zum Waldzustand • Allgemeine Information zum Schädling • Allgemeine Information zum PSM • Bekämpfung mit Hubschrauber • Bekämpfung vom Boden • Bekämpfung geplant • Bekämpfung durchgeführt • Gefährdung für den Menschen
	AFZ	• entfällt • ja • nein
	Eindruck PSM	• P - Positiv • N - Neutral • K - konträrer Ansatz • C - Contra
Artikelstil	Titel	• S - Sammeltitel • 0 - übertrieben • 1 - leicht übertrieben • 2 - sachl./informativ
	persönlicher Eindruck Gesamtartikel	• 0 - sehr übertrieben • 1 - typ. Pressestil • 2 - größt. sachlich • 3 - sachl./informativ
	Fehlinformation	• 0 - ja • 1- Halbwahr • 2 - nein
	Experte	• 0 - nein • 1 - ja
Informationsgehalt	Schädling	• 0 - keine • 1 - wenig • 2 - informativ • 3 - ausführlich
	Schadbild	
	Ursache Befall	
	Waldschutz	
	PSM/Bekämpfungsart	
	SUMME Informationsgehalt	max. 15 Punkte
Information bei Bekämpfung	Flächengröße	• 0 - nein • 1 - ja
	PSM	
	Ultima Ratio	
	Genehmigung	
	Empfehlung	• 0 - nein • 1 - wenig • 2 - detailliert
	SUMME Informationsgehalt bei Bekämpfung	max. 6
ALB	ALB: Hinweis auf Gefährlichkeit	• 0 - nein • 1 - ja

Mit der Kategorie „**Allgemeines**" sollte ermittelt werden welchen thematischen _Hintergrund_ die Artikel haben und ob eine Zuordnung zu einer Bekämpfungsmaßnahme aus der _AFZ_ möglich ist (entfällt, ja, nein). Weiterhin sollte beurteilt werden, welcher _Eindruck_ beim Leser gegenüber PSM entstehen könnte (positiv, neutral, konträrer Ansatz, contra).

In der zweiten Kategorie sollte der „**Artikelstil**" bewertet werden. Hier ging es vor allem darum, ob er im typischen Pressestil geschrieben wurde, also mit Übertreibungen, Ironie oder Ähnlichem gearbeitet wurde oder ob er sachlich über ein Thema berichtet. Hierzu wurde der _Titel_ bewertet (übertrieben, leicht übertrieben, sachlich/informativ), der _persönliche Eindruck_ der Autorin hinsichtlich des gesamten Artikels (sehr übertrieben, typischer Pressestil, größtenteils sachlich, sachlich/informativ), ob _Fehlinformationen_ enthalten sind (ja, halbwahr, nein) und ob in dem Artikel _Experten_ interviewt worden (ja, nein).

Durch die dritte Kategorie soll der „**Informationsgehalt**" des Artikels bewertet werden. Für jedes Wertungskriterium können null (=keine Information) bis drei Punkte (= ausführliche Informationen) vergeben werden. Betrachtet wurden im Einzelnen:
- Allgemeine Informationen zum _Schädling_ (Biologie, natürliche Feinde, Massenvermehrungszyklen, bevorzugte Baumarten, etc.)
- Allgemeine Informationen zum _Schadbild_ (Wie schadet der Schädling? Was sind die Folgen für den Baum? etc.)
- _Ursachen des Befalls_ (Welche Gründe spielen bei dem Befall eine Rolle? Klima, Massenvermehrung, Monokulturen, etc.)
- Informationen zum _Waldschutz_ (Was wird im Rahmen des Waldschutzes alles gemacht? Monitoring, Winterbodensuche, etc. / ggf. Handlungsempfehlungen für Waldbesitzer / saubere Waldwirtschaft bei Borkenkäfern)
- Informationen zum _PSM_ bzw. zur Durchführung einer Bekämpfungsmaßnahme (Wie wirkt das PSM? Wie wird es gemischt? Wie gefährlich ist es? Müssen bei der Ausbringung Abstandsvorlagen eingehalten werden? Witterungseinflüsse? Bekämpfungsmaßnahmen beim ALB? etc.).

Für diese fünf Wertungskriterien ergab sich in der Summe eine maximale Punktzahl von 15 Punkten. So war eine Beurteilung des durchschnittlichen Gesamtinformationsgehaltes möglich.

Die vierte Kategorie befasst sich mit Informationen, die in Zusammenhang mit einer Bekämpfungsmaßnahme stehen („**Information bei Bekämpfung**"). Hier wurde bewertet, ob die _Flächengröße_ angegeben wurde (ja, nein), ob das _PSM_ benannt wurde (ja, nein), ob ein Hinweis auf das *Ultima-Ratio-Prinzip* und die Notwendigkeit einer *Genehmigung* vermittelt wurde (ja, nein) und ob es *Empfehlungen* zum Verhalten in einem Bekämpfungsfall gibt (nein, wenig Informationen, detailliert). Zu Letzterem zählen Hinweise zu gekennzeichneten Waldflächen, Hinweise zum Sammeln von Pilzen und Beeren, Verhaltensweisen beim Kontakt mit EPS, etc. Die letzte Kategorie betrifft ausschließlich den **„ALB"** und sollte bewerten, ob ein *Hinweis auf seine Gefährlichkeit* enthalten war (ja, nein).

Die Bewertung wurde in einer Tabelle „Zeitungsartikelrecherche" durchgeführt. Um einen schnellen Einblick in das Bewertungsschema zu erhalten, ist im Anhang 25 ein Ausschnitt aus der Tabelle abgebildet.

Von den 1.697 Artikeln konnten 615 bewertet werden – also ca. 36 %.

4.2.3 Auswertung

Die Auswertung erfolgte über Filterungen in der Tabelle „Zeitungsartikelrecherche".

4.2.3.1 Allgemeine statistische Daten

Zunächst soll die Aufteilung nach Erscheinungsgebiet betrachtet werden. Dabei wurde die Süddeutsche Zeitung dem Bundesland Bayern und der Kategorie Überregional zugeordnet. Die Lausitzer Rundschau wurde Brandenburg und Sachsen zugeordnet, da sie in beiden Bundesländern erscheint. Somit werden Artikel doppelt erfasst, weswegen sich in Abb. 11 in Summe mehr als 615 Artikel ergeben. Aus der folgenden Abbildung lässt sich feststellen, dass die meisten bewerteten Artikel in Brandenburg erschienen sind, gefolgt von Sachsen und Bayern. Die wenigsten bewerteten Artikel stammen aus der Kategorie „Überregional".

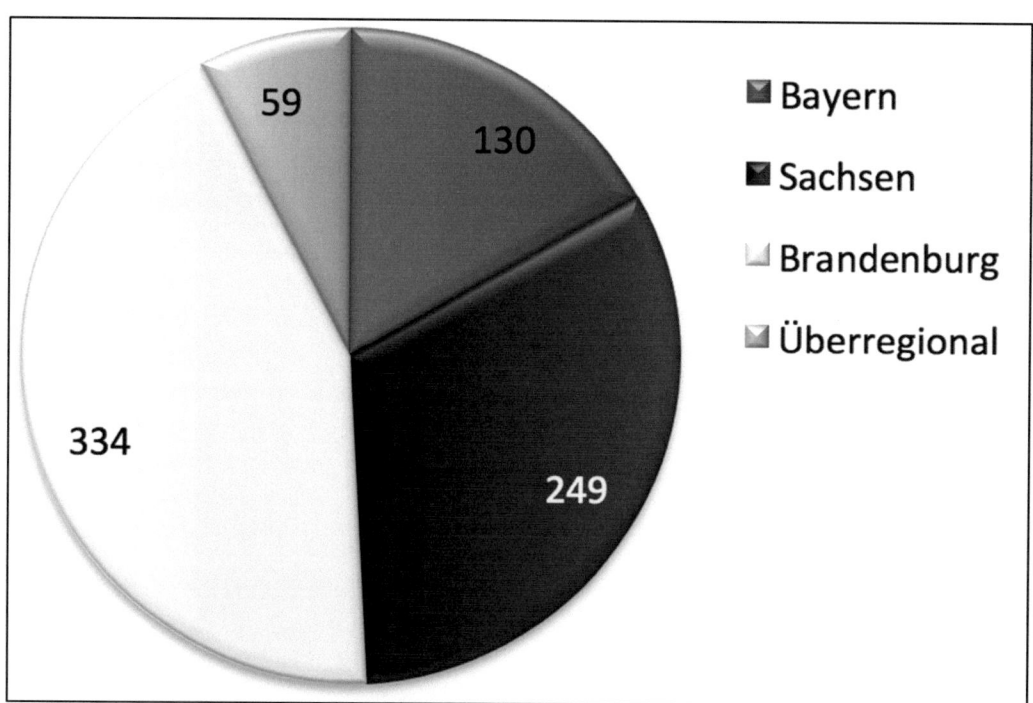

Abb. 11: Anzahl der bewerteten Artikel nach Verbreitungsgebiet

Der Umfang der einzelnen Artikel kann wie folgt beschrieben werden:
- 156 Artikel mit 63 bis 300 Wörtern
- 227 Artikel mit 301 bis 500 Wörtern
- 189 Artikel mit 501 bis 800 Wörtern
- 43 Artikel   mit 801 bis 1980 Wörtern

Artikel pro Schädling (siehe Abb. 12)

Der Eichenprozessionsspinner wurde in 247 der 615 bewerteten Artikel erwähnt und ist damit das meistbeschriebene Insekt. Dies belegt die massive Thematisierung des EPS in Zusammenhang mit der Gefährdung der menschlichen Gesundheit. Die Nonne wurde 181 mal beschrieben, gefolgt vom Kiefernspinner mit 134 Artikeln. Dies deckt sich auch mit den relevanten Bekämpfungsflächen (vgl. Abb. 10), wonach diese beiden Insekten auf der größten Fläche bekämpft wurden. Alle anderen Insekten waren jeweils in weniger als 64 Artikeln vertreten. Trotz der Schadholzrelevanz der Rindenbrüter wurden diese vergleichsweise selten thematisiert, wobei der Buchdrucker mit 64 Artikeln am häufigsten beschrieben wurde. Dies entspricht den Erkenntnissen aus Abb. 2, wonach er unter den Rindenbrütern auch das meiste Schadholz verursacht hat.

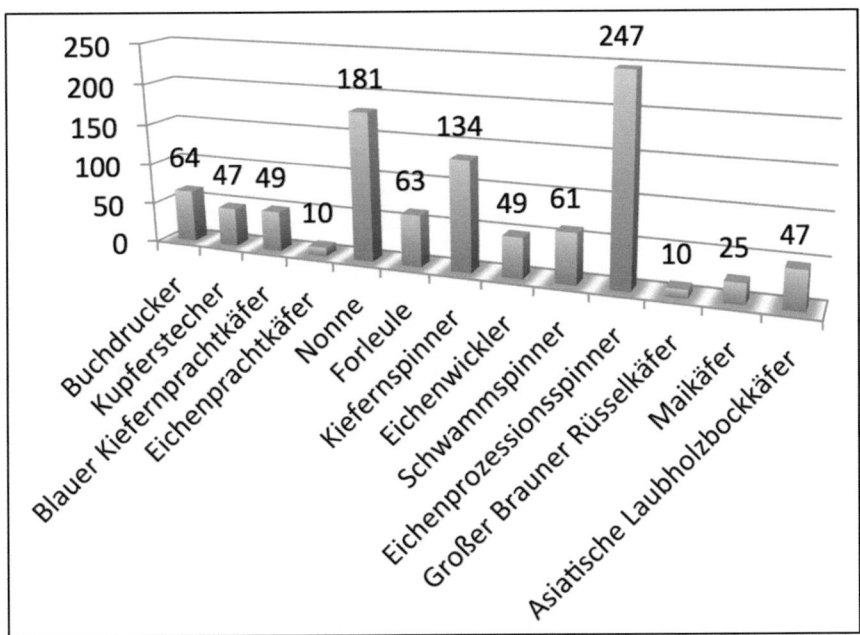

Abb. 12: Anzahl der bewerteten Artikel pro Schädling

Hintergrundthema – entspricht Wertungskriterium *Hintergrund* (siehe Abb. 13)

Die meisten Artikel (311) waren dem Thema „Allgemeine Information zum Waldzustand" zuzuordnen. In solchen Berichten wurde zumeist allgemein über einen bestimmten Schädling berichtet oder über den Waldzustandsbericht geschrieben. 211 Artikel befassten sich mit Bekämpfungsaktionen, die entweder geplant, gerade im Gange oder bereits durchgeführt waren. Einige Artikel befassten sich ohne konkreten Anlass mit einem Schädling (58 Artikel) oder mit einem PSM (14 Artikel). In 21 Artikeln ging es vorrangig um die Gefährdung der menschlichen Gesundheit. Diese wurde auch in anderen Artikeln thematisiert, die allerdings einem anderen Thema zugeordnet werden konnten. Zu dem Thema „Gefährdung der menschlichen Gesundheit" zählten vor allem Artikel, die über den EPS berichteten.

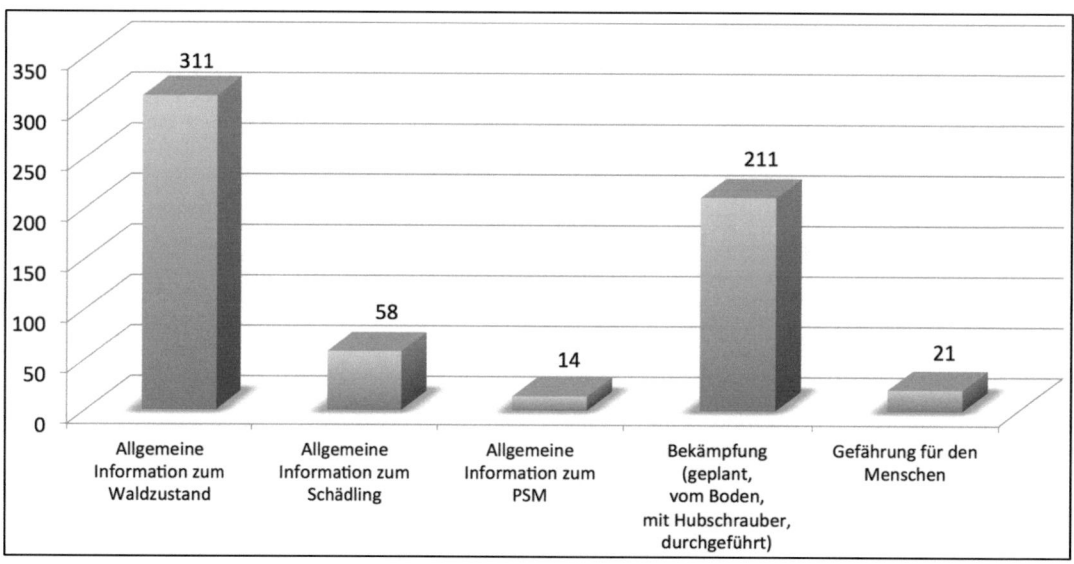

Abb. 13: Anzahl der bewerteten Artikel nach Hintergrundthema

Zuordnung „AFZ Der Wald"

Fast alle Artikel, die sich mit einer Bekämpfungsaktion befassten konnten auch einer Maßnahme aus der Zeitschrift „AFZ Der Wald" zugeordnet werden. Bei fünf Artikeln war eine Zuordnung nicht möglich, da es sich hierbei in erster Linie um Artikel zum EPS in Zusammenhang mit einer Bekämpfung nach Biozidrecht handelte und eine diesbezügliche Aufführung in der Zeitschrift „AFZ Der Wald" eher unwahrscheinlich ist.

4.2.3.2 Inhalt der Artikel

Kategorie „Artikelstil" (vgl. Tab. 7)

Hinsichtlich des *Titels* waren 399 Artikel (= ca. 65 %) größtenteils sachlich und informativ. Bei 203 Artikeln (= ca. 33 %) waren leichte Übertreibungen festzustellen. Gerne wurde mit Wortspielen gearbeitet, wodurch der Titel oftmals ironisch wirkte, sodass kein sachlicher Artikel zu erwarten war. Hierzu zählen beispielsweise folgende Titel: „Mächtig angefressen"[117], „Nonnen gehen den Förstern auf den Leim"[118] oder „Der exkommunizierte Brummer"[119]. Die Titel von acht Artikeln waren extrem übertrieben und erinnern eher an einen Hollywoodfilm wie z. B. „Invasion der Giftzwerge"[120], „Wenn ‚Nonnen' in die Sexfalle tappen"[121] oder „Gefräßige Bestie"[122]. Bei fünf Artikeln (= ca. 1 %) handelte es sich um Sammelartikel deren Titel nicht bewertet wurde.

Tab. 7: Anzahl der bewerteten Artikel - aufgeteilt nach den Wertungskriterien der Kategorie Artikelstil

Titel		Persönlicher Eindruck		Fehlinformationen		Experten	
übertrieben	8	sehr übertrieben	9	ja	3	ja	424
leicht übertrieben	203	typ. Pressestil	30	halbwahr	31	nein	191
sachlich/informativ	399	größtenteils sachlich	547	nein	581		
Sammeltitel	5	sachlich/informativ	29				

Bei 29 Artikeln (= ca. 5 %) wurde insgesamt ein sehr sachlicher und informativer *Eindruck* vermittelt. Der Schreibstil erinnert hier weniger an einen Presseartikel, sondern eher an einen Lehrbuchauszug. Der größte Teil (547 Artikel = ca. 89 %) konnte mit „größtenteils sachlich" bewertet werden. Diese Wertung erhielt ein Artikel, wenn ihm der Pressecharakter anzumerken war. Es kam hier teilweise zum Einsatz von Ironie, unangemessener Ausdrucksweise oder Formulierungsfehlern. Alles in allem konnte der Artikel aber noch als sachlich gewertet werden. Weitere 30 Artikel (= ca. 5 %) waren durchweg in einem typischen Pressestil geschrieben und arbeiteten mit weniger sachlichen Formulierungen wie z. B. „Chemieregen soll die Biester fertigmachen."[123] Bei neun Artikeln (= ca. 1,5 %) waren starke Übertreibungen enthalten. Im Folgenden soll ein Ausschnitt aus einem Artikel zitiert werden um dies zu veranschaulichen:

---

[117] KÖPPLINGER, T.: Mächtig angefressen. In: Die Kitzinger vom 22.10.2010. S. 1.
[118] FRÄNKISCHER TAG (Hrsg.): Nonnen gehen den Förstern „auf den Leim". 17.08.2005. S. 13.
[119] ORGELDINGER, M.: Der exkommunizierte Brummer. In: Nürnberger Zeitung vom 04.04.2007.
[120] PETSCH, P.: Invasion der Giftzwerge. In: Stern, Nr. 33, 2005.
[121] SEEGER, E.: Wenn „Nonnen" in die Sexfalle tappen. In: Fränkischer Tag vom 30.07.2007. S. 11.
[122] KNOLL, G.: Gefräßige Bestie. In: Süddeutsche Zeitung vom 27.12.2013.
[123] BERLINER KURIER (Hrsg.): Chemiekeule schützt Wälder. IN: Berliner Kurier Nr. 122 vom 05.05.2012. S. 13.

„In dieser Woche begann der Luftkampf gegen die kleinen, gemeinen Ausschlag hervorrufenden Raupen des Eichenprozessionsspinners. [...] Aus Grabow gab's ersten Widerspruch gegen den Einsatz. Natürlich kann man argumentieren, dass man im Sinne des Allgemeinwohls Bedenken jedweder Art zurückstellen müsste. Das haben vielleicht auch die Enten versucht, die in einem See bei Potsdam nach einer ausgiebigen „Befliegung" ihre „Köpfchen unter Wasser" und „ Schwänzchen in die Höh"' reckten, allerdings für immer. Dabei hatten sie die besten Voraussetzungen, unbehelligt davonzukommen, denn laut Prignitzer Amtstierärztin genügt es zu duschen, wenn man denn schon eine Ladung des Insektizids abbekommen hat. Das erinnert entfernt an Zivilschutzliteratur der 1950er Jahre. Damals riet man der Bevölkerung, sie möge sich eine Zeitung vors Gesicht halten, sollte in der Nähe eine Atombombe detonieren."[124]

In 424 Artikeln (ca. 69 %) wurden *Experten* interviewt. Als Experten wurden Forstmitarbeiter und Angestellte der forstlichen Behörden (insbesondere Landesbehörden) angesehen. Außerdem wurde in dieser Kategorie bewertet, ob der Artikel *Fehlinformationen* enthält. Dieses Wertungskriterium wird unter Punkt 4.2.3.3 genauer analysiert, da es in engem Zusammenhang mit der Meinungsbildung steht.

---

[124] KÖNIG, A.: Im Luftkampf mit den Vorschriften. In: Märkische Allgemeine vom 18.05.2013. S. Seite PRI3.

Kategorie „Informationsgehalt"

Jeder Artikel konnte in dieser Kategorie pro Wertungskriterium zwischen null bis drei Punkte erhalten. In einer ersten Betrachtung wurden die Gesamtpunkte aller Artikel pro Wertungskriterium ermittelt (vgl. Abb. 14).

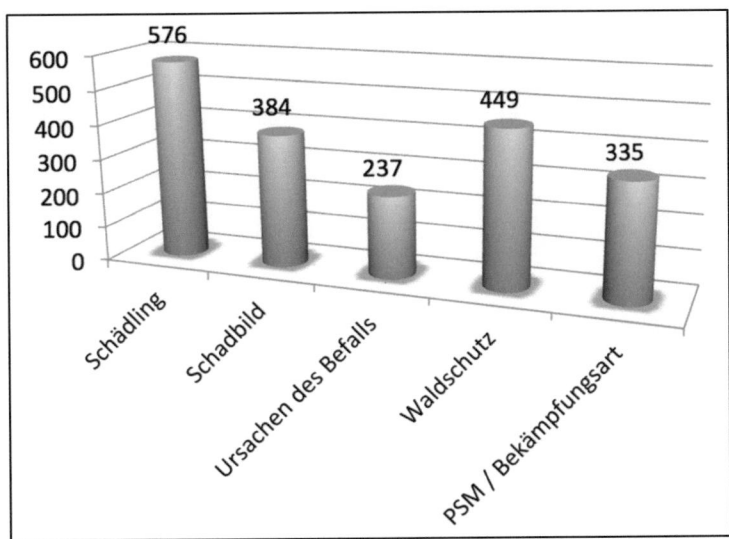

Abb. 14: Gesamtbewertungspunkte aller bewerteten Artikel pro Wertungskriterium

Bei möglichen drei Punkten und 615 Artikeln wären maximal 1.845 Punkte pro Wertungskriterium erreichbar. Da nicht jeder Artikel alle hier bewerteten Kriterien zum Thema hat, war das Erreichen der maximalen Punktzahl auch unmöglich. Interessant ist dennoch, dass sich die tatsächlich erreichte Punktzahl lediglich zwischen ca. 13 % bis 31 % (237 bis 576 Punkte) der maximal möglichen Punkte bewegt. Die meisten Informationen (576 Punkte) wurden zu den _Schädlingen_ selbst vermittelt, gefolgt von _Waldschutz_ (449 Punkte), _Schadbild_ (384 Punkte) und _Pflanzenschutzmitteln_ (335 Punkte). Die wenigsten Informationen (237 Punkte) wurden zu den _Ursachen des Befalls_ weitergegeben.

Betrachtet man nun die Bewertung eines Artikels innerhalb der einzelnen Wertungskriterien (siehe Abb. 15) im Detail, so ist festzustellen, dass die meisten Artikel pro Wertungskriterium nur wenige oder gar keine Informationen vermitteln (weiße und hellgraue Säulen). Nur 3 bis 15 % der Artikel sind informativ (dunkelgraue Säulen) und lediglich 0,3 bis 5 % beschreiben die Wertungskriterien ausführlich (schwarze Säulen).

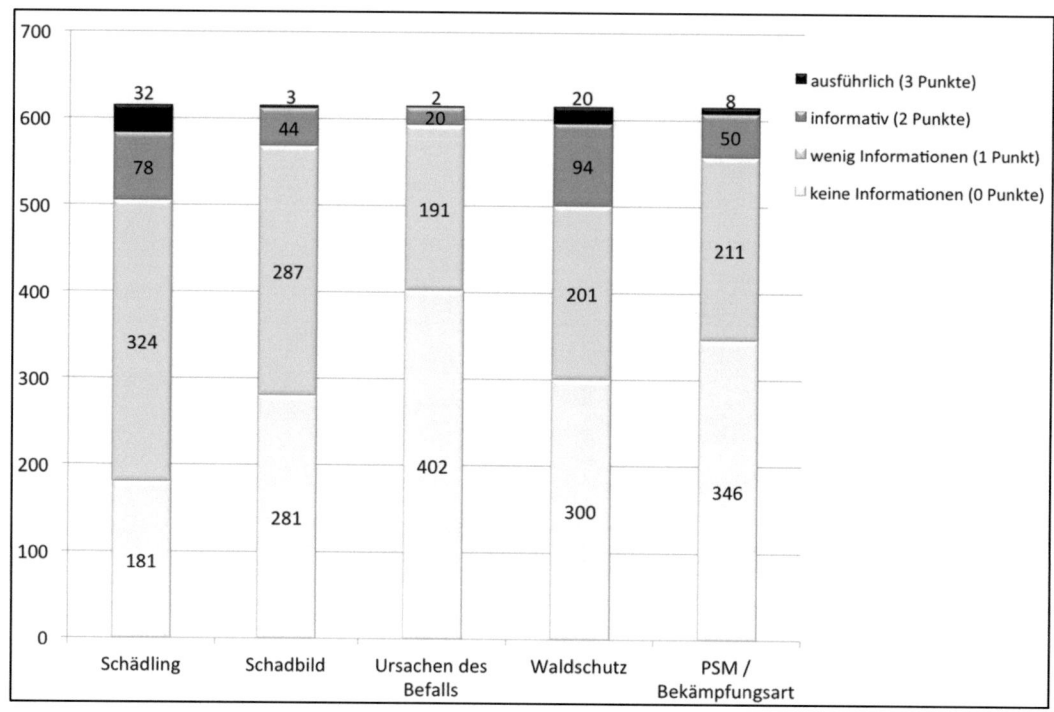

Abb. 15: Anzahl der bewerteten Artikel - aufgeteilt nach den Wertungskriterien der Kategorie „Informationsgehalt"

Um den Gesamtinformationscharakter eines Artikels zu beurteilen wurde jeweils eine Summe aller Punkte der Kategorie „Informationsgehalt" gebildet (vgl. Abb. 16).

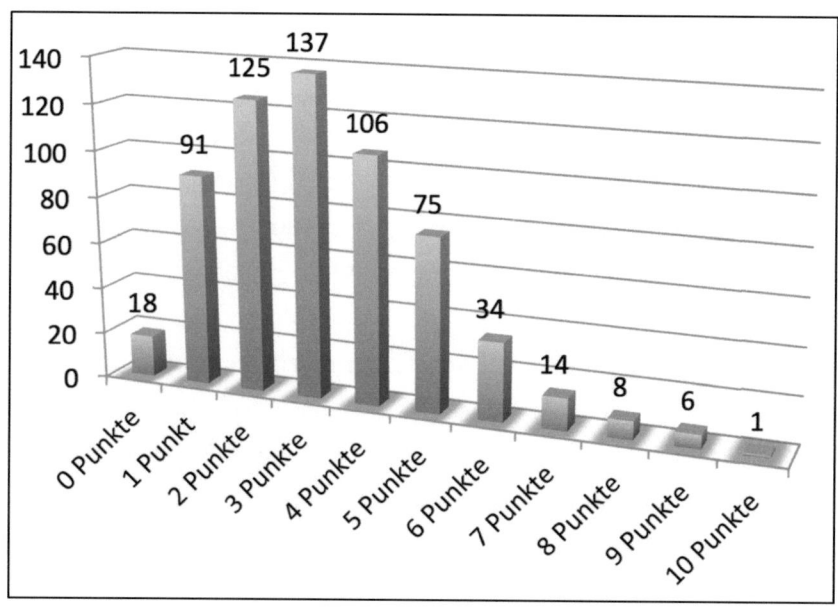

Abb. 16: Anzahl der bewerteten Artikel pro Gesamtpunktzahl der Kategorie „Informationsgehalt"

So wäre pro Artikel eine Gesamtpunktzahl von 15 Punkten möglich gewesen – wobei, wie bereits erwähnt, nicht immer alle Themen behandelt wurden und die maximale Punktzahl somit auch hier nicht erreicht werden konnte. Auch sagt eine Gesamtpunktzahl von beispielsweise drei nicht aus, ob der Artikel in nur einem Wertungskriterium sehr informativ war oder in drei Wertungskriterien jeweils wenig Informationen (je ein Punkt) vermittelt hat. Jedoch entsteht ein Eindruck davon, wie viele unterschiedliche Themen in einem Artikel behandelt wurden und lässt eine Einschätzung des Informationsgehaltes der betrachteten Artikel zu. Die meisten Artikel wurden insgesamt mit nur zwei bis vier Punkten bewertet. Das bedeutet, dass in diesen nur ein bis zwei Wertungskriterien etwas ausführlicher beschrieben oder maximal vier Wertungskriterien zumindest angerissen wurden. 91 Artikel (= ca. 15 %) erreichten insgesamt nur einen Punkt – das bedeutet es wurden nur wenige Informationen zu einem einzigen Wertungskriterium vermittelt. Auffällig ist, dass die Anzahl der Artikel von null bis drei Punkten ansteigt und von da an kontinuierlich fällt. Nur 75 Artikel (= ca. 12 %) erreichten fünf Punkte und nur noch 34 Artikel (= ca. 6 %) sechs Punkte. Der informativste Artikel erreichte zehn Punkte. Er erschien in der Mitteldeutschen Zeitung und beschäftigt sich mit Buchdrucker und Kupferstecher („Kleine Käfer – Schlimme Wirkung"[125]). Er konnte in den Wertungskriterien „Schädling", „Schadbild" und „Ursachen zum Befall" die vollen drei Punkte erreichen und zusätzlich einen Punkt bei dem Kriterium „Waldschutz". Letztlich gab es 18 Artikel, die keinen Punkt in der Kategorie „Informationsgehalt" erzielen konnten. Diese hatten in erster Linie eine Bekämpfung zum Thema und enthielten ausschließlich Informationen zu der Kategorie „Information bei Bekämpfung".

Zusammenfassend kann somit festgestellt werden, dass die meisten Artikel eher wenige Informationen an den Leser vermitteln.

Kategorie „Information bei Bekämpfung"
In erster Linie sollte diese Kategorie zur Bewertung von Artikeln verwendet werden, in denen über eine Bekämpfungsmaßnahme berichtet wird. In der Praxis hat sich aber herausgestellt, dass einige hier relevante Wertungskriterien, wie z. B. Nennung eines Insektizids oder Informationen über den Genehmigungsablauf auch in anderen Artikeln thematisiert wurden. Deshalb haben auch diese Artikel hier Punkte erhalten. Bei den Wertungskriterien „Flächengröße", „PSM", „Ultima Ratio" und „Genehmigung" wurde nur bewertet, ob hierzu Aussagen enthalten waren oder nicht. Das Kriterium „Empfehlung" wurde unter-

---

[125] MITTELDEUTSCHE ZEITUNG (Hrsg.): Kleine Käfer – Schlimme Wirkung. 08.09.2006.

schiedlich stark beschrieben, sodass hier ein zusätzlicher Punkt für eine detaillierte Handlungsempfehlung vergeben wurde.

Aus der Abb. 17 geht hervor, dass mindestens 429 Artikel (=ca. 70 %) keinerlei Informationen zu einem der hier relevanten Wertungskriterien enthielten. In 186 Artikeln (= ca. 30 %) wurde ein Pflanzenschutzmittel benannt und in 143 Artikeln (= ca. 23 %) wurde die behandelte Flächengröße mit angegeben. In insgesamt 147 Artikeln (= ca. 24 %) wurden Handlungsempfehlungen ausgesprochen - wobei in nur 40 Berichten (= ca. 7 %) detaillierte Informationen dazu enthalten waren. Die Tatsache, dass für eine aviochemische Bekämpfungsmaßnahme eine Genehmigung erforderlich ist, ging aus nur 60 Artikeln (= ca. 10 %) hervor. Die wenigsten Informationen (ca. 4 % = 24 Artikel) wurden zum Ultima-Ratio-Prinzip vermittelt.

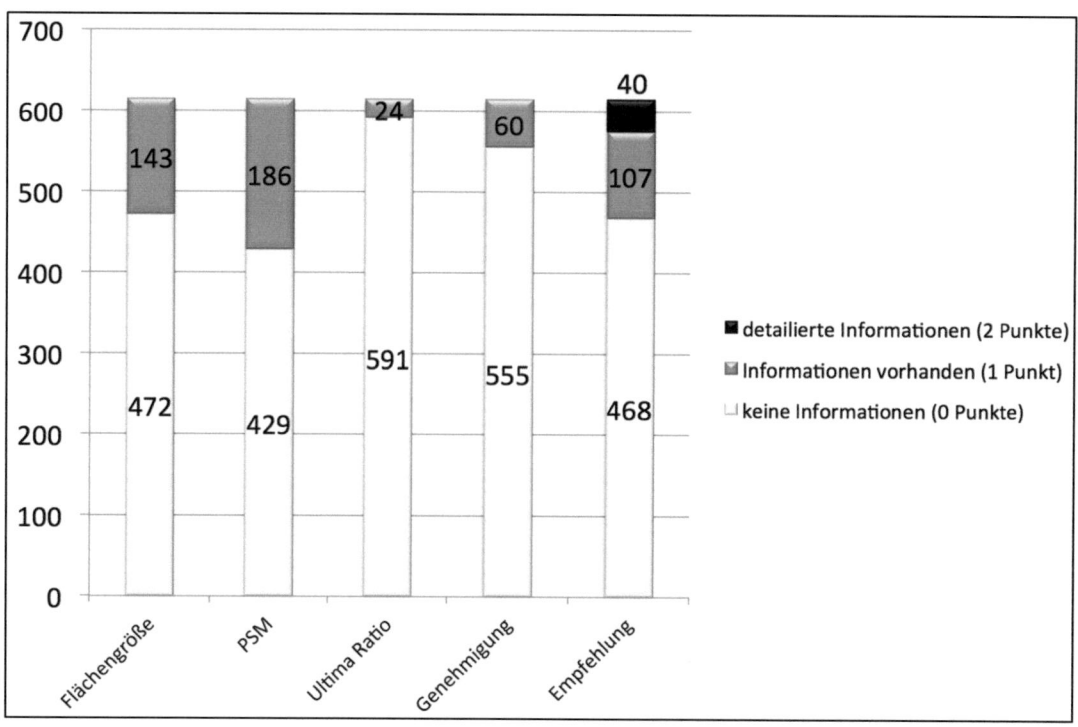

Abb. 17: Anzahl der bewerteten Artikel - aufgeteilt nach den Wertungskriterien der Kategorie „Information bei Bekämpfung"

Da diese Angaben in erster Linie bei Bekämpfungsmaßnahmen eine Rolle spielen, wurden außerdem die gewerteten Artikel betrachtet, die sich mit einer Bekämpfungsmaßnahme beschäftigen (vgl. Abb. 18). Gemäß der Abb. 13 sind das insgesamt 211 Artikel. In 163 Artikel (= ca. 77 %) wurde ein Pflanzenschutzmittel benannt und in 116 Artikeln (= ca. 55 %) wurde die Größe der behandelten Fläche mit angegeben. In insgesamt 105 Artikel

(= 50 %) wurden Handlungsempfehlungen ausgesprochen, wobei in nur 30 Berichten (= ca. 14 %) detaillierte Informationen dazu enthalten waren. Die Tatsache, dass für eine aviochemische Bekämpfungsmaßnahme eine Genehmigung erforderlich ist, ergab sich aus nur 32 Artikeln (= ca. 15 %). Die wenigsten Informationen (ca. 7 % = 14 Artikel) wurden zum Ultima-Ratio-Prinzip vermittelt.

Auffällig ist, dass - im Vergleich zur Gesamtbetrachtung - zwar die Informationen zu „Flächengröße", „PSM" und „Empfehlungen" deutlich steigen, allerdings die Angaben zu „Ultima Ratio" und „Genehmigung" fast genauso dürftig sind wie in der Gesamtbetrachtung.

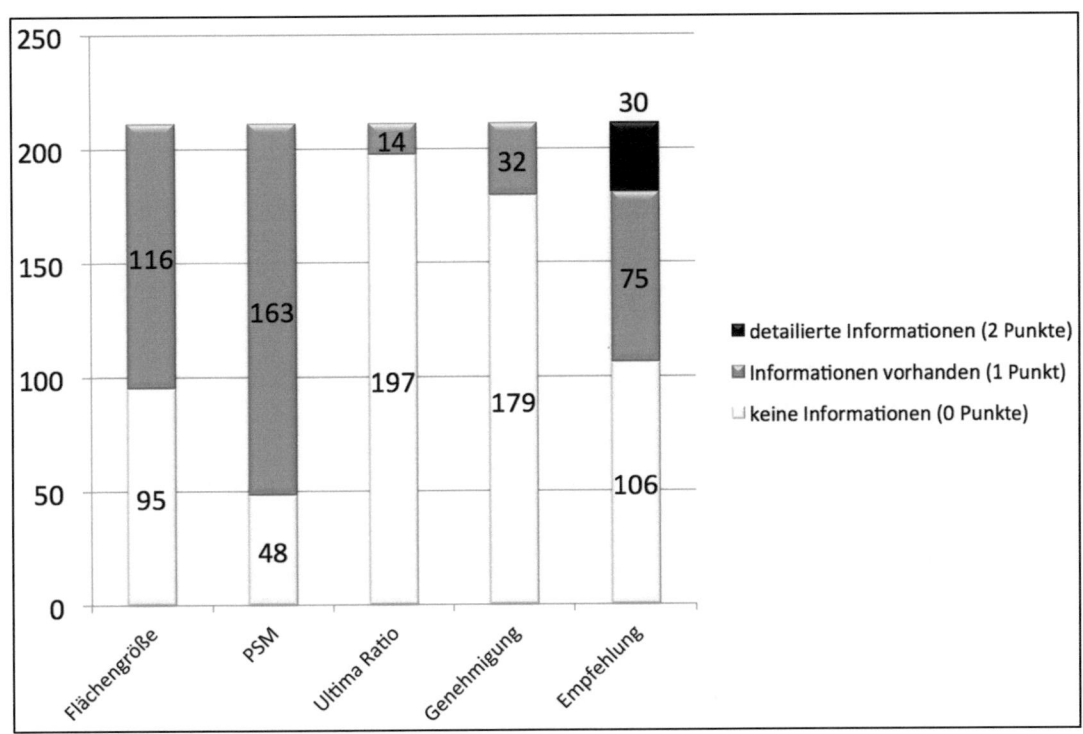

Abb. 18: Anzahl der bewerteten Artikel mit dem Hintergrund einer Bekämpfungsmaßnahme - aufgeteilt nach den Wertungskriterien der Kategorie „Information bei Bekämpfung"

Wie auch bei der Kategorie „Informationsgehalt" wurde pro Artikel die Summe aller Punkte der Kategorie „Informationen zur Bekämpfung" gebildet. Insgesamt wäre pro Artikel ein maximaler Wert von sechs Punkten möglich gewesen.
Diese Betrachtung erfolgte generell für alle 615 bewerteten Artikel und außerdem für die 211 Artikel, die eine *Bekämpfungsmaßnahme* zum Thema haben (vgl. Abb. 19). Auffällig ist, dass 319 Artikel, also ca. 52 % aller bewerteten Artikel absolut keine Informationen zu den hier relevanten Wertungskriterien vermitteln. Demgegenüber sind es nur 9 % aller

Artikel, die sich mit einer *Bekämpfungsmaßnahme* befassen. Die Hälfte der maximal möglichen Punkte konnten nur ca. 9 % aller Artikel bzw. 25 % der Artikel erreichen, die eine *Bekämpfungsmaßnahme* beschreiben. Von da an sinkt die Anzahl der Artikel stetig weiter. Die volle Punktzahl erreichte ein Artikel, der sich auch mit einer *Bekämpfungsmaßnahme* beschäftigte und mit dem Titel „Raupen bedrohen Lieberoser Naturschutzgebiet"[126] in der Lausitzer Rundschau erschien. Dieser Artikel erreichte interessanterweise in der Kategorie „Informationsgehalt" nur fünf Punkte.

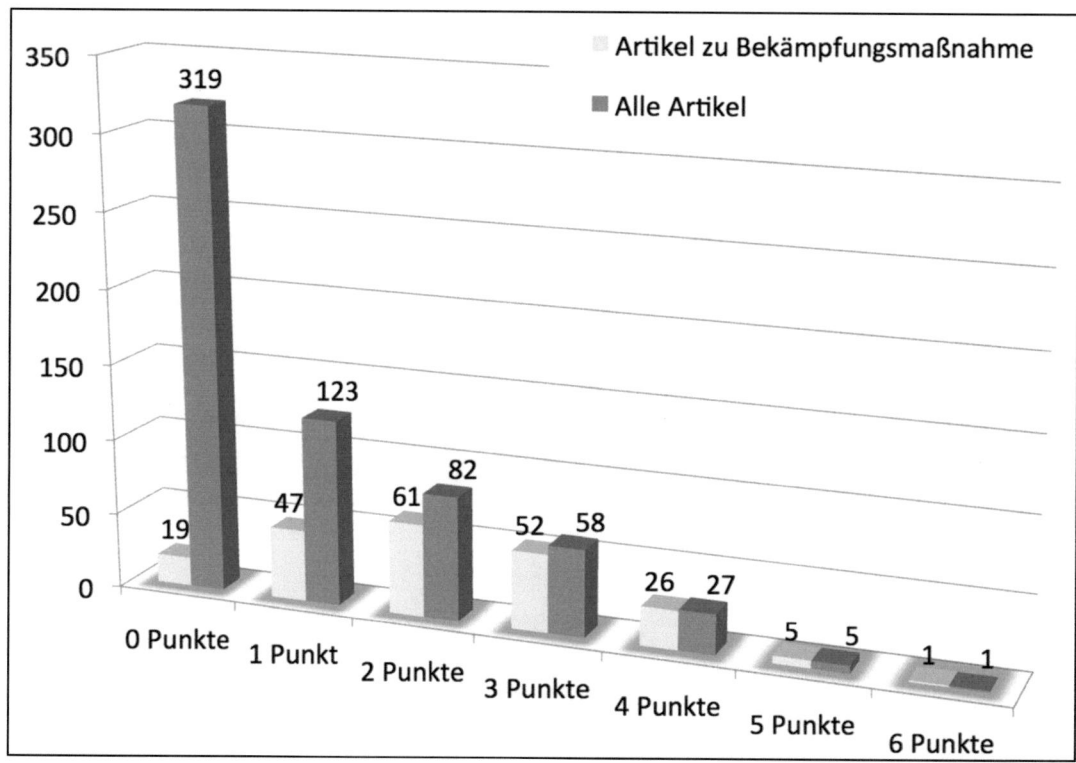

Abb. 19: Anzahl der bewerteten Artikel pro Gesamtpunktzahl der Kategorie „Information bei Bekämpfung" - getrennt nach Gesamtartikel und Artikel zu Bekämpfungsmaßnahmen

Kategorie „ALB"

Die letzte Kategorie betrifft ausschließlich Artikel, die sich mit dem Asiatischen Laubholzbockkäfer befassen. Da es sich hierbei um ein gefährliches Schadinsekt handelt, sollte ein Artikel dahingehend bewertet werden, ob Angaben zu der Gefährlichkeit gemacht wurden. Von den 47 bewerteten Artikeln wurde in 33 Artikeln auf die Gefährlichkeit hingewiesen –

---

[126] RICHTER, T.: Raupen bedrohen Lieberoser Naturschutzgebiet. In: Lausitzer Rundschau vom 25.03.2014. S. 13.

das entspricht ca. 70 %. Auf die mit einem ALB-Fund verbundene Meldepflicht dagegen wurde in nur 11 Artikeln (= ca. 23 %) hingewiesen.

4.2.3.3 Meinungsbildung

Die Meinungsbildung kann vor allem durch Fehlinformationen und die Darstellung konträrer Ansätze beeinflusst werden. Durch sie kann der unwissende Leser zu dem Schluss kommen, dass der Einsatz von Pflanzenschutzmitteln im Wald falsch bzw. fragwürdig ist.

<u>Wertungskriterium Fehlinformationen</u>

Zu den hier relevanten Fehlinformationen wurden nur die Aussagen gezählt, welche die Meinung des Lesers hinsichtlich eines Pflanzenschutzmitteleinsatzes beeinflussen könnten (vgl. Tab. 7). Andere Fehlinformationen wie z. B. zur Biologie des Schädlings wurden ignoriert.

In 581 Artikeln (= ca. 94 %) konnten keine Fehlinformationen festgestellt werden. In 31 Artikeln (= ca. 5 %) waren Halbwahrheiten enthalten. Die Aussagen waren also nicht zwangsläufig falsch, allerdings entsprachen sie auch nicht vollumfänglich der Realität. Hierzu zählen vor allem die Aussagen der Umweltverbände, welche meist die tatsächlich bestehenden Risiken bei der Ausbringung von Insektiziden übertrieben darstellen und in keinem Zusammenhang mit dem Nutzen bringen, bzw. die Folgen einer Nichtbehandlung verharmlost werden. Auch werden die gesundheitlichen Nebenwirkungen der Insektizide dramatisiert.

In nur drei Artikeln (= ca. 0,5 %) wurde der Leser durch offensichtliche Fehlinformationen auf eine falsche Spur gelenkt. Als Beispiel soll der Artikel „Spinner sind lästig, aber ungefährlich"[127] kurz beleuchtet werden. Schon am Titel ist erkennbar, dass hier ein falsches Bild vermittelt wird, denn Spinner können durchaus gefährlich sein. Die Argumentation ist dabei wie folgt: Die Vermehrungsrate und damit das verstärkte Aufkommen bei Spinnern ist nur deshalb so groß, weil auch die Überlebensrate aufgrund der natürlichen Feinde bei nur 2 bis 4 % liegt. Folglich kann auch nur ein kleiner Anteil an Faltern die Nachbrut für das nächste Jahr anlegen. Außerdem erholen sich Laubbäume durch Neuaustrieb und auch Nadelbäume sind nur in den seltensten Fällen in ihrer Existenz bedroht. Sie sind zwar nicht zu einem Zweitaustrieb befähigt aber hier greift meist eine natürliche Regulierung ein, weswegen es bisher beispielsweise auch kaum zu existenzbedrohenden Schä-

---

[127] MITTELDEUTSCHE ZEITUNG (Hrsg.): Spinner sind lästig, aber ungefährlich. 01.08.2012.

den durch die Nonnen gekommen sei. Chemische Bekämpfung ist deshalb nach Ansicht des Autors sehr fragwürdig.[128] Dieser Artikel setzt zwar auf Tatsachen auf, rückt sie dann aber in ein falsches Licht. Vor allem die Aussage, dass es kaum zu existenzbedrohenden Befall durch die Nonne kommt, ist schlichtweg falsch.

<u>Wertungskriterium Eindruck PSM - Welcher Eindruck entsteht hinsichtlich des Einsatzes von Pflanzenschutzmitteln? (vgl. Abb. 20)</u>

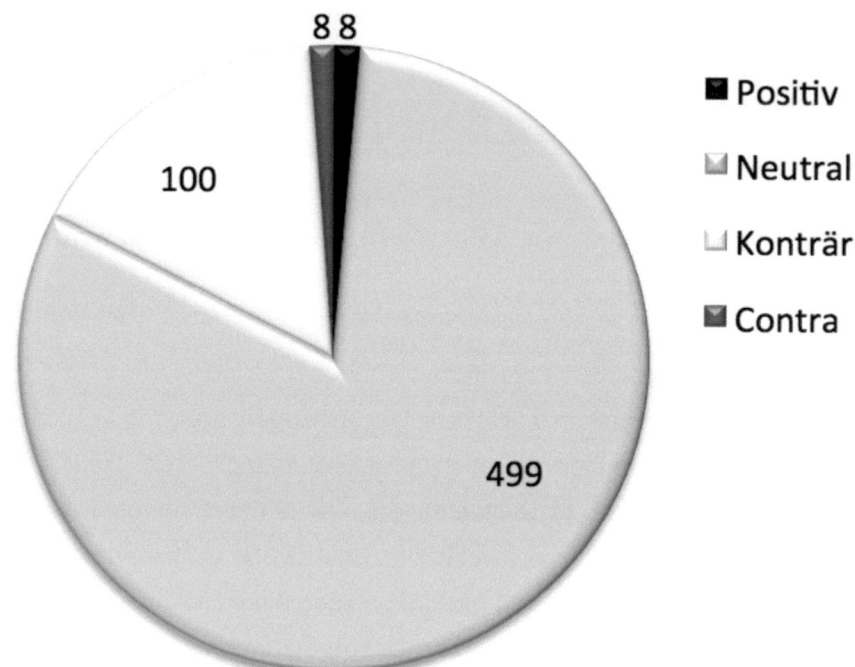

Abb. 20: Anzahl der bewerteten Artikel hinsichtlich des entstehenden Eindruckes gegenüber PSM

Circa 81 % aller Artikel (499 Stück) waren neutral formuliert. Sie vermittelten weder ein positives noch ein negatives Bild. In 100 Artikeln (= ca. 16 %) wurde ein konträrer Ansatz geliefert. Solche Artikel sprachen sich nicht grundsätzlich gegen den Einsatz von Pflanzenschutzmitteln aus, allerdings präsentierten sie dem Leser eine gegenteilige Meinung, die zumeist auf die Einwände der Umweltverbände zurückzuführen war. Nur acht Artikel (1,3 %) waren gegenüber einem Insektizideinsatz durchweg negativ (contra) eingestellt. Als Beispiel soll auf den Artikel „Mit Kanonen auf Raupen"[129] verwiesen werden, der in seinem ironischen, pressetypischen Schreibstil den Hype um den EPS als „Entfremdung

---

[128] vgl. MITTELDEUTSCHE ZEITUNG (Hrsg.): Spinner sind lästig, aber ungefährlich. 01.08.2012.
[129] DIE TAGESZEITUNG (Hrsg.): Mit Kanonen auf Raupen. In: Die Tageszeitung vom 15.05.2013. S. 14.

des Menschen von der ihn umgebenden Natur"[130] darstellt. Das Vorgehen wird mit einem drohenden Armageddon verglichen und eine Evakuierung Berlins in Aussicht gestellt.[131] Durch diese Dramatisierung muss der Leser einen Insektizideinsatz als stark übertrieben wahrnehmen.

Gleichwohl gab es acht Artikel (= ca. 1,3 %), die den Einsatz von Insektiziden befürworteten (Wertung positiv). Diese Artikel hatten zumeist einen Bestandsverlust zum Thema, der aufgrund nicht durchgeführter Bekämpfungen entstand. Die Bürger waren in solchen Fällen meist erbost, dass von den Behörden nichts gegen den Befall unternommen wurde. Solche Artikel vermitteln zwar keine negativen Punkte zum Insektizideinsatz allerdings entsteht meist ein negatives Bild von der Forstwirtschaft, die demnach nicht in der Lage ist Bestandsbedrohungen zutreffend vorherzusehen. Dieser Eindruck entsteht beispielsweise bei dem Artikel „Mächtig angefressen"[132].

Da die Artikel, die Fehlinformationen enthielten, in fast allen Fällen auch einen konträren (100 Artikel) oder komplett negativen Ansatz (8 Artikel) gegenüber dem Einsatz von Pflanzenschutzmitteln lieferten, kann davon ausgegangen werden, dass im Gesamtvergleich 108 Artikel (= ca. 18 %) dem Leser ein zumindest ansatzweise negatives Bild vermitteln.

Neben den eben dargestellten Wertungskriterien spielt bei der Meinungsbildung allerdings auch der bereits erläuterte *persönliche Eindruck des Gesamtartikels* eine große Rolle. Hier gab es zusätzlich acht Artikel (ca. 1 %), die weder Fehlinformationen enthielten noch einen direkten negativen Eindruck gegenüber dem Einsatz von Pflanzenschutzmitteln vermittelten. Trotzdem waren sie im typischen Pressestil oder sehr übertrieben formuliert, wodurch die Meinungsbildung des Lesers beeinflusst werden kann.

Zusammenfassend kann also festgehalten werden, dass ca. 19 % der Artikel die Meinungsbildung der Leser stark beeinflussen könnte. Eine negative Einstellung gegenüber dem Insektizideinsatz wäre demnach denkbar.

Weitere relevante Schlussfolgerungen zur Meinungsbildung werden unter Punkt 4.2.4 erörtert.

---

[130] DIE TAGESZEITUNG (Hrsg.): Mit Kanonen auf Raupen. In: Die Tageszeitung vom 15.05.2013. S. 14.
[131] vgl. Ders. S. 14.
[132] KÖPPLINGER, T.: Mächtig angefressen. In: Die Kitzinger vom 22.10.2010. S. 1.

4.2.4 Fazit

Zum Thema Schadinsekten im Wald gibt es überraschend viele Artikel. In den Jahren 2004 bis 2014 konnten allein 1.697 Artikel in den hier betrachteten 35 Zeitungen (mit den hier ausgewerteten Suchbegriffen) definiert werden. Das entspricht einer Anzahl von durchschnittlich 154 Artikeln pro Jahr - also 13 Berichten pro Monat. Im Durchschnitt wurde also jeden zweiten Tag ein entsprechender Artikel veröffentlicht. Tatsächlich ist es aber so, dass es zu einer Häufung von Berichten bei bestimmten Ereignissen kam und anschließend ggf. über längere Zeit nur vereinzelt Artikel erschienen. Betrachtet man alle 1.697 Artikel (vgl. Abb. 21), so bewegt sich die Zahl in der Zeit von 2004 bis 2012 zwischen 57 und 153 Artikeln pro Jahr. Auffällig sind die Häufungen in den Jahren 2013 (456 Artikel) und 2014 (286 Artikel), die auf das verstärkte Auftreten und die damit verbundene chemische Bekämpfung des Eichenprozessionsspinners vor allem zum Schutz der menschlichen Gesundheit (in erster Linie in Brandenburg) zurückzuführen sind. Diese Thematik wurde in den Medien immer wieder zur Berichterstattung herangezogen. Die Wirkung von Dipel ES, die Einwände verschiedener Umweltverbände und auch Leserbriefe waren immer wieder Gegenstand von Veröffentlichungen. In diesen Jahren erschienen teilweise mehrere Artikel pro Tag und auch in der Zeit danach wurde das Thema immer wieder aufgegriffen. Dabei wurden keine neuen Informationen oder Erkenntnisse veröffentlicht, sondern dasselbe Thema einfach immer wieder beschrieben.

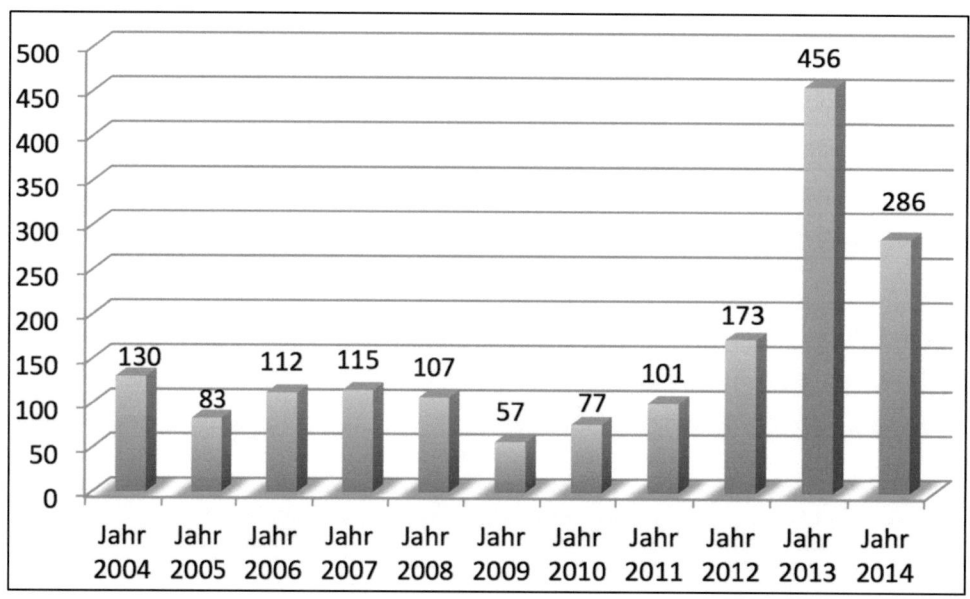

Abb. 21: Aufteilung der 1.697 Gesamtartikel nach Erscheinungsjahr

Durch die hohe Medienpräsenz wurde dem Thema eine immense Relevanz zugeordnet. Auch Lesern, die bei solchen Artikeln gegebenenfalls nur die Überschrift wahrnehmen, müssen die Wichtigkeit und die Angst vor Nebenwirkungen im Gedächtnis bleiben. Dass die Titel vom Autor gerne als Schlagzeile formuliert werden, belegen die 33 % der Artikel, deren Überschriften leicht bis stark übertrieben sind (vgl. Tab. 7). Dies deckt sich mit der aufgestellten Hypothese.

Vor allem durch die zeitweise verstärkte Medienpräsenz aber auch durch die Formulierung von Schlagzeilen der Titel kann die Meinungsbildung der Leser beeinflusst werden. Es entsteht hierdurch unter Umständen das Bild einer häufigen Bekämpfung.

Trotz der Vielzahl der veröffentlichten Artikel konnte die Hypothese weitestgehend auch hinsichtlich der geringen Qualität der Informationen belegt werden. Besonders der durch die erste Säule bestätigte sparsame Einsatz von Pflanzenschutzmitteln kann dem Leser aufgrund der Vielzahl an Artikeln einerseits und dem geringen vermittelten Wissen (z. B. zum integrierten Pflanzenschutz und Ultima-Ratio-Prinzip) andererseits nicht klar werden. Auch kann der unwissende Leser keine Unterscheidung[133] zwischen biozidrechtlichen Insektizideinsatz im städtischen Bereich und dem pflanzenschutzrechtlichen Einsatz im Wald treffen. Für den Zeitungsleser entsteht damit kein Abbild der Realität. Ein reales Bild kann sich nach Meinung der Autorin nur verschafft werden, wenn im Internet gezielt recherchiert oder in Fachbüchern nachgelesen wird.

Auch eine selektive Informationsweitergabe konnte belegt werden. So wird beispielsweise immer wieder thematisiert, welche Bedenken die Naturschützer haben und welche Alternativen sie dem Forst anraten (z. B. Waldumbau zum Mischwald); diese Aussagen werden jedoch in keinem der bewerteten Artikel mit der bereits angewandten guten fachlichen Praxis und den Zielstellungen des integrierten Pflanzenschutzes in Verbindung gebracht. An keiner Stelle wird klar, dass der Forst ähnliche Bedenken hat und deshalb nur ultima ratio bekämpft und das auch der Forst das Ziel hat zum Mischwald umzubauen, was aber ein langwieriger Prozess ist.

Ein Bezug zur ersten Säule konnte hergestellt werden, denn die dort beschriebenen Einsätze wurden auch von den Zeitungen zur Berichterstattung aufgegriffen.

---

[133] vgl. JULIUS-KÜHN-INSTITUT (Hrsg.): Ökologische Schäden, gesundheitliche Gefahren und Maßnahmen zur Eindämmung des Eichenprozessionsspinners im Forst und im urbanen Grün: Fakten – Folgen – Strategien. 2012. S. 1 – 2.

Im Laufe der Artikelrecherche wiederholten sich sowohl die Themen, Inhalte als auch die Art der Berichterstattung. Dies lag vor allem daran, dass der Informationsgehalt über ein bestimmtes Maß nicht hinausging.

Zusammenfassend kann festgestellt werden, dass die Tendenzen zu tatsächlichen Fehlinformationen und konträren Ansätzen im Vorfeld stärker vermutet wurden. Allerdings wird die Meinungsbildung nicht nur durch den Inhalt einzelner Artikel beeinflusst, sondern vor allem durch die situationsbedingte Häufigkeit der Artikel. Außerdem konnte nachgewiesen werden, dass die vermittelten Informationen in Umfang und Qualität eher dürftig ausfielen.

4.3 Dritte Säule: Wissensstand der Bevölkerung

4.3.1 Herangehensweise

Ziel der dritten Säule war es, den allgemeinen Wissensstand der Bevölkerung abzufragen, die Wahrnehmung der unter Punkt 4.1 dargestellten Insektizideinsätze zu ermitteln und die grundsätzliche Einstellung der Bevölkerung gegenüber dem Einsatz von Pflanzenschutzmitteln zu erfahren. Als Erhebungsinstrument zur Datensammlung dient der Fragebogen.

Die Auswahl der Stichprobe und Wahl des Verfahrens soll im Folgenden erläutert werden.

4.3.1.1 Auswahl der Stichprobe und Repräsentativität

Wie unter Punkt 4.2.1.1 dargelegt, wurde die Datenerhebung auf die Bundesländer Bayern, Sachsen und Brandenburg eingegrenzt. Die Grundgesamtheit setzt sich somit aus den Einwohnern dieser Bundesländer zusammen. Kinder kommen für die Befragung nicht in Betracht, da davon auszugehen ist, dass ihnen das Verständnis für die Thematik fehlt.

Eine Vollerhebung der Grundgesamtheit ist nicht möglich, da hierfür die Zugangsdaten fehlen und andererseits auch der zeitliche Rahmen sowie der Umfang dieser Studie gesprengt werden würde. Folglich kann nur eine Teilerhebung erfolgen. Die Wahl der Stichprobe stellt dabei einen elementaren Aspekt dar, da eine empirische Datenerhebung Aussagen über die Grundgesamtheit ermöglichen soll. Dies ist jedoch nur möglich, wenn die Stichprobe repräsentativ für die Grundgesamtheit ist.[134]

In der Statistik gibt es diverse Auswahlverfahren, die zu einer repräsentativen Stichprobe führen sollen. Bei einer Zufallsstichprobe z. B. kann jedes Element der Grundgesamtheit mit gleicher Wahrscheinlichkeit ausgewählt werden.[135] Dies wäre dann der Fall, wenn beispielsweise aus einer Liste aller Bürger jeder Fünfte ausgewählt werden würde oder die Namen aller Bürger in einer Lostrommel wären und davon eine bestimmte Anzahl gezogen wird. Daten für dieses Verfahren sind der Autorin nicht zugänglich. Auch weitere Verfahren der klassischen aktiven Stichprobenziehung sind aufgrund der fehlenden Zugangsdaten zur Grundgesamtheit nicht einsetzbar. Im Laufe der Recherchen zur Fragebogenerstellung stieß die Autorin auf diverse Online-Plattformen, über die ein Fragebogen

---

[134] vgl. RAAB-STEINER E.; BENESCH, M.: Der Fragebogen – Von der Forschungsidee zur SPSS Auswertung. 4. überarbeitete Auflage. Wien: Facultas Verlag. 2015. S. 20 - 23.
[135] vgl. Ders., S. 21.

erstellt und verbreitet werden kann. Im Zuge dessen ergab sich auch die Möglichkeit der passiven Stichprobenziehung. Hierbei wird die Stichprobe also nicht aktiv ausgewählt, sondern ein zufälliger Kontakt hergestellt. Dabei entscheidet die Person selbst, ob sie das Thema anspricht und sie an der Befragung teilnehmen will.[136]

Ziel der hier durchzuführenden Umfrage war es, möglichst viele Bürger aus unterschiedlichen Regionen zu erreichen. Bei der Auswahl wurde nicht darauf geachtet, ob es sich gezielt um Regionen mit Befallsproblemen handelt oder um Regionen ohne Schädlingsbefall. Die Optionen der Verteilung des Online-Fragebogens bieten demnach, entsprechend den der Autorin zur Verfügung stehenden Möglichkeiten, die besten Voraussetzungen, möglichst viele Bürger zu erreichen. Für die Befragung wurde deshalb das Instrument des Online-Fragebogens ausgewählt. Die Verteilung des Fragenbogens erfolgte dabei über verschiedene, möglichst breit gefächerte Wege (siehe hierzu auch Punkt 4.3.4.). Die Stichprobe definiert sich im Prinzip eigenständig.

Dieses System weist jedoch auch Schwächen auf. Da der Fragebogen nur online ausgefüllt werden konnte, wurden Menschen ohne Internetzugang generell ausgeschlossen. Außerdem wird es bei der Verteilung eines Links zu einer Onlineumfrage schwierig, jedes Element der Grundgesamtheit zu erreichen. Die Repräsentativität ist damit zwar theoretisch möglich, kann allerdings nicht überprüft werden und bleibt somit zweifelhaft.[137]

Es wurde dennoch der Versuch unternommen, einen repräsentativen Ansatz zu belegen. Hierzu sollten Altersgruppen und Geschlechterverteilung im Fragebogen abgefragt werden und mit den soziodemographischen Daten der Bundesländer abgeglichen werden. Durch diese Vorgehensweise bestand auch die Möglichkeit, Kinder von der Auswertung auszunehmen. Wie bereits erwähnt, wurden Kinder bei der Definition der Grundgesamtheit ausgeschlossen. Da bei der gewählten Befragungsmethode die Teilnehmer jedoch nicht gezielt angesprochen wurden, ließen sich diese Altersgruppen im Vorfeld nicht ausschließen. Gemäß den sozidemographischen Daten der Bundesländer werden die Altersklassen „unter 3", „3 bis 6" und „6 bis 15"[138] von der Autorin im weiteren Verlauf der Studie zu der Klasse „unter 15" zusammengefasst und mit abgefragt. Es wurde davon ausgegangen, dass das Interesse an dem Fragebogen bei dieser Altersgruppe eher gering sein

---

[136] vgl. EICHHORN, W.: Online-Befragung. Methodische Grundlagen, Problemfelder, praktische Durchführung. Ludwig-Maximilians-Universität München(Hrsg.). 2004. S. 36 – 37.
[137] vgl. Ders., S. 38.
[138] vgl. STATISTISCHE ÄMTER DES BUNDES UND DER LÄNDER (Hrsg.): Gebiet und Bevölkerung – Bevölkerung nach Altersgruppen. 2014.

dürfte. Sollte es zu Rückläufen kommen, könnten die entsprechenden Fragebögen gegebenenfalls bei der Auswertung nicht berücksichtigt werden.

4.3.1.2 Art der Befragung - Der Online-Fragebogen

Es gibt mehrere Möglichkeiten, Befragungen durchzuführen. Neben dem persönlichen Interview bietet im Zeitalter des Internets der Online-Fragebogen eine vielversprechende Alternative. Diesbezüglich wurden diverse online Tools ausgewählt und im Einzelnen getestet. Die Plattform „www.umfrageonline.com" der enuvo GmbH stach dabei aufgrund mehrerer Vorteile heraus. Vor allem ist sie sehr bedienerfreundlich und hat passable Auswertungsmethoden. Die Plattform wurde deshalb für die Durchführung der Umfrage ausgewählt.

Die wichtigsten Vorteile des Online-Fragebogens sind dabei:[139]
- Die Frage kann mehrmals gelesen und überdacht werden.
- Zeitersparnis, da der Fragebogen online ausgefüllt wird und die Daten somit sofort im System sind.
- Es ist eine breite Verteilung möglich.
- Der Befragte kann an der Umfrage zu einer selbst gewählten Zeit teilnehmen.
- Durch Filter können gezielt nicht zutreffende Passagen des Fragebogens für den Befragten ausgeblendet werden.

Die wichtigsten Nachteile sind dabei:[140]
- Fehlende Interaktion bei Verständnisproblemen.
- Fehlende Repräsentativität, durch passive Stichprobenauswahl.
- Erhöhtes Risiko, dass Befragte die Umfrage abbrechen.

---

[139] vgl. THIELSCH, M.; BRANDENBURG, T.: Praxis der Wirtschaftspsychologie II. Münster: Verl.-Haus Monsenstein und Vannerdat. 2012. S. 112 – 112.
[140] vgl. Ders., S. 112 – 112.

4.3.2 Erstellung des Fragebogens

4.3.2.1 Grenzen des Fragebogens

„Fragen stellen ist nicht schwer, Fragebogen konstruieren sehr!"[141]

Dies liegt vor allem daran, dass es diverse Verfälschungstendenzen gibt, welche die Beantwortung der Fragen beeinflussen und das Ergebnis manipulieren können. Denn die Datenerhebung in Form eines Fragebogens wird von einer nicht bestimmbaren Variablen dominiert – dem Menschen und dessen subjektivem Empfinden. Letzteres könnte zu unterschiedlichen Tageszeiten oder abhängig von verschiedenen Umständen ganz anders aussehen. Weiterhin neigen Personen gegebenenfalls dazu, Fragen „so zu beantworten, daß die Antwort voraussichtlich gesellschaftlichen Maßstäben entspricht"[142]. Dies wird in den Sozialwissenschaften als „Soziale Erwünschtheit" bezeichnet.[143]

Weiterhin tendieren die meisten Personen dazu, eine Frage eher mit „ja" oder „stimme zu" zu beantworten, wobei die Tendenz bei Sachfragen sinkt. Bei Skalenantworten werden die Außenbereiche gemieden – die Befragten neigen also zur Mitte. Auch wird die oberste oder linke Antwortmöglichkeit oft bevorzugt.[144]

Außerdem kann die Reihenfolge in der die Fragen gestellt werden, die Wortwahl, die Anzahl und Formulierung der Antwortmöglichkeiten und sogar die farbliche Gestaltung des Fragebogens Einfluss auf die Beantwortung haben.[145]

Der Fragebogen kann sich damit nicht mit der wissenschaftlichen Exaktheit anderer Erhebungsmethoden messen. Andererseits sind die Kritikpunkte bzgl. der Verfälschungstendenzen bekannt. Außerdem sind zumeist keine alternativen Erhebungsinstrumente zur Erforschung von Meinungen vorhanden.[146]
Es muss deshalb der Versuch unternommen werden, das Risiko der Verfälschung zu minimieren.

---

[141] KIRCHHOFF, S.; KUHNT, S.; LIPP, P.; SCHLAWIN, S.: Der Fragebogen - Datenbasis, Konstruktion und Auswertung. 4. überarbeitete Auflage. Wiesbaden: VS Verlag. 2008. S. 19.
[142] PILSHOFER, B.: Wie erstelle ich einen Fragebogen? Ein Leitfaden für die Praxis. Pädagogische Hochschule Ludwigsburg (Hrsg.). 2001. S. 10.
[143] vgl. Ders., S. 10.
[144] vgl. RAAB-STEINER E.; BENESCH, M.: Der Fragebogen – Von der Forschungsidee zur SPSS Auswertung. 4. überarbeitete Auflage. Wien: Facultas Verlag. 2015. S. 66 – 67.
[145] vgl. KIRCHHOFF, S.; KUHNT, S.; LIPP, P.; SCHLAWIN, S.: Der Fragebogen - Datenbasis, Konstruktion und Auswertung. 4. überarbeitete Auflage. Wiesbaden: VS Verlag. 2008. S. 7.
[146] vgl. PILSHOFER, B.: Wie erstelle ich einen Fragebogen? Ein Leitfaden für die Praxis. Pädagogische Hochschule Ludwigsburg (Hrsg.). 2001. S. 9.

4.3.2.2 Strukturierte Vorgehensweise bei der Erstellung des Fragebogens

Wie bereits erwähnt ist das Ziel dieser letzten Säule das Untermauern der aufgestellten Hypothese mit empirischen Daten. In einem ersten Schritt muss geklärt werden, wie die Merkmale dieser Hypothese messbar gemacht werden können. Dieser Vorgang wird als Operationalisierung bezeichnet.[147]

Hierbei ist es besonders wichtig herauszufinden, welche Informationen tatsächlich benötigt werden, um die aufgestellte Hypothese zu hinterfragen. Hierzu empfiehlt sich eine „Mind-Map" als Strukturierungshilfe (vgl. Abb. 22). An zentraler Stelle wird dabei die Zielstellung formuliert, von der aus relevante Aspekte abgeleitet werden.[148]

Weiterhin konnte auf die Erkenntnisse aus der Bewertung der 2. Säule zurückgegriffen werden, die in der Befragung mit eingebaut wurden. Hierzu gehörte beispielsweise die Hinterfragung, wie die von den Umweltverbänden eingeworfenen Bedenken beurteilt werden oder wie der Wissensstand hinsichtlich einzelner Punkte der durch die Zeitungen vermittelten Informationen ist. Hieraus entstand folgende Mind-Map:

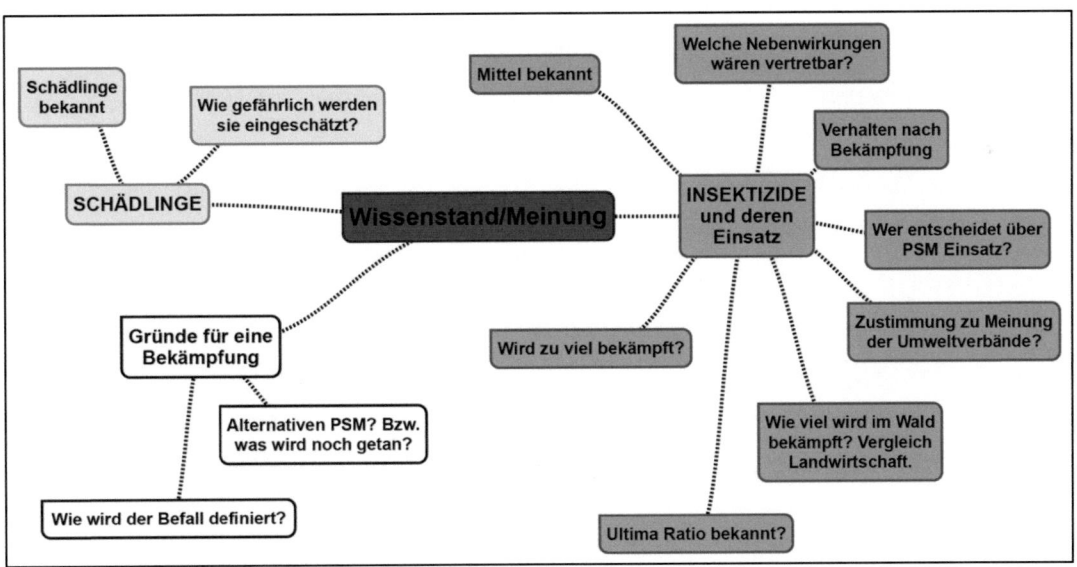

Abb. 22: Mind-Map zur Operationalisierung der These

Hinsichtlich der Durchführung einer Umfrage wird immer wieder geraten, sich kurzzufassen. Aus diesem Anspruch heraus wurde das Ziel formuliert, ca. 20 Fragen zu stellen. Das Ausfüllen sollte dabei nicht länger als 15 Minuten dauern. Aus der erstellten Mind-

---

[147] vgl. RAAB-STEINER E.; BENESCH, M.: Der Fragebogen – Von der Forschungsidee zur SPSS Auswertung. 4. überarbeitete Auflage. Wien: Facultas Verlag. 2015. S. 26.
[148] vgl. PILSHOFER, B.: Wie erstelle ich einen Fragebogen? Ein Leitfaden für die Praxis. Pädagogische Hochschule Ludwigsburg (Hrsg.). 2001. S. 4.

Map wurde zunächst ein logischer Aufbau des Fragebogens abgeleitet, aus dem sich folgende Bereiche abgrenzen ließen:[149]

- Statistische Daten zur befragten Person
- Schädlinge
- Insektizide und deren Einsatz
- Durchführung von Bekämpfungsmaßnahmen
- Umfang von Bekämpfungsmaßnahmen in Deutschland

Ziel war es, den Befragten an einem roten Faden durch den Fragebogen zu führen.[150]

Erst in einem zweiten Schritt wurde das Ausformulieren der Einleitung und der Fragen konkretisiert.

4.3.2.3 Rahmenbedingungen der Umfrage – Die Einleitung

Zu Beginn des Fragebogens empfiehlt es sich in Form einer Einleitung klare und verständliche Instruktionen zum Ausfüllen zu vermitteln.[151] Auch hier sollte man sich kurzfassen. Letztlich entscheidet die Einleitung darüber, ob sich der Befragte angesprochen fühlt und zur Teilnahme motiviert wird.[152] Folgende Maßgaben wurden zur Formulierung der Einleitung definiert:

Zunächst sollte dargestellt werden, mit welchem Thema sich der Fragebogen befasst und warum die Umfrage durchgeführt wird. Damit sich der Befragte von vornherein auf den Zeitbedarf einstellen konnte, sollte auf den Umfang des Fragebogens hingewiesen werden. Beim Ausfüllen sollte der Befragte keine Hilfsmittel in Anspruch nehmen, da dies das Ergebnis verfälschen würde. Auf ein selbstständiges Ausfüllen wurde deshalb hingewiesen. Da die Umfrage ohne Namensangaben, also anonymisiert, durchgeführt wurde, waren keine Rückschlüsse auf die Person möglich. Angaben zum Datenschutz sind trotzdem angebracht. Außerdem sollte als Motivation zur Teilnahme bzw. als Dankeschön für das Ausfüllen ein Gewinnspiel eingebaut werden. Dies soll die Rücklaufquote erhöhen. Als Gewinn wurden zwei Amazon Gutscheine im Wert von je 20 € in Aussicht gestellt.

Die fertige Einleitung kann dem Anhang 27 entnommen werden.

---

[149] vgl. KIRCHHOFF, S.; KUHNT, S.; LIPP, P.; SCHLAWIN, S.: Der Fragebogen - Datenbasis, Konstruktion und Auswertung. 4. überarbeitete Auflage. Wiesbaden: VS Verlag. 2008. S. 19.
[150] vgl. RAAB-STEINER E.; BENESCH, M.: Der Fragebogen – Von der Forschungsidee zur SPSS Auswertung. 4. überarbeitete Auflage. Wien: Facultas Verlag. 2015. S. 68.
[151] vgl. PILSHOFER, B.: Wie erstelle ich einen Fragebogen? Ein Leitfaden für die Praxis. Pädagogische Hochschule Ludwigsburg (Hrsg.). 2001. S. 9.
[152] vgl. RAAB-STEINER E.; BENESCH, M.: Der Fragebogen – Von der Forschungsidee zur SPSS Auswertung. 4. überarbeitete Auflage. Wien: Facultas Verlag. 2015. S. 68.

4.3.2.4 Die Fragen

Bei der Erstellung der Fragen wurde bestmöglich auf die unter Punkt 4.3.2.1 erläuterten Verfälschungstendenzen geachtet. Sie ließen sich jedoch nicht vollständig ausschließen. Deshalb mussten sie bei der späteren Auswertung besonders kritisch hinterfragt werden.

Bei der Reihenfolge der gestellten Fragen wurde auf eine logische Abfolge geachtet, damit der Befragte im Thema bleibt. Bei der farblichen Gestaltung wurde die Farbe grün ausgewählt. Sie passt zum Thema Natur und Wald und strahlt Ruhe und Gelassenheit aus. In der Psychologie wird grün als neutral und ausdauernd beschrieben.[153] Durch die farbliche Gestaltung heben sich die Antwortmöglichkeiten voneinander ab, wodurch ein übersichtliches Bild entsteht.

Fragetypen

Grundsätzlich kann zwischen offenen und geschlossenen Fragen unterschieden werden. Während bei der geschlossenen Frage die Antwortmöglichkeiten vorgegeben werden, kann die Beantwortung einer offenen Frage frei vom Befragten formuliert werden. Letzteres kann die Auswertung erschweren.[154]

Die Autorin entschied sich aus mehreren Gründen dafür, ausschließlich geschlossene Fragen zu verwenden. Zum einen wird davon ausgegangen, dass der Wissensstand der Bevölkerung nicht sehr hoch ist. Zum anderen erreicht man durch geschlossene Fragen eine bestmögliche Vergleichbarkeit der Ergebnisse. Auf die Verwendung von offenen Fragen oder Mischformen wurde gänzlich verzichtet.

Formulierung der Fragen

Bei der Formulierung der Fragen wurde auf eine einfache und klare Ausdrucksweise geachtet, die der Zielgruppe entspricht. Dabei sollten Missverständnisse vermieden werden. Auf Fremdwörter und Fachbegriffe wurde weitestgehend verzichtet. Fragen sollten immer neutral formuliert werden. Andernfalls suggeriert man dem Befragten die gewünschte Antwort.[155]

---

[153] vgl. BETACTIVE GmbH (Hrsg.): Farbpsychologie und Symbolik. o.J.
[154] vgl. RAAB-STEINER E.; BENESCH, M.: Der Fragebogen – Von der Forschungsidee zur SPSS Auswertung. 4. überarbeitete Auflage. Wien: Facultas Verlag. 2015. S. 52 - 53.
[155] vgl. PILSHOFER, B.: Wie erstelle ich einen Fragebogen? Ein Leitfaden für die Praxis. Pädagogische Hochschule Ludwigsburg (Hrsg.). 2001. S. 15 - 16.

<u>Antwortmöglichkeiten</u>

Die Beantwortung der Fragen kann auf unterschiedliche Arten erfolgen. Der Online-Fragebogen der enuvo GmbH bietet dabei die gängigen Varianten, wie z. B.:

- Einfachauswahl (es ist nur eine Antwortmöglichkeit auswählbar)
- Mehrfachauswahl (es können mehrere Antworten gewählt werden)
- Ranking (es soll eine Rangfolge gebildet werden)
- Polaritäten (es soll eine Einordnung zwischen 2 Extremen erfolgen)
- Bewertungstabellen (zu bestimmten Punkten in einer Tabelle soll eine Aussage getroffen werden)

Dabei gibt es für jede Variante diverse Darstellungsmöglichkeiten. Beispielsweise kann die Einfachauswahl als Liste oder Drop Down Menü wiedergegeben werden. Damit sich der Befragte besser im Fragebogen zurechtfindet, wurden möglichst wenige Antwortformate sowie einheitliche Darstellungsmöglichkeiten verwendet. In erster Linie wurden aufgelistete Antwortmöglichkeiten mit Einfach- oder Mehrfachauswahl eingesetzt. Zweimal wurde auf die Drop Down Darstellung zurückgegriffen um die Übersichtlichkeit zu gewährleisten. Weiterhin kamen Bewertungstabellen und eine Antwortkategorie im Polaritätenformat zum Einsatz.

Da davon ausgegangen wurde, dass der Wissensstand der Bevölkerung nicht sehr hoch ist, wurden die Befragten insbesondere bei Wissensfragen nicht gezwungen, sich für eine Antwort zu entscheiden, sondern es wurde zumeist die Möglichkeit vorgegeben mit „weiß nicht" zu antworten. Dadurch wird das Ergebnis nicht verfälscht.

„Die Auswahl der Fragen und deren Gestaltung müssen Hand in Hand mit den Auswertungsüberlegungen gehen."[156] So wurde bei jeder Frage der Umgang mit den möglichen Antworten bestmöglich durchdacht. Außerdem wurde die Funktion der Fragen bzw. deren Zielstellung stets im Auge behalten, um deren Notwendigkeit zu begründen. Auf Grundlage der erstellten Mind-Map und des logischen Aufbaus wurden insgesamt 25 Fragen formuliert.

Der so entstandene Fragebogen musste nun getestet werden.

---

[156] vgl. RAAB-STEINER E.; BENESCH, M.: Der Fragebogen – Von der Forschungsidee zur SPSS Auswertung. 4. überarbeitete Auflage. Wien: Facultas Verlag. 2015. S. 21.

4.3.2.5 Pretest

Bevor ein Fragebogen in Umlauf geht, sollte er hinsichtlich Qualität und Brauchbarkeit überprüft werden. Dies ist am besten durch einen Probedurchlauf möglich. So kann die Verständlichkeit und Bearbeitungsdauer geprüft werden.[157]

<u>Erster Pretest</u>
Nachdem der Fragebogen in einer ersten Fassung aufgestellt war, wurde ein Pretest durchgeführt. Es wurden fünf Personen gebeten ohne vorherige Erklärung den Fragebogen auszufüllen und dabei insbesondere auf Funktionalität und Verständlichkeit zu achten. Es wurde mit jeder Testperson einzeln besprochen, wie der Fragebogen wahrgenommen wurde. Über Unklarheiten wurde diskutiert. Im Ergebnis stellte sich heraus, dass der Aufbau und die Funktionalität durchweg positiv bewertet wurden. Die Verständlichkeit war teilweise durch komplizierten Satzbau oder Fachbegriffe noch zu missverständlich. Beispielsweise wurde die Bezeichnung „Nicht-Zielorganismus" sehr unterschiedlich wahrgenommen und deswegen umformuliert.

Die größte Herausforderung des Fragebogens bestand aber darin, dem Befragten nahe zu bringen, dass die Zielpersonen dieser Befragung keine Fachleute sind, sondern dass er an den Durchschnittsbürger gerichtet ist. Dem Befragten sollte die Angst genommen werden, dass er für den Fragebogen nicht qualifiziert ist. Diese Einstellung wäre denkbar, da er sich unter Umständen mit dem Thema „Insektizideinsätze im Wald" nicht auskennt und dadurch beim Ausfüllen die Motivation verlieren könnte. Aufgrund dessen wurde in der Einleitung ein Hinweis formuliert, dass kein Hintergrundwissen nötig ist und es weder richtige noch falsche Antworten gibt - denn es geht in erster Linie um die Meinung der Befragten. Weiterhin wurde in diesem Zusammenhang das Wort „Wissensstandes" durch „Kenntnisstand" ersetzt, da „Wissensstand" für die Befragten das Gefühl vermittelte, an einem Test teilzunehmen. Dieses Gefühl sollte auch durch den Hinweis bereinigt werden, dass es weder richtige noch falsche Antworten gibt. Im Gesamten wurde der Fragebogen dahingehend nochmals überarbeitet und vereinfacht. Beispielsweise wurden viele Fragestellungen mit „Was denken Sie" eingeleitet. Der Befragte soll dadurch animiert werden gegebenenfalls auch einmal zu „raten". Dies wird mit der Vermutung begründet, dass unterbewusst wahrgenommene Dinge, die z. B. über das Zeitunglesen aufgenommen wurden, hier zum Tragen kommen. Es soll dem Befragten auch zeigen, dass es hier nicht

---

[157] vgl. RAAB-STEINER E.; BENESCH, M.: Der Fragebogen – Von der Forschungsidee zur SPSS Auswertung. 4. überarbeitete Auflage. Wien: Facultas Verlag. 2015. S. 63.

wie in einem Schultest um die korrekte Antwort geht, sondern um den Kenntnisstand und die Meinung.

Die durchschnittliche Ausfüllzeit lag zwischen 15 bis 20 Minuten.

<u>Zweiter Pretest</u>
Nach der Überarbeitung erfolgte ein zweiter Pretest mit weiteren fünf Personen. Hier wurde sowohl eine Person mit forstlichem Hintergrund als auch eine Person mit psychologischem Hintergrund einbezogen. Auch mit diesen Probanden wurde ein ausführliches Gespräch über den Fragebogen geführt. So konnte festgestellt werden, dass die Probleme des ersten Pretests weitestgehend behoben waren. Es wurde im Detail noch an Formulierungen und Antwortmöglichkeiten gefeilt.

4.3.3 Der fertige Fragebogen

Die einzelnen Fragen und deren Ziele können dem Anhang 26 entnommen werden.

Der fertige Fragebogen ist im Anhang 27 enthalten.
Nach einer kurzen Einleitung folgt der erste Fragenblock **„Allgemeine Fragen"** mit insgesamt acht Fragen zur Person und deren Hintergrund. Durch die Angabe zum Geschlecht und Alter sollte ein Abgleich mit den soziodemographischen Daten erfolgen, um auf die Repräsentativität zu schließen. Angaben zum Bundesland waren elementar für den Abgleich mit Säule 1 und 2. Durch die Angabe zum Bildungsabschluss sollte ebenfalls abgeglichen werden, ob eine gute Mischung bei den Rückläufen vorhanden ist. Schließlich sollten nicht nur Studierte befragt werden. In einem zweiten Schritt könnte über diese Angabe festgestellt werden, ob das Bildungsniveau Einfluss auf die Beantwortung hat. Ob die Personen forstliches Hintergrundwissen haben bzw. ob sie in einer Region leben, wo häufiger Schadinsekten aus der Luft bekämpft werden, wurde ebenfalls abgefragt. Hierdurch sollte sichergestellt werden, dass bei sehr positiven Ergebnissen im Zuge der Auswertung Rückschlüsse möglich sind, ob die Mehrzahl der Befragten über einschlägiges Fachwissen verfügt. Weiterhin sollte ein Bezug zu Säule 2 hergestellt werden. Es war deshalb sehr wichtig, zu erfahren, ob die Befragten Zeitung lesen und wie oft sie das tun. Hier wurde mit einer Filterfunktion gearbeitet. Wer angab, niemals Zeitung zu lesen, wurde nicht zu der Frage **„Zeitungen"** weitergeleitet, sondern hat diese übersprungen. Wer Zeitung liest, musste zusätzlich beantworten, ob darunter eine der genannten Zeitschriften fällt. Aus Platz- und Übersichtlichkeitsgründen wurden hier 4 Antwortblöcke pro Verteilungsgebiet gewählt. Pro Block wurden teilweise ähnliche Zeitungen

zusammengefasst (z. B. Berliner Morgenpost / Berliner Zeitung / Berliner Kurier). So konnten in den Antworten die 24 wichtigsten Zeitschriften untergebracht werden, die in der Recherche der 2. Säule beinhaltet waren.

Im dritten Fragenblock ging es um die **„Schädlinge"** selbst. Hier wurde abgefragt, ob die Befragten von den 13 definierten Schädlingen schon einmal gehört haben. Zusätzlich wurde der Begriff des Borkenkäfers mit aufgenommen. Damit sollte den Befragten in erster Linie ein „Erfolgserlebnis" vermittelt werden, da davon auszugehen war, dass die meisten diesen Begriff bereits kannten. Weiterhin diente die Antwort als Plausibilitätskontrolle, denn sollten wider Erwarten sehr wenige Befragte beim Borkenkäfer „schon mal gehört" ankreuzen, wäre zu hinterfragen, ob dies eine ehrliche Antwort war. In einer weiteren Frage sollte herausgefunden werden, ob den Befragten der ALB als gefährlicher und meldepflichtiger Schädling bekannt ist. Außerdem sollte hinterfragt werden, ob den Menschen bewusst ist, welchen Schaden die genannten Schädlinge anrichten können. Hierzu wurden sie nach Schadensart in Gruppen zusammengefasst.

Der vierte Fragenblock befasst sich mit den **„Insektiziden und deren Einsatz"**. Auch hier soll erfragt werden, ob die eingesetzten Insektizide, die ja auch in den Zeitungsartikeln benannt wurden, den Menschen geläufig sind. Als Erfolgserlebnis bzw. auch als Plausibilitätskontrolle wurden die Pflanzenschutzmittel Round-Up (Wirkstoff Glyphosat) und DDT mit eingebunden. Beide Mittel wurden in der Presse thematisiert und sollten deshalb recht bekannt sein. Außerdem wurde hinterfragt ob eine Unterscheidung hinsichtlich der zu erwartenden Nebenwirkungen getroffen werden kann und welche Nebenwirkungen toleriert werden. Letztere Frage diente - im Gegensatz zu allen anderen bisherigen Fragen - nicht der Feststellung des Wissensstandes der Bevölkerung, sondern sollte die Einstellung des Befragten gegenüber Insektizideinsätzen mit zum Ausdruck bringen. Das gleiche Ziel hatte auch die Frage nach dem Verhalten im Anschluss an einen Hubschraubereinsatz und die Zustimmung oder Ablehnung der Argumente der Umweltverbände.

Im fünften Fragenblock wurde die **„Durchführung von Bekämpfungsmaßnahmen"** thematisiert. In diesem Zusammenhang sollte ermittelt werden, ob der Bevölkerung bewusst ist, welche intensiven Maßnahmen von der Forstwirtschaft zur Feststellung der Notwendigkeit einer Bekämpfungsmaßnahme ergriffen werden. Weiterhin sollte erfragt werden, ob bekannt ist, wer über einen Einsatz mit Luftfahrzeugen entscheidet – also ob ein Antrag gestellt werden muss. Neben diesen Fragen zum Wissensstand wurden noch drei Fragen zur Ermittlung der grundsätzlichen Einstellung gegenüber Insektizideinsätzen gestellt. Durch eine letzte Frage in dieser Rubrik sollte festgestellt werden, wie wichtig dem Befragten der Walderhalt ist. Mit Hilfe dieser Frage sollte ggf. die in der Hypothese angenommene widersprüchliche Einstellung „Ja zum Walderhalt - Nein zu Bekämpfungsmaßnahmen" bewiesen werden.

Gegenstand der sechsten und letzten Kategorie war der **„Umfang von Bekämpfungsmaßnahmen in Deutschland"**. Wie unter Punkt 4.1.3.2 festgestellt wurde, ist durchschnittlich nur 0,14 % der Gesamtwaldfläche von Bekämpfungsmaßnahmen hinsichtlich der hier relevanten Schädlinge betroffen. Hier soll nun hinterfragt werden, ob sich dies mit der Einschätzung der Bevölkerung deckt. Als korrekte Antwortmöglichkeit aller aviochemischen Einsätze wurde „unter 1 %" festgelegt. Aufgrund der geringen ermittelten Gesamtwaldfläche und der wenig nicht berücksichtigten relevanten Schädlinge, ist nicht davon auszugehen, dass die tatsächliche Zahl über 1 % liegt. Weiterhin scheint ein Vergleich mit der Landwirtschaft sinnvoll, denn dort wird wesentlich mehr mit Pflanzenschutzmitteln gearbeitet. Im persönlichen Gespräch mit Forstexperten[158] stellte sich heraus, dass der prozentuale Anteil der im Forst eingesetzten Pflanzenschutzmittel bei ca. 0,5 % der Landwirtschaft liegen müsste. Dies ließ sich mit einer Studie des Landes Brandenburg aus dem Jahr 2001 weitestgehend belegen. Hierin wird für das Land Brandenburg ein prozentualer Anteil von unter 1 % definiert.[159] Eine aktuelle und deutschlandweite Zahl liegt der Autorin leider nicht vor. Brandenburg ist das Bundesland, mit der höchsten Bekämpfungsrate. Deshalb sollte dieser Ansatz zum Herleiten der Frage und deren Antwortmöglichkeiten ausreichen, da es in der Beantwortung vor allem um die Feststellung einer Tendenz ging.

Auf der **„Schlussseite"** wird den Teilnehmern für ihr Mitwirken gedankt. Interessenten für das Gewinnspiel konnten hier über einen Link zu einer gesonderten Umfrage gelangen, um dort eine E-Mail Adresse anzugeben. Dies war nötig, da im Falle eines Gewinnes die Kontaktaufnahme möglich sein musste. Durch die getrennte Erhebung bestand keine Verbindung zwischen dem Fragebogen und der befragten Person, so dass der Datenschutz gewährleistet ist.

4.3.4 Die Durchführung der Umfrage

Die Umfrage wurde am 03.07.2016 aktiviert. Eine Teilnahme war bis 04.09.2016 möglich. Der Link zur Umfrage konnte beliebig verteilt werden.

---

[158] mündliches Gespräch mit Herrn Prof. Dr. Michael Müller – Lehrstuhlinhaber der Professur für Waldschutz an der TU Dresden.
[159] vgl. HOYER, J., KRATZ, W.; Landesumweltamt Brandenburg (Hrsg.): Pflanzenschutzmittel in der Umwelt. 2001. S. 8.

Die Verteilung sollte an möglichst viele Einwohner erfolgen, wobei sich der Wohnort über das Bundesland verteilen sollte. Dies konnte und sollte auch im Sinne eines Schneeballsystems erfolgen. Hierzu wurde bei der Veröffentlichung des Links darum gebeten, den Fragebogen an Verwandte, Bekannte etc. weiterzuleiten.

Die Verteilung erfolgte zum einen online über Medien wie E-Mail, Intranet, Handy (WhatsApp, iMessage), Facebook, Foren etc. Zum anderen wurden Aushänge an diversen öffentlichen Stellen platziert. Hier konnten sich Interessierte den Link als Abreiszettel mitnehmen, abfotografieren oder über einen Barcode direkt auf dem Browser ihres Handys öffnen. Als Aufforderung zur Teilnahme wurde ein Aushangzettel erstellt, der auch bei der Onlineverteilung herangezogen wurde. Dabei wurde auf eine farblich ansprechende Gestaltung geachtet. Das Bild eines Amazon Gutscheines sollte das Interesse wecken. Ähnlich wie in der Einleitung des Fragebogens wurde das Thema kurz erläutert, der Zeitbedarf vermittelt und darauf hingewiesen, dass kein Hintergrundwissen nötig ist. Der Aushangzettel kann dem Anhang 28 entnommen werden.

<u>Die Verteilung erfolgte über folgende Kanäle:</u>
Der Aushangzettel und die Bitte um Teilnahme wurden öffentlich auf der Facebook-Seite der Autorin eingestellt und konnte von Jedermann geteilt werden. Es wurden Freunde und Bekannte per Mail oder Handy angeschrieben. Jeder wurde gebeten, den Umfragelink weiterzuleiten und wenn möglich den Aushangzettel an ihnen zugänglichen Stellen zu veröffentlichen. Hierzu kamen viele positive Rückmeldungen.
Weiterhin wurden 34 Einrichtungen mit Publikumsverkehr durch eine Internetrecherche ausfindig gemacht und per E-Mail gebeten, den Aushangzettel anzubringen. Zu den angeschriebenen Einrichtungen gehörten diverse Zoos, Naturparks und Freizeitparks in den Zielgebieten. Hierauf gingen zehn Absagen ein, acht Einrichtungen bestätigten den Aushang und zu 16 Anfragen kam keine Rückmeldung. Außerdem erfolgte eine Veröffentlichung in diversen Foren wie z. B. Studentenseite.de, Kubinaut.de oder Schwarzes Brett Berlin. Ebenso wurde an diversen öffentlichen Stellen im Raum Vogtland/Sachsen ein Aushang gemacht. Hierzu zählten beispielsweise Kindergärten und Vereine. Weiterhin wurden ca. 30 Aushangzettel an diversen öffentlichen Stellen (Tankstellen, Touristeninformationen, etc.) in Brandenburg verteilt. Zudem erfolgte ein Aushang an der Technischen Universität Dresden in der Niederlassung Tharandt.

4.3.5 Auswertung der Rückläufe

Die Ergebnisse der Umfrage waren sofort verfügbar und wurden von dem Portal der enuvo GmbH als PDF und Excel-Tabelle heruntergeladen. Diese detaillierten Umfrageresultate können dem Anhang 29 entnommen werden. Über die Excel-Tabelle waren Filterungen möglich, durch welche die folgenden Auswertungen erarbeitet werden konnten.

Bei der statistischen Datenanalyse werden die Grundaufgaben Deskription (Beschreiben), Exploration (Suchen) und Induktion (Schließen) definiert.[160] Bei der folgenden Betrachtung ging es hauptsächlich um eine deskriptive Beschreibung der Ergebnisse, da in erster Linie die Verteilung der Antworten untersucht werden sollte. Auf die explorative „Suche nach Strukturen und Besonderheiten"[161] sowie den Einsatz induktiver Methoden um „statistische Schlüsse mittels stochastischer Modelle ziehen zu können"[162], wurde deshalb weitestgehend verzichtet.

Bei der Auswertung wurde nicht jeder Fragebogen einzeln betrachtet. Gemäß der Zielsetzung sollten Tendenzen erkannt werden, die sich aus der Summe der Resultate ergeben. Die Auswertung erfolgte in erster Linie als Häufigkeitsanalyse.

4.3.5.1 Anzahl der Rückläufe

Insgesamt nahmen 349 Personen an der Befragung teil. Davon haben 285 Personen alle Fragen beantwortet – dies entspricht ca. 82 %.

Gemäß *Frage 1* waren es im Einzelnen 123 Teilnehmer aus Sachsen, 107 Teilnehmer aus Bayern, 67 Teilnehmer aus keinem der genannten Bundesländer und 52 Teilnehmer aus Brandenburg/Berlin. Wünschenswert wäre eine höhere Anzahl an Teilnehmern aus Brandenburg/Berlin gewesen. Trotz intensiver Bemühungen wurde lediglich ein Anteil von ca. 15 % erreicht.

Die Rücklaufquote zu den einzelnen Fragen kann der Abb. 23 entnommen werden. Dabei wurden die „Allgemeinen Fragen" im ersten Teil (Frage 1 bis 8) von mindestens 98 % der Teilnehmer beantwortet (Minimum 342 Teilnehmer bei Frage 5). Die Fragen zu den „Schädlingen" (Frage 10 bis 12) wurden von mind. 95,7 % der Teilnehmer beantwortet (Minimum 334 Antworten bei Frage 11 und 12). Die am wenigsten beantwortete Frage

---

[160] vgl. KIRCHHOFF, S.; KUHNT, S.; LIPP, P.; SCHLAWIN, S.: Der Fragebogen - Datenbasis, Konstruktion und Auswertung. 4. überarbeitete Auflage. Wiesbaden: VS Verlag. 2008. S. 71.
[161] Ders., S. 71.
[162] Ders., S. 71.

gehört zum 3. Teil der Umfrage mit dem Thema „Insektizide und deren Einsatz". Nur 313 Teilnehmer beantworteten die Frage 14 – „Welches Insektizid hat die geringsten zu erwartenden Nebenwirkungen?". Dies entspricht einer Rücklaufquote von 89,7 %. Die anderen Fragen aus diesem Block wurden von mindestens 92,8 % der Befragten beantwortet (Frage 16 mit 324 Antworten). Die Fragen zur „Durchführung von Bekämpfungsmaßnahmen" (Frage 18 bis 23) beantworteten noch mindesten 90,5 % der Befragten und die beiden letzten Fragen zum „Umfang von Bekämpfungsmaßnahmen in Deutschland" (Frage 24 und 25) beantworteten mind. 91,1 % der Teilnehmer.

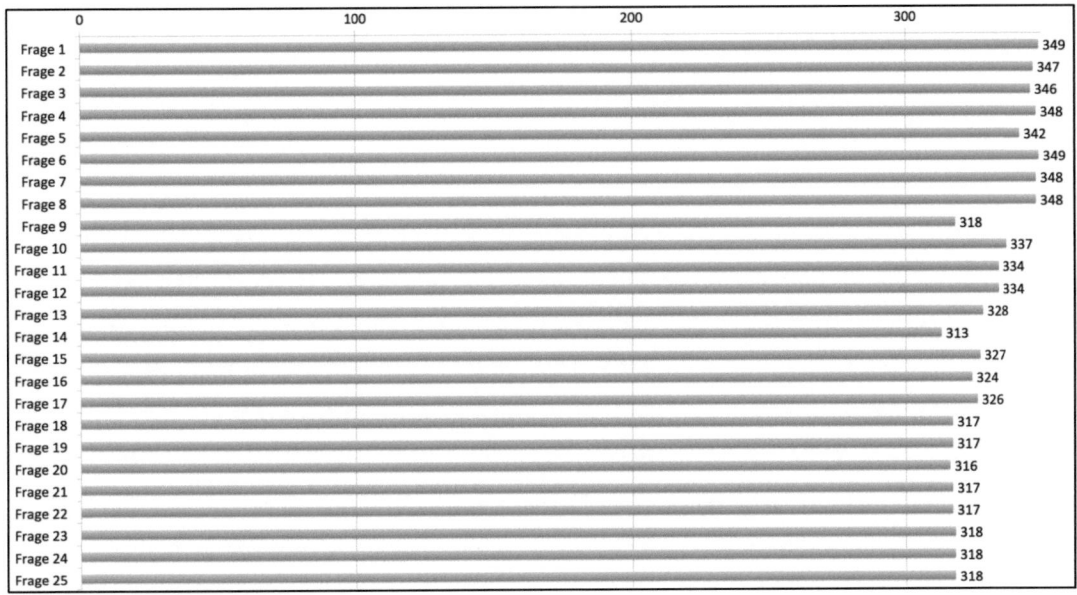

Abb. 23:   Anzahl der Teilnehmer pro Frage

Es wird deutlich, dass die Antwortbereitschaft der Teilnehmer ab dem zweiten Fragenblock langsam sinkt. Jedoch sind es am Ende der Umfrage noch ca. 318 Teilnehmer - dies entspricht ca. 91 %.

Wird im weiteren Verlauf bei einzelnen Fragen von Teilnehmern gesprochen, so bezieht sich diese Angabe folglich auf die Gesamtteilnehmer einer Frage (nicht auf die Gesamtteilnehmer der Umfrage).

An der separaten Umfrage für das Gewinnspiel haben 147 Personen teilgenommen. Der Anreiz eines Gutscheins spielte bei der Teilnahme also nur bei ca. 42 % der Befragten eine Rolle.

4.3.5.2 Repräsentativität

Um zu prüfen, ob die Stichprobe der Struktur der Grundgesamtheit entspricht, wurde die Alters- und Geschlechterverteilung der Teilnehmer mit den aktuellsten Daten der Statistischen Ämter des Bundes und der Länder verglichen. Ein Auszug der Statistischen Daten wurde dem Anhang beigefügt (vgl. Anhang 30 und 31). Dabei wurden die Einzelangaben zu Berlin und Brandenburg jeweils zusammengefasst.

Bei den statistischen Daten wurden die Altersklassen „unter 3", „3 bis 6" und „6 bis 15"[163] zu der Gruppe „unter 15" zusammengefasst. Diese Altersgruppe wurde gezielt von der Grundgesamtheit ausgenommen, jedoch konnten zugehörige Teilnehmer von vornherein nicht ausgeschlossen werden. Die ursprüngliche Vermutung, dass bei dieser Altersgruppe kein großes Interesse an der Befragung besteht, hat sich bestätigt, da alle Teilnehmer mind. 15 Jahre alt waren. Da jedoch die Möglichkeit zur Teilnahme bestand, musste auch diese Gruppe in den folgenden Vergleich mit einbezogen werden. In Tabelle 8 werden die Umfrageergebnisse den statistischen Daten gegenübergestellt. Bei den grau markierten Zellen gibt es Abweichungen von mehr als 5,3 Prozentpunkten. Bei allen anderen gegenübergestellten Altersklassen liegen „Statistische Daten" und „Umfragedaten" relativ nah beieinander. Die Abweichungen bei der älteren Bevölkerung waren aufgrund des fehlenden Internetzugangs absehbar. Überraschenderweise machte sich dies aber erst ab einem Alter von 66 Jahren bemerkbar. Die Teilnehmerstruktur der Altersgruppe 51 – 65 Jährige stimmt annähernd mit den statistischen Daten überein. Die größten Abweichungen waren bei den Altersgruppen 26 – 30 Jährige und 31 – 40 Jährige feststellbar. Die Anzahl der Teilnehmer lag für diese Altersgruppen deutlich über ihrem prozentualen Anteil an der bundesweiten Bevölkerungsstruktur. Hier waren wesentlich mehr Teilnehmer vertreten, als ihr prozentualer Anteil an der deutschlandweiten Bevölkerungsstruktur. Die meisten Teilnehmer sind der letztgenannten Altersgruppe zuzuordnen (28,5 %).

---

[163] vgl. Statistische Ämter des Bundes und der Länder (Hrsg.): Gebiet und Bevölkerung – Bevölkerung nach Altersgruppen. 2014.

Tab. 8: Prozentuale Altersverteilung im Vergleich zwischen den Daten der Statistischen Ämter des Bundes und der Länder mit den Umfragedaten

	Deutschland		Bayern		Sachsen		Brandenburg/Berlin	
	Statistische Daten	Umfragedaten	Statistische Daten	Umfragedaten	Statistische Daten	Umfragedaten	Statistische Daten	Umfragedaten
< 15	13,4%	0,0%	13,9%	0,0%	11,7%	0,0%	13,6%	0,0%
15 - 18	2,9%	0,9%	3,2%	0,9%	1,7%	1,6%	3,0%	0,0%
19 - 25	8,2%	9,8%	8,4%	5,7%	7,4%	9,0%	8,4%	5,8%
26 - 30	6,0%	19,0%	6,1%	16,0%	6,3%	17,2%	6,5%	17,3%
31 - 40	11,8%	28,5%	12,3%	28,3%	11,4%	31,1%	12,7%	30,8%
41 - 50	16,6%	19,3%	16,8%	32,1%	15,1%	15,6%	16,7%	17,3%
51 - 65	20,4%	17,9%	19,8%	15,1%	21,5%	20,5%	19,7%	19,2%
66 - 75	11,3%	3,5%	10,7%	1,9%	13,5%	4,1%	10,8%	5,8%
> 75	9,3%	4,0%	8,8%	0,0%	11,3%	0,8%	8,6%	3,8%

Hinsichtlich der Geschlechterverteilung waren ebenfalls Abweichungen (vgl. Tab. 9) feststellbar. Gemäß den aktuellen statistischen Daten liegt der Frauenanteil (ca. 50,7 %) um ca. 1,4 Prozentpunkte über dem der Männer (ca. 49,3 %). An der Umfrage nahmen mehr Frauen als Männer teil. Allerdings lag die Differenz mit ca. 30 Prozentpunkten mehr weiblichen Teilnehmern deutlich über dem statistischen Mittel. Dies könnte darauf zurückzuführen sein, dass sich Frauen tendenziell mehr für Natur und Umwelt interessieren und/oder eher bereit sind, an einer Befragung teilzunehmen.

Tab. 9: Prozentual Geschlechterverteilung im Vergleich zwischen den Daten der Statistischen Ämter des Bundes und der Länder mit den Umfragedaten

	Deutschland		Bayern		Sachsen		Brandenburg/Berlin	
	Statistische Daten	Umfragedaten	Statistische Daten	Umfragedaten	Statistische Daten	Umfragedaten	Statistische Daten	Umfragedaten
männlich	49,3%	35,0%	49,5%	33,6%	49,2%	35,0%	49,2%	36,5%
weiblich	50,7%	65,0%	50,5%	66,4%	50,8%	65,0%	50,8%	63,5%

Wie bereits unter Punkt 4.3.1.1 erläutert, musste bereits im Vorfeld davon ausgegangen werden, dass diese Umfrage nur eingeschränkt repräsentative Ergebnisse liefert. Wie eben dargelegt ist aber durchaus ein repräsentativer Ansatz erkennbar, insbesondere weil Vertreter aller Altersgruppen teilgenommen hatten und sich hinsichtlich der prozentualen Verteilung der Altersgruppen nur geringe Abweichungen ergeben hatten. Tendenzielle Schlussfolgerungen auf die Grundgesamtheit sind demnach denkbar.

4.3.5.3 Allgemeine Fragen

Aus den Antworten zu _Frage 2_ lässt sich ableiten, dass aus den Altersgruppen „26 – 30", „41 – 50" und „51 – 65" ungefähr jeweils gleich viele Personen teilgenommen haben (zwischen 62 und 67 Teilnehmer). Die Altersgruppe der 31- bis 40-Jährigen war mit 99 Personen am stärksten vertreten. Gemäß _Frage 3_ nahmen 225 Frauen und 121 Männer teil.

Von 349 Teilnehmern haben 348 die _Frage 4_ zum Bildungsabschluss beantwortet. Demnach verfügen 50,9 % der Teilnehmer über einen Studienabschluss und 40,5 % über eine abgeschlossene Berufsausbildung. Die restlichen 8,6 % verteilen sich auf Studenten (5,2 %), Personen ohne berufliche Ausbildung (1,4 %), Personen in schulischer Ausbildung (1,1 %) und Auszubildende (0,9 %). Der Großteil der Teilnehmer hat somit die schulische bzw. berufliche Bildung bereits abgeschlossen.

Nur 18 Personen gaben bei _Frage 5_ an, dass sie über detailliertes forstliches Hintergrundwissen verfügen. Somit kann diesbezüglich eine Verfälschung der Antworten ausgeschlossen werden.

Lediglich 25 Personen gaben an, in einer Region zu leben, in der des Öfteren Schadinsekten mit einem Hubschrauber bekämpft werden (_Frage 6_), wovon 13 Personen aus Brandenburg/Berlin stammen, 9 aus Sachsen und 3 aus keinem der genannten Bundesländer. Weitere 157 Teilnehmer waren sich bei der Beantwortung dieser Frage nicht sicher. Das bedeutet, dass die große Mehrzahl der Befragten höchstwahrscheinlich aus Regionen stammt, wo es eher selten zu Hubschraubereinsätzen kommt. Trotzdem haben gemäß _Frage 7_ bereits ca. 89 % der Befragten von der Problematik „Schadinsekten im Wald" gehört. In erster Linie wurden die Informationen hierzu aus Zeitungen (ca. 43 %) und Fernsehen (38,2 %) gewonnen. Darüber hinaus verbreitet sich dieses Thema auch durch Gespräche mit anderen (36,2 %) und das Radio (23 %). Online-Nachrichtenportale (14,1 %) und Fachliteratur (10,9 %) spielen eine eher untergeordnete Rolle. Weitere 16,4 % der Teilnehmer haben zwar bereits von der Thematik gehört – wussten aber nicht mehr wo. Und immerhin 10,9 % der Teilnehmer haben noch niemals von der Thematik gehört.

Frage 8 belegt, dass die Mehrzahl der Befragten regelmäßig eine Zeitung liest (32,5 % täglich, 22,4 % mehrmals pro Woche und 10,9 % mehrmals pro Monat; 29,3 % lesen selten eine Zeitung und nur 4,9 % niemals).
Hierdurch lässt sich auch ein Bezug zu Säule 2 herstellen.

Die der Artikelrecherche (Säule 2) zugrunde liegenden Zeitungen wurden gemäß _Frage 9_ auch von den Teilnehmern gelesen. Zeitungen mit Verbreitungsgebiet Brandenburg und Berlin sind aufgrund der geringeren Teilnehmerzahl auch weniger stark vertreten. Von den sächsischen Zeitschriften wurden vor allem die Freie Presse (24,2 %) und die Sächsische Zeitung (9,4 %) benannt. Bei den bayerischen Zeitungen wurden vor allem die Süddeutsche Zeitung (17,6 %) sowie der Fränkische Tag und die Frankenpost (8,8 %) angegeben. Neben der Süddeutschen Zeitung werden bei den überregionalen Zeitschriften der „Focus, Spiegel und Stern" (27,7 %), „Die Welt, Die Zeit" (14,8 %) und die Frankfurter Allgemeine Zeitung (12,3 %) genannt. Weitere 19,8 % der Zeitungsleser gaben an, keine der hier genannten Zeitschriften zu lesen.

4.3.5.4 Fragen zum Wissensstand

Bei _Frage 10_ sollten die Teilnehmer zu 14 Schädlingen eine Aussage treffen, ob diese bekannt oder unbekannt sind. Insgesamt wurde die Frage von 337 Teilnehmern beantwortet; jedoch haben nicht alle Befragten zu jedem Schädling eine Antwort abgegeben (vgl. Abb. 24). Dies liegt wahrscheinlich am Umfang der Frage und dem fehlenden Bekanntheitsgrad einiger Schädlinge. Diese Befürchtung bestand bereits im Vorfeld. Um aber den Bekanntheitsgrad aller in dieser Studie definierten Schädlinge abzufragen, musste diese Abbrechertendenz in Kauf genommen werden. Es lässt sich vermuten, dass den Befragten die Schädlinge, zu denen keine Angaben gemacht wurden, nicht bekannt sind. Wie erwartet, sind Borkenkäfer und Maikäfer allgemein bekannt (jeweils ca. 99 % der Teilnehmer). Entsprechend den Erkenntnissen aus der Zeitungsartikelrecherche, sind den Befragten weiterhin insbesondere EPS (205 Teilnehmer = ca. 66 %), Kiefernspinner (142 Teilnehmer = ca. 46 %) und Nonne (138 Teilnehmer = ca. 45 %) ein Begriff. Während vom Borkenkäfer fast jeder Teilnehmer schon mal gehört hat, sind Buchdrucker und Kupferstecher nur ca. 36 bis 39% der Befragten ein Begriff. Ungefähr in derselben Kategorie befinden sich Eichenwickler (126 Teilnehmer = ca. 42 %) und Großer Brauner Rüsselkäfer (105 Teilnehmer = ca. 36 %). Der ALB ist nur 96 Teilnehmern ein Begriff (= ca. 33 %). Weiterhin sind Blauer Kiefernprachtkäfer, Eichenprachtkäfer und Schwammspinner relativ unbekannt, denn nur ca. 10 bis 17% der Befragten haben von ihnen bereits gehört. Über den geringsten Bekanntheitsgrad verfügt die Forleule, von der nur 21 Teilnehmer (= ca. 7 %) bereits gehört haben. Zu diesem Schädling gaben auch die wenigsten Teilnehmer überhaupt eine Antwort ab (273 Personen).

Im Ergebnis sind nur fünf von allen genannten Schädlingen einem Anteil von wenigstens 45 % der Teilnehmer bekannt. Dies belegt, dass die Waldschädlinge relativ unbekannt sind.

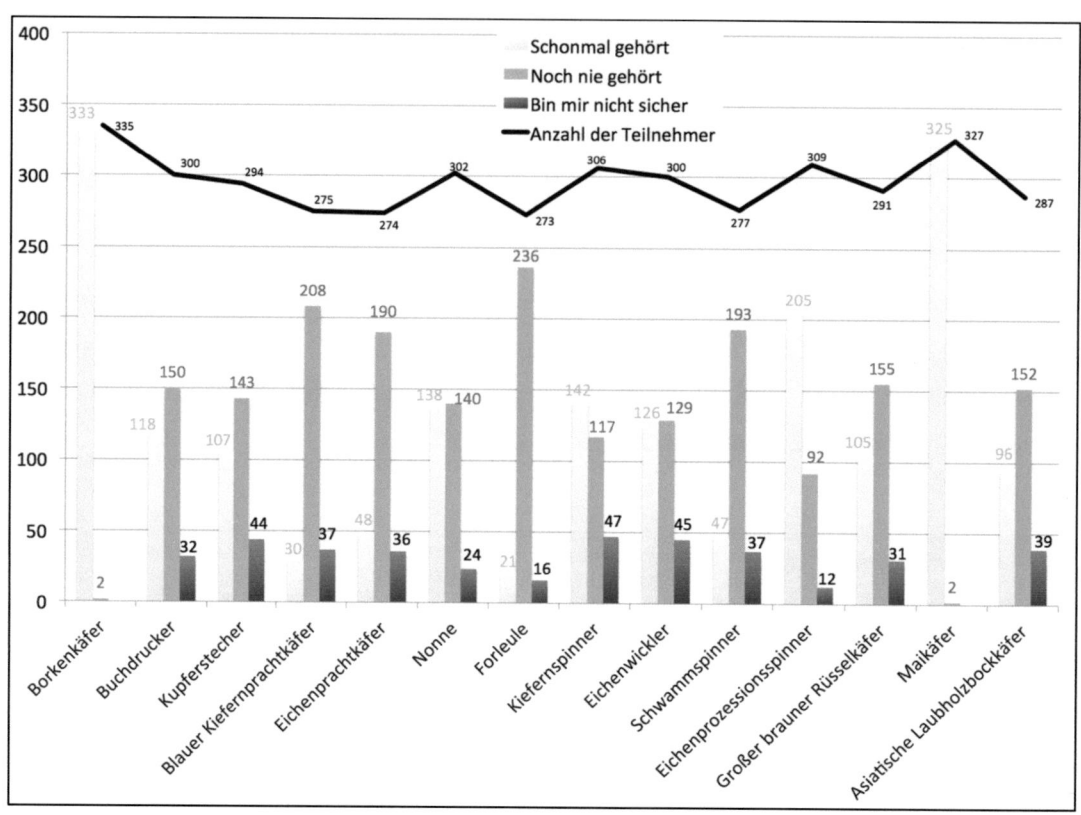

Abb. 24: Anzahl der Rückläufe zu Frage 10 - Von welchen Waldinsekten haben Sie bereits gehört?

Bei der Frage, welcher dieser Schädlinge besonders gefährlich und sogar meldepflichtig ist (*Frage 11*), lagen gemäß Abb. 25 der ALB (136 Teilnehmer = 40,7 %) und der EPS (135 Teilnehmer = 40,5 %) nahezu gleichauf.

Interessanterweise gaben bei Frage 10 nur 96 Personen an, vom ALB gehört zu haben. Weitere 39 Personen waren sich nicht sicher und 151 Personen kreuzten an, noch nie von ihm gehört zu haben. Aus allen drei Antwortkategorien wählten 123 Befragte (66+13+44) den ALB als gefährlichstes Insekt aus. Diese Angabe ist nur auf den ersten Blick widersprüchlich, weil Personen, die noch nie vom ALB gehört hatten, unter Umständen nach dem Ausschlussprinzip geantwortet haben. Laut Antwortstruktur der Frage 11 gefiltert nach Personen, die den ALB kennen und Personen, die noch nie von ihm gehört haben, geben Erstere öfter eine richtige Antwort ab - hier stimmen ca. 69 % für den ALB und 27 % für den EPS. Bei Letzteren ist das Verhältnis umgekehrt – nur 29 % für den ALB und 43 % für den EPS.

Betrachtet man weiterhin die Beantwortung gefiltert nach den Bundesländern, so wählten in Bayern und Sachsen die Mehrzahl der Befragten den ALB, während Teilnehmer aus Brandenburg und aus keinem der genannten Bundesländer eindeutig den EPS für das gefährlichste Insekt hielten (vgl. Tab. 10). Dieses Ergebnis deckt sich mit der Zeitungsartikelrecherche. Der ALB kommt momentan insbesondere in Bayern vor, während in Brandenburg vor allem der EPS in der Presse thematisiert wurde.

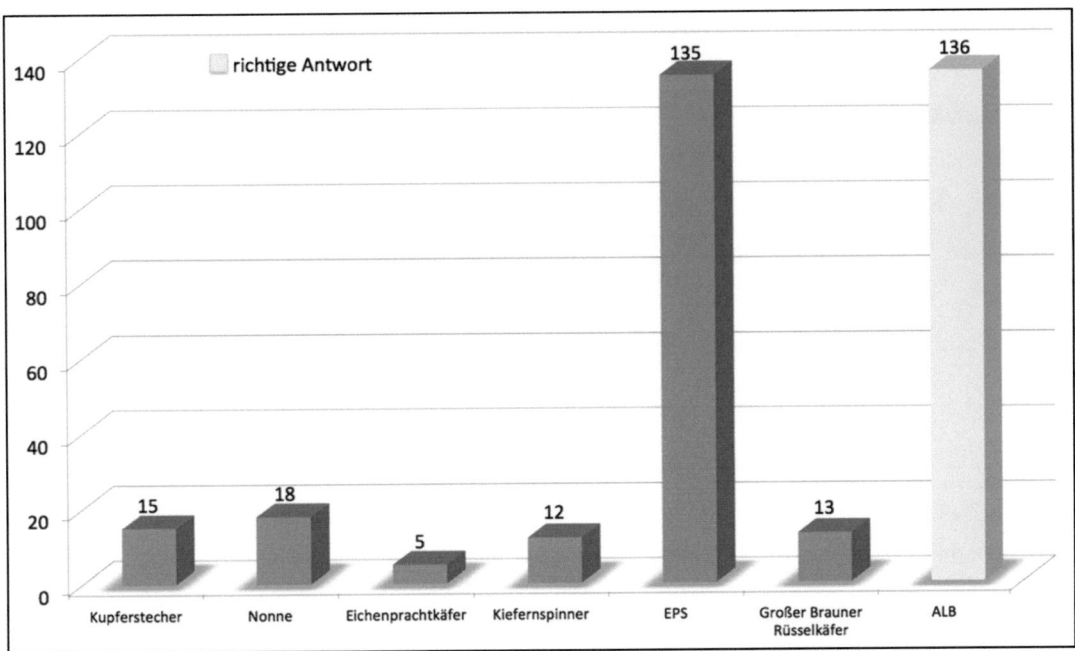

Abb. 25: Anzahl der Rückläufe zu Frage 11 - Einer der folgenden Schädlinge ist besonders gefährlich und ein Fund sogar meldepflichtig. Was denken Sie: Um welches Insekt könnte es sich handeln?

Tab. 10: Beantwortung der Frage 11 hinsichtlich ALB und EPS – aufgeteilt nach Einzugsgebiet

	GESAMT	Bayern	Sachsen	Brandenburg/ Berlin	keines der genannten Bundesländer
Asiatischer Laubholzbockkäfer	40,7%	46,2%	47,0%	28,0%	30,2%
Eichenprozessionsspinner	40,5%	37,5%	27,4%	64,0%	50,8%

Bei *Frage 12* wurden die Insekten nach Schadensart in vier Gruppen zusammengefasst (vgl. Abb. 26). Die Teilnehmer sollten entscheiden, wie gefährlich ein Befall für den Baum sein kann. Insgesamt nahmen 334 Personen teil, wobei nicht jeder alle Unterfragen beantwortet hat. Ziel der Frage war es, festzustellen, wie die Bevölkerung das Gefahrenpotential der Schädlinge einschätzt und ob ihnen bewusst ist, dass es zum Kahlschlag kommen kann.

Hinsichtlich der holz- und rindenbrütenden Insekten gingen ca. 56 % der Teilnehmer richtigerweise davon aus, dass die Bäume in einer Massenvermehrung auf jeden Fall absterben. Immerhin waren 219 Personen (= ca. 67 %) der Meinung, dass ein Baum bei Wurzelfraß keinesfalls überlebt. Lediglich 51 Personen (= ca. 16 %) vertraten die Auffassung, dass der Baum überleben kann. Ungefähr 53 % der Befragten waren korrekterweise der Ansicht, dass sich Bäume nach blatt- und nadelfraß wieder erholen können. Interessanterweise glaubten ca. 28 % der Teilnehmer, dass die Bäume sogar immer einen Befall überleben. Hinsichtlich der rindenfressenden Insekten, gingen 155 Teilnehmer (= ca. 48 %) richtigerweise davon aus, dass sich der Baum von einem Befall erholen kann. Auch hier waren ca. 9% der Befragten der Meinung, dass die Bäume grundsätzlich einen Befall überleben.

Prinzipiell kann aus diesem Ergebnis abgelesen werden, dass das Gefahrenpotential der Schädlinge zumindest ansatzweise erkannt wird.

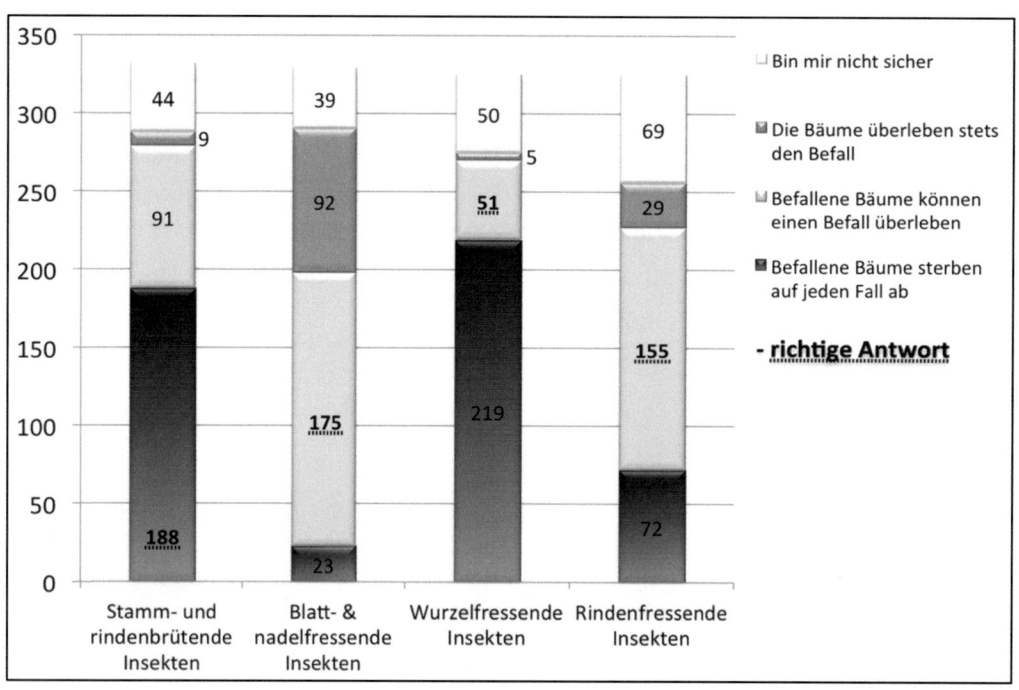

Abb. 26: Anzahl der Rückläufe zu Frage 12 - Wie gefährlich sind diese Insekten in einer Massenvermehrung für den befallenen Bestand?

Der Bekanntheitsgrad der eingesetzten Insektizide ist eher gering. Dies kann der _Frage 13_ entnommen werden, zu der 328 Personen eine Antwort abgegeben haben. Karate Forst ist nur 32 Personen (= ca. 10 %) bekannt. Von Dimilin haben 29 Personen (= ca. 9 %) schon mal gehört und Dipel ES ist 28 Personen (= ca. 9 %) ein Begriff. Wie erwartet, haben Round Up (176 Teilnehmer = 54 %) und DDT (159 Teilnehmer = 49 %) einen wesentlich höheren Bekanntheitsgrad. Diese Antwortmöglichkeiten dienten als Kontrollfunktion. Aufgrund der überwiegend positiven Beantwortung kann davon ausgegangen werden, dass die Teilnehmer hier wahrheitsgemäß geantwortet haben.

Eine Differenzierung hinsichtlich der Nebenwirkungen wird von 137 der 313 Teilnehmer (= ca. 44 %) bei *Frage 14* korrekt eingeschätzt (= Dipel ES). Die Mehrheit (142 Teilnehmer = ca. 45 %) ist der Meinung, dass Dimilin die geringsten zu erwartenden Nebenwirkungen birgt. Weitere 34 Teilnehmer (= ca. 11 %) entschieden sich für Karate Forst. Diese Frage war sicherlich für Laien nicht leicht zu beantworten. Aus diesem Grund wurde die Wirkung der Insektizide bei den Antwortmöglichkeiten kurz erläutert. Ausgehend von der Annahme, dass die Bevölkerung wenig Wissen über das Thema besitzt und die Mittel selbst auch eher unbekannt waren, fällt das Ergebnis recht gut aus.

Frage 18 soll feststellen, ob den Befragten bewusst ist, welche intensiven Bemühungen von der Forstwirtschaft für den Waldschutz unternommen werden, um die Notwendigkeit einer Bekämpfung festzustellen. Es nahmen 317 Personen teil. Davon kreuzten nur 31 Personen alle sechs Antwortmöglichkeiten an – was korrekt war. Weiterhin kann der Abb. 27 entnommen werden, dass insgesamt ca. 38 % der Befragten wenigstens vier oder mehr Maßnahmen ankreuzten. Die Mehrheit wählte drei Maßnahmen oder weniger.

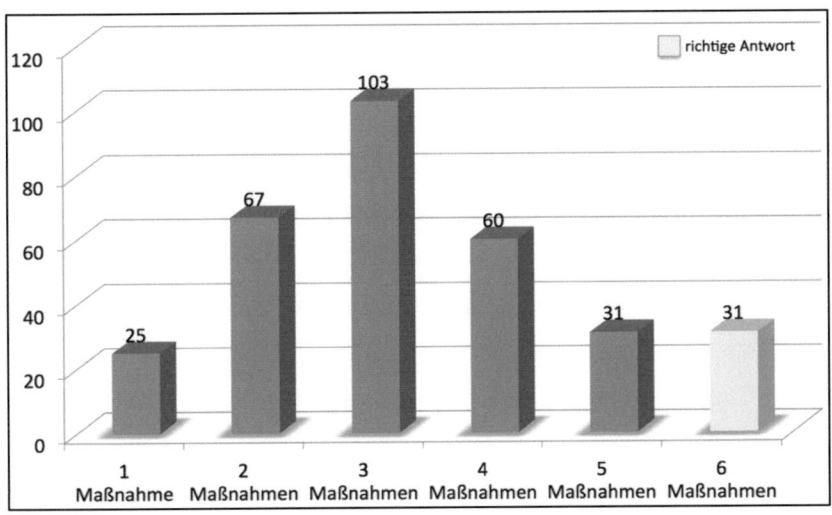

Abb. 27: Anzahl der Rückläufe zu Frage 18 – aufgeteilt nach Anzahl der angekreuzten Maßnahmen.

Die Teilnehmerstruktur der Frage 18 kann der Abb. 28 entnommen werden. Demnach ordnen die meisten Befragten die Überwachung des Waldzustandes und der Schädlingsaufkommen den Maßnahmen zu, die zur Feststellung der Notwendigkeit einer Bekämpfung durchgeführt werden. Die anderen Antwortmöglichkeiten werden von den wenigsten Befragten als Maßnahme anerkannt. Der Bevölkerung ist somit nicht bewusst, welche intensiven Bemühungen von der Forstwirtschaft für den Waldschutz unternommen werden.

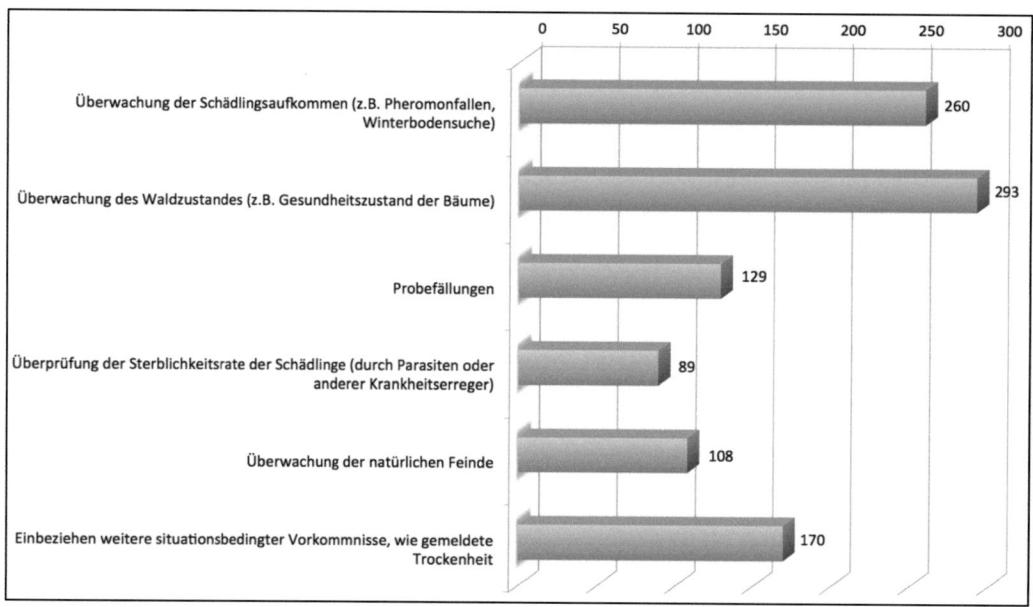

Abb. 28: Anzahl der Rückläufe zu Frage 18 - Welche Maßnahmen werden ergriffen, um die Notwendigkeit einer Bekämpfung aus der Luft festzustellen?

Gemäß den Antworten zu *Frage 19* geht die Mehrzahl der 317 Teilnehmer korrekterweise davon aus, dass vor Bekämpfung aus der Luft ein Antrag gestellt werden muss (246 Teilnehmer = ca. 78 %). Außerdem sind immerhin 161 Teilnehmer (= ca. 51 %) der *Frage 20* korrekterweise der Meinung, dass eine aviochemische Bekämpfung nur stattfindet, wenn der betroffene Waldbestand unmittelbar in seiner Existenz bedroht ist und es keine andere Rettung gibt. Der Ultima-Ratio-Einsatz ist Ihnen folglich bewusst. Allerdings sind 43 % der Befragten der Meinung, dass auch vorbeugend bekämpft wird, um beispielsweise wirtschaftliche Interessen zu wahren.

Nach Auswertung der acht Wissensfragen wurde festgestellt, dass die dieser Studie zugrunde liegenden Schädlinge, Insektizide und deren Wirkungsweisen eher unbekannt sind. Auch sind sich die Befragten der intensiven Bemühungen der Forstwirtschaft zur Feststellung der Notwendigkeit von Bekämpfungsmaßnahmen nicht bewusst. Positiv anzumerken ist, dass das Gefahrenpotential der Schädlinge, die Notwendigkeit einer Antragsstellung für die aviochemische Bekämpfung und auch die Ultima-Ratio-Strategie wenigstens der Hälfte der Befragten zumindest in Grundzügen bekannt ist. Zusammenfassend muss festgestellt werden, dass der Wissensstand insgesamt erwartungsgemäß eher gering ausfällt.

4.3.5.5 Fragen zur Wahrnehmung und Einstellung

<u>Wahrnehmung der Insektizideinsätze</u>

Als weiteres Ziel der Umfrage sollte ermittelt werden, wie die Insektizideinsätze von der Bevölkerung wahrgenommen werden.

Wie vermutet, wird gemäß den Ergebnissen aus *Frage 24* der Umfang der Bekämpfungsmaßnahmen falsch eingeschätzt (vgl. Abb. 29). Insgesamt nahmen 318 Personen teil. In der ersten Säule wurde festgestellt, dass lediglich 0,14 % der Gesamtwaldfläche mit einem Insektizid aus der Luft behandelt werden. Nur 17 Teilnehmer (ca. 5 %) waren korrekterweise der Meinung, dass der Umfang der Bekämpfungsmaßnahmen unter 1 % liegt. Weitere 69 Teilnehmer (ca. 22 %) lagen mit der Antwortkategorie „1 – 5 %" nahe an der richtigen Antwort. Aus der Antwortstruktur der Abb. 29 lässt sich ableiten, dass die Mehrzahl der Befragten davon ausgeht, dass maximal 20 % der Gesamtwaldfläche behandelt wird. Insgesamt sind damit ca. 69 % der Befragten der Meinung, dass zwischen 0,1 bis 20 % der Gesamtwaldfläche bekämpft wird. Durch dieses Ergebnis wird deutlich, dass die Mehrzahl der Befragten zwar davon ausgeht, dass prozentual ein geringerer Teil der Gesamtwaldfläche behandelt wird, allerdings war den Teilnehmern nicht bewusst, in welch geringen Dimensionen sich dies bewegt.

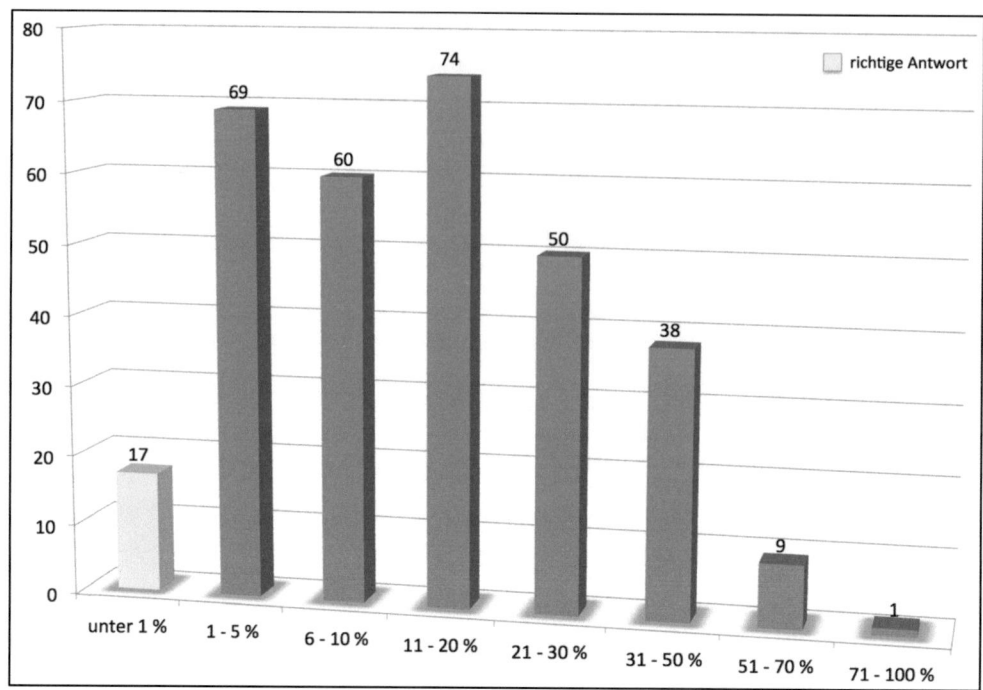

Abb. 29: Anzahl der Rückläufe zu Frage 24 - Wieviel Prozent der Gesamtwaldfläche wird durchschnittlich pro Jahr mit einem Pflanzenschutzmittel aus der Luft bekämpft?

Interessehalber wurden die Antworten von Personen aus Regionen mit aviochemischer Bekämpfung (24 Teilnehmer bei Frage 24) und Personen aus Regionen ohne aviochemischer Bekämpfung (155 Teilnehmer bei Frage 24) verglichen. Es ist anzumerken, dass die Anzahl der Teilnehmer aus Regionen mit aviochemischer Bekämpfung so gering ist, dass die Antwortstruktur wenig Aussagekraft enthält. Das Ergebnis wurde trotzdem interpretiert; insgesamt unterscheiden sich die Ergebnisse nämlich kaum voneinander und weichen auch nur minimal von der Gesamtbetrachtung ab (vgl. Abb. 30).

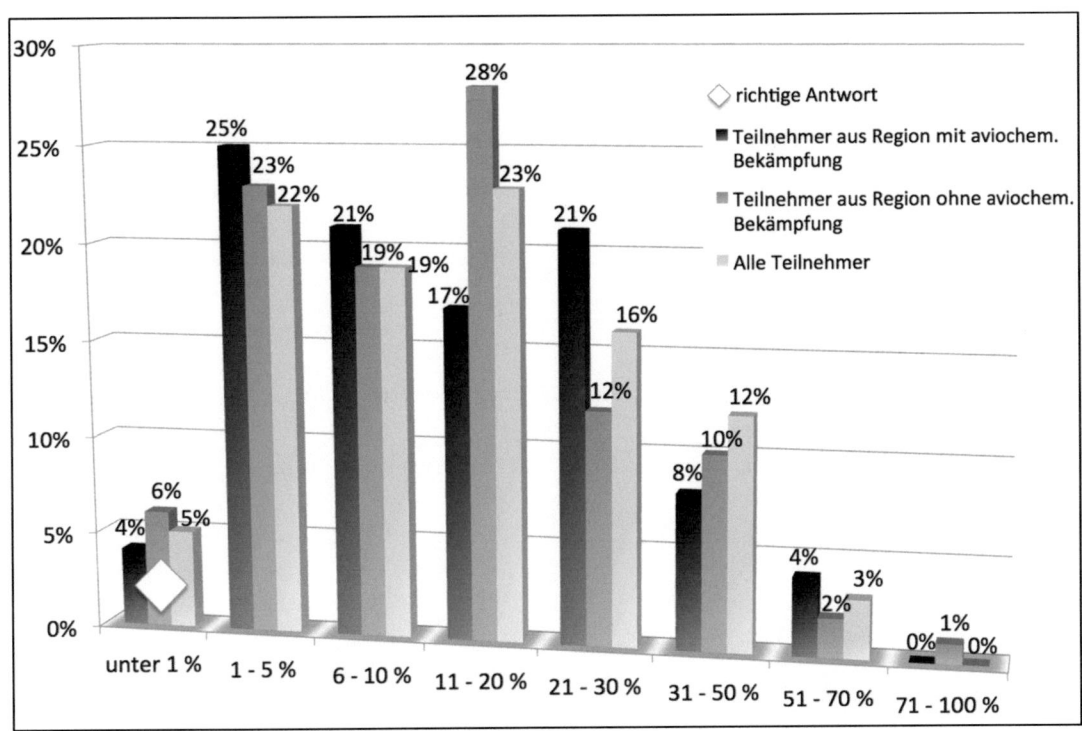

Abb. 30: Prozentuale Aufteilung der Rückläufe zu Frage 24 – unterteilt nach Teilnehmern aus Regionen mit und ohne aviochemische Bekämpfung sowie der Gesamtteilnehmer

Die *Frage 25* wurde ebenfalls von 318 Personen beantwortet. Im Vergleich zur Landwirtschaft schätzen die meisten Befragten die Geringfügigkeit der Maßnahmen im Wald etwas besser ein (vgl. Abb. 31). Hier sind es 53 Teilnehmer (= ca. 17 %), die korrekterweise glauben, dass im Wald - verglichen mit der Landwirtschaft - weniger als 1 % der Pflanzenschutzmittel ausgebracht wird. Weitere 87 Teilnehmer (= ca. 27 %) gehen von maximal 5 % aus, 64 Teilnehmer von maximal 10 % und 61 Teilnehmer von maximal 20 %. Zusammen sind damit ca. 83 % der Teilnehmer der Meinung, dass im Wald maximal 20 % der landwirtschaftlichen Ausbringungsmengen eingesetzt wird.

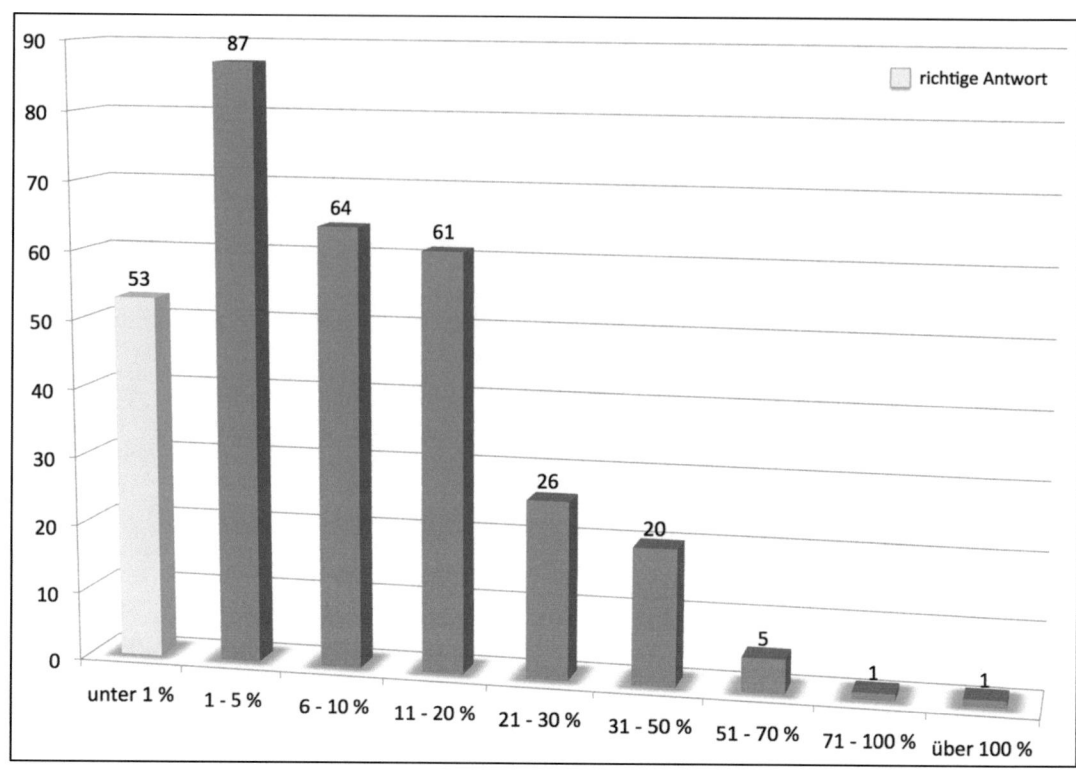

Abb. 31: Anzahl der Rückläufe zu Frage 25 - Wie hoch ist die prozentuale Ausbringungsmenge an Pflanzenschutzmitteln in deutschen Wäldern im Vergleich zur Landwirtschaft?

Einstellung gegenüber den Insektizideinsätzen

Neben den Wissensfragen und den Fragen zur Wahrnehmung sollte die persönliche Meinung der Befragten ermittelt werden. Die *Frage 15* sollte dabei feststellen, welche Nebenwirkungen von den Befragten toleriert werden (vgl. Abb. 32). Sie wurde von 327 Personen beantwortet, wobei jeweils nicht auf alle Unterfragen eingegangen wurde. Trotzdem ist das Ergebnis mehr als eindeutig. Obwohl in der Fragestellung ausdrücklich darauf hingewiesen wurde, dass die Ausbringung des Insektizids dem Walderhalt dienen soll, waren die möglichen Nebenwirkungen überraschenderweise für fast keinen der Befragten vertretbar. Lediglich die Tatsache, dass ein Insektizid auch auf gleichartige Insekten wirkt, wird von einer knappen Mehrheit akzeptiert. Als logische Schlussfolgerung sind die Befragten eher gegen Insektizideinsätze.

Bei der Beantwortungsstruktur bestehen im Übrigen keine signifikanten Unterschiede zwischen den Bundesländern.

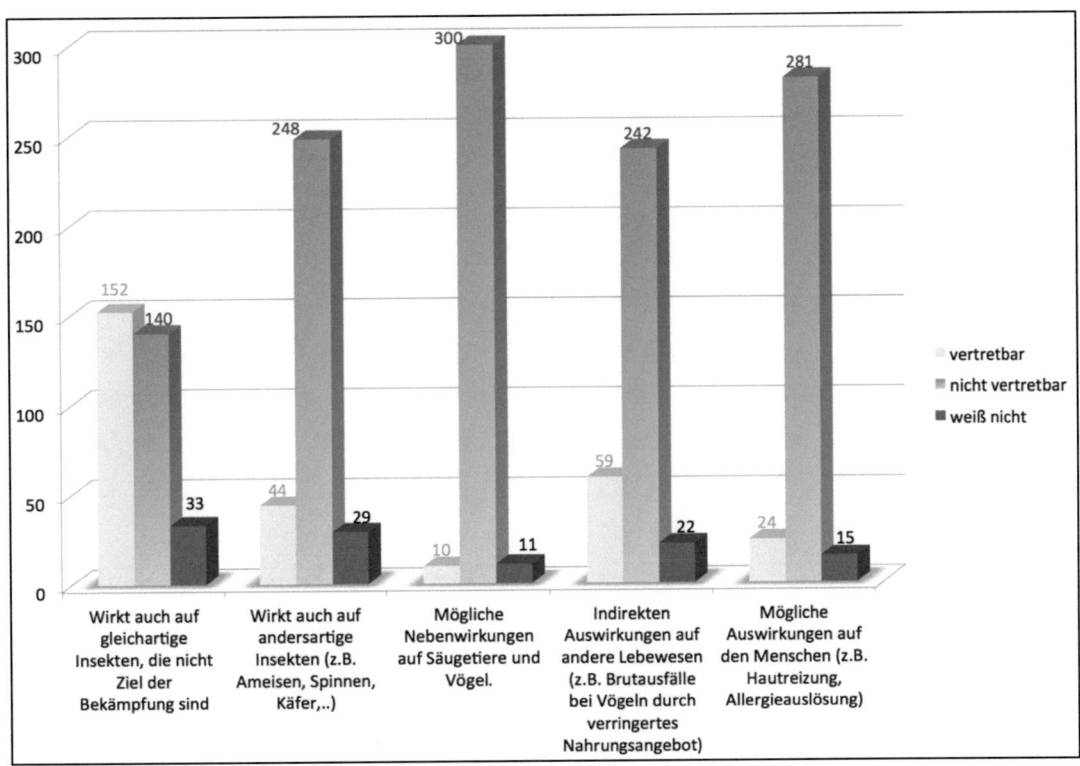

Abb. 32: Anzahl der Rückläufe zu Frage 15 - Stellen Sie sich vor, dass ein Waldstück in Ihrer Nähe von Schadinsekten befallen ist. Um den Bestand zu erhalten sollen Insektizide ausgebracht werden. Welche Nebenwirkungen wären dabei für Sie vertretbar?

Weiterhin sollte abgefragt werden, wie empfänglich die Befragten für die Argumentationen der Umweltverbände sind. Schließlich werden diese vor allem über die Zeitungen verbreitet und meist ohne Erklärung oder Gegendarstellung wiedergegeben. Die _Frage 17_ sollte zeigen, wie die Befragten auf solche Argumentationen reagieren und ob sie ihnen zustimmen (vgl. Abb. 33). Die Frage wurde von 326 Personen beantwortet, wobei nicht jeder an allen Unterfragen teilnahm. Ein vergleichsweise hoher Anteil i. H. v. 20 bis 27 % antwortete bei den drei Unterfragen mit „weiß nicht". Im Einzelnen sind 110 Teilnehmer (= ca. 34 %) der Meinung, dass PSM nicht benötigt werden, weil sich in der Natur Massenvermehrungen von selbst regulieren. Lediglich 25 Personen mehr (= ca. 42 %) stimmen dieser Aussage nicht zu. Ähnlich verhält es sich mit dem Argument, dass PSM nicht benötigt werden, weil auch ein Kahlfraß als natürlicher Prozess toleriert werden muss. Dieser Aussage stimmen ca. 32 % der Befragten zu, während ca. 40 % diese Auffassung nicht teilen. Bei beiden Argumenten unterscheidet sich die Zahl der Befürworter und der Gegner nur geringfügig.

Anders verhält es sich bei dem dritten Argument. 221 Teilnehmer (= 68 %) stimmen dem Argument zu, dass PSM vor allem deswegen nicht eingesetzt werden sollten, weil über ihre Nebenwirkungen zu wenig bekannt ist. Nur ca. 12 % der Teilnehmer widersprachen dieser Aussage. Dieses Resultat deckt sich wiederum mit dem Ergebnis der Frage 15, wonach mögliche Nebenwirkungen für fast alle Befragten nicht vertretbar sind. Vermutlich hat sich deshalb auch die Mehrheit der Befragten dem dritten Argument angeschlossen. Im Übrigen war dieses Argument auch das meist publizierte.

Im arithmetischen Mittel der drei Argumente würden ca. 45 % der Befragten den Aussagen der Umweltverbände zustimmen; nur ca. 31 % würden sich dagegen aussprechen. Zusammenfassend wird festgestellt, dass die deutliche Mehrheit dem dritten Argument zustimmt.

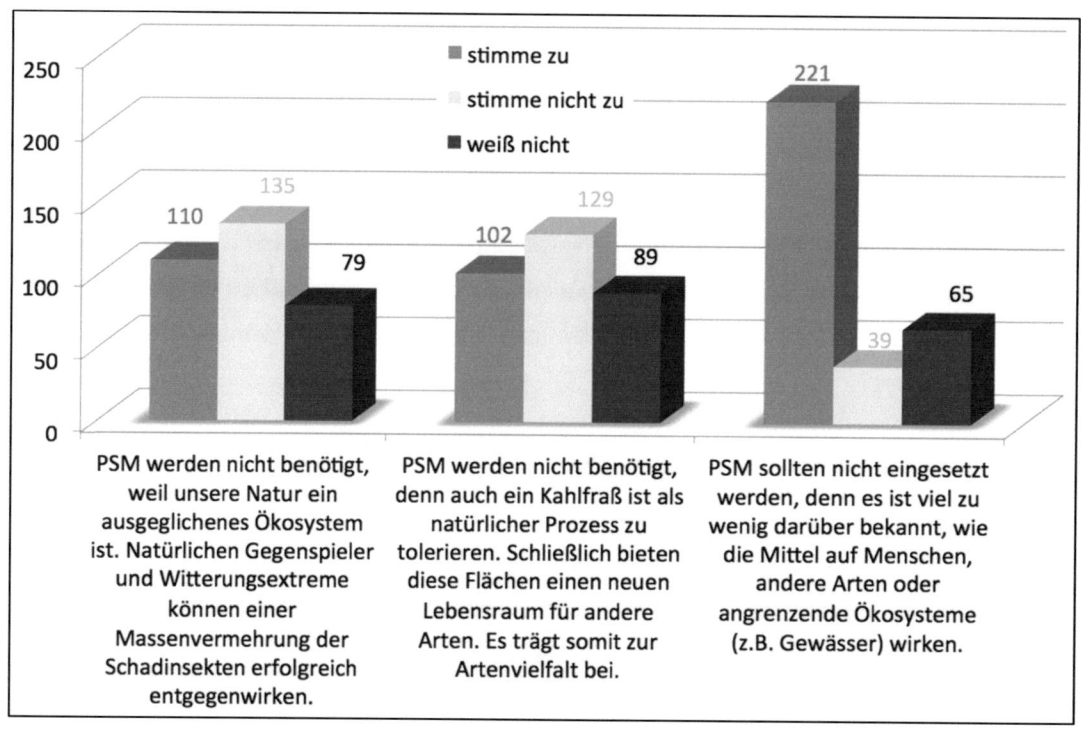

Abb. 33: Anzahl der Rückläufe zu Frage 17 - Umweltverbände sind gegen den Einsatz von Pflanzenschutzmitteln (PSM) im Wald und bringen folgende Argumente an. Würden Sie diesen Argumenten zustimmen?

Abgesehen von den Nebenwirkungen, sollte zudem ermittelt werden, ob in der Bevölkerung in Zusammenhang mit Insektizideinsätzen auch Bedenken in Bezug auf die eigene Gesundheit bestehen. Die *Frage 16* wurde von 324 Personen beantwortet, wobei jeweils nicht auf alle Unterfragen eingegangen wurde (vgl. Abb. 34). 160 Teilnehmer würden den Wald zwei Tage nach einer Bekämpfungsmaßnahme „eher nicht" betreten. Weitere 102

Teilnehmer sind sich sogar sicher, dass ein Betreten für sie nicht in Frage kommt. Zusammen ergibt sich ein Anteil von ca. 81 %, die beim Betreten des Waldes Bedenken hätten. Noch deutlicher sieht es bei der zweiten Frage aus. Ungefähr 90 % der Teilnehmer würden im Jahr einer Bekämpfungsmaßnahme keine Pilze aus dem Gebiet verzehren, wobei hiervon 50 % auf die Antwort „nein" und 50 % auf „eher nicht" entfielen. Dieses Ergebnis beweist, dass insgesamt große Besorgnis hinsichtlich möglicher Nebenwirkungen auf die menschliche Gesundheit besteht.

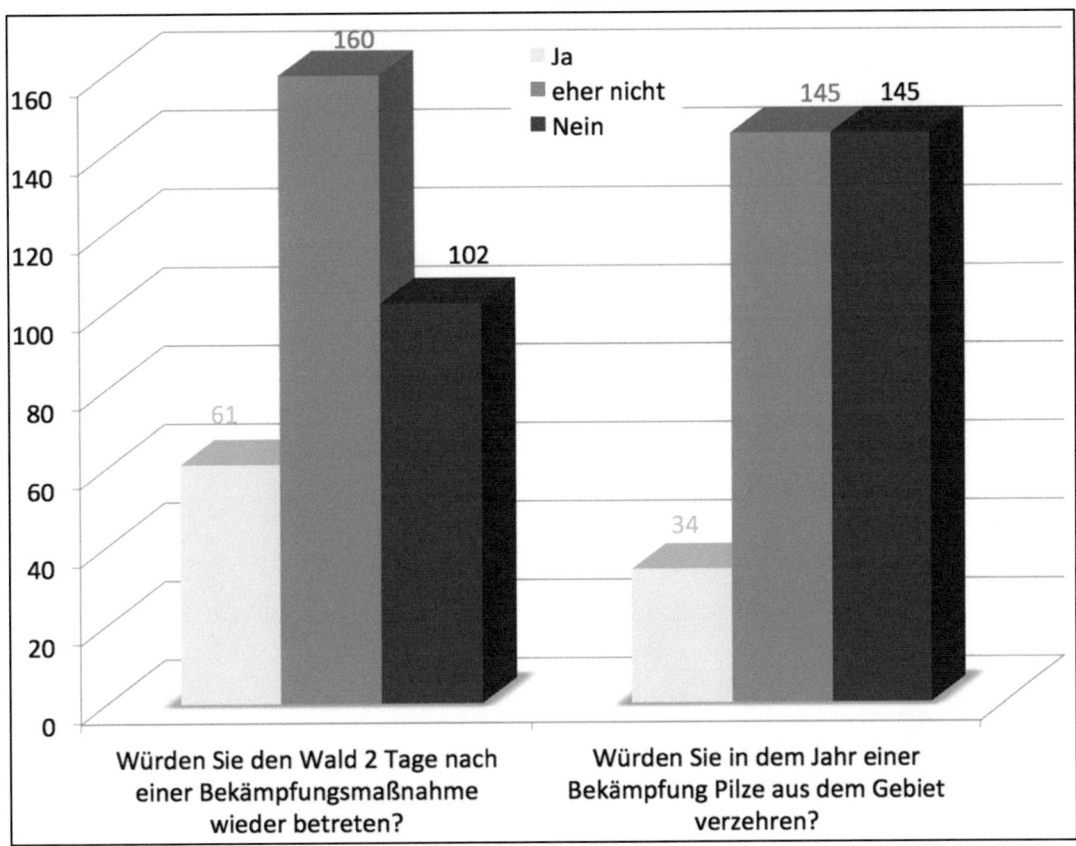

Abb. 34: Anzahl der Rückläufe zu Frage 16 - Wie würden Sie sich nach der Ausbringung von Insektiziden mittels Hubschrauber verhalten?

Die *Frage 21* wurde von 317 Teilnehmern beantwortet. Diese Frage sollte vor allem aufzeigen, wie der Umgang der Forstwirtschaft mit den PSM wahrgenommen wird. Die Mehrzahl (169 Befragte = ca. 53 %) ist demnach der Meinung, dass weder zu oft, noch zu wenig bekämpft wird – eine Bekämpfung also dann erfolgt, wenn sie nötig ist (vgl. Abb. 35). Diese Antwort impliziert, dass nach Einschätzung dieser Teilnehmer die Forstwirtschaft PSM in korrektem Umfang einsetzt. Weitere 67 Teilnehmer (= ca. 21 %) waren der Meinung, dass zu oft bekämpft wird. Betrachtet man die Frage gefiltert nach Teilnehmern aus Brandenburg/Berlin, also aus dem Gebiet mit der größten Bekämpfungsfläche, wird deutlich, dass das Verhältnis zwischen „dann wenn nötig" (50 %) und „zu oft" (29 %) kleiner ausfällt. Filtert man die Antworten nach Teilnehmern aus Regionen, wo des Öfteren aviochemische Bekämpfungen durchgeführt werden, „schrumpft" das Verhältnis weiter. Von diesem Teilnehmerkreis sind 33 % der Befragten der Meinung, dass zu oft bekämpft wird während 50 % der Auffassung sind, dass nur bei Bedarf bekämpft wird. Tendenziell steigt also die Anzahl der Teilnehmer, die der Meinung sind, dass zu oft bekämpft wird, wenn sie aus einer betroffenen Region stammen. Diese Tendenz lässt sich möglicherweise damit begründen, dass in diesen Regionen einerseits die Berichterstattung der Presse umfangreicher ausfällt und die Befragten eher mit konträren Ansätzen zum Einsatz von Insektiziden konfrontiert werden und auch die subjektive Wahrnehmung bei „Betroffenen" anders ausfällt.

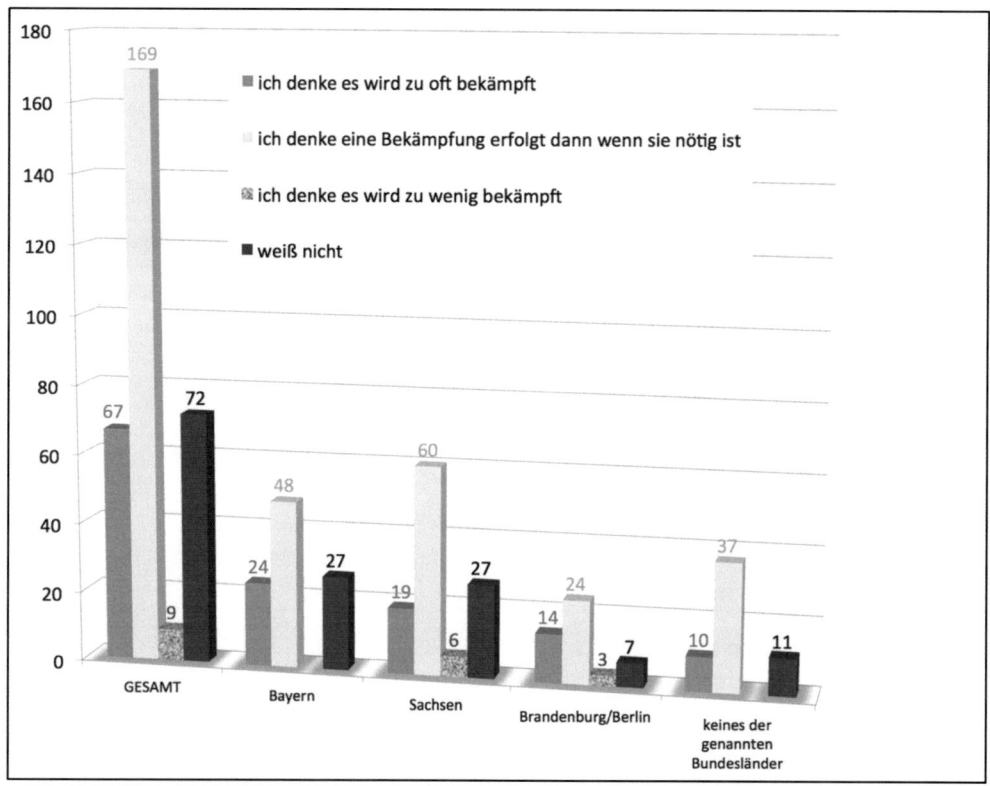

Abb. 35: Anzahl der Rückläufe zu Frage 21 - Wie setzt Ihrer Meinung nach der Forst die Pflanzenschutzmittel ein?

In einer letzten Frage zur Einstellung sollte die persönliche Meinung der Befragten zu dem Einsatz von Pflanzenschutzmitteln im Wald ermittelt werden. Die *Frage 22* wurde von 317 Personen beantwortet (vgl. Abb. 36). Demnach sprachen sich 53 Personen (=ca. 17 %)

grundsätzlich gegen einen Einsatz von Pflanzenschutzmitteln im Wald aus. Weitere 133 Teilnehmer (= ca. 42 %) sind gegen eine Ausbringung von PSM aus der Luft. Somit lehnt die Mehrheit (knappe 60%) der Teilnehmer einen aviochemischen Einsatz von PSM im Wald generell ab. Lediglich 116 Personen (= ca. 37 %) sind der Meinung, dass der Einsatz von PSM bei entsprechender Notwendigkeit sinnvoll ist. Der Anteil der Personen, die zu dieser Frage keine Meinung hatten, also mit „weiß nicht" antworteten, ist überraschend gering (ca. 5 %).

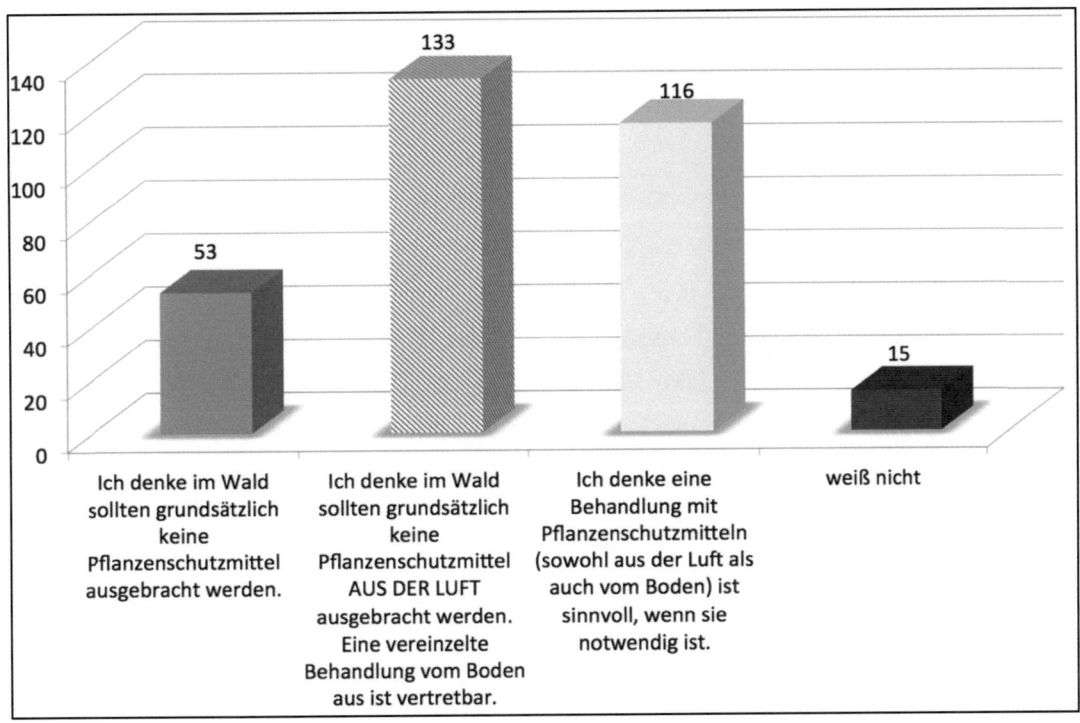

Abb. 36: Anzahl der Rückläufe zu Frage 22 - Wie ist Ihre persönliche Meinung zum Einsatz von Pflanzenschutzmitteln (insbesondere Insektizide) im Wald?

Aus den fünf Fragen zur persönlichen Einstellung der Befragten lässt sich eindeutig ableiten, dass der Großteil erhebliche Vorbehalte gegenüber Insektizideinsätzen im Wald hegt und diese eher wenig toleriert werden. Dies ist ggf. auf die große Angst vor den möglichen Nebenwirkungen zurückzuführen. Diese Feststellung steht im Widerspruch zu den Antworten unter _Frage 23_ (vgl. Abb. 37). Nur einer von 318 Teilnehmern gab an, dass ihm der Walderhalt nicht wichtig sei. Weitere drei Teilnehmer bewegten sich im Mittelfeld zwischen „nicht wichtig" und „sehr wichtig"; 40 Teilnehmer gaben an, dass ihnen der Walderhalt wichtig sei. Die überragende Mehrheit von 274 Teilnehmern (= ca. 86 %) gab an, dass ihnen der Walderhalt sehr wichtig ist.

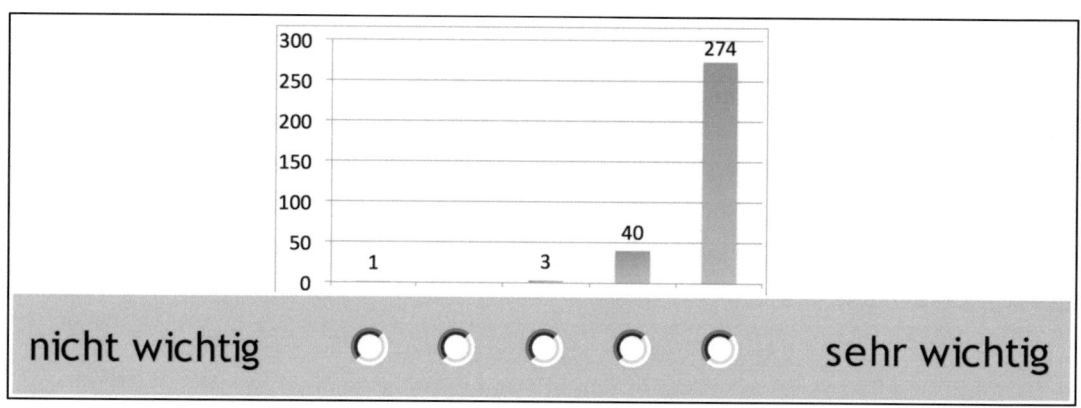

Abb. 37: Anzahl der Rückläufe zu Frage 23 - Wie wichtig ist es Ihnen, dass der Waldbestand erhalten bleibt?

Die Einstellung der Befragten gegenüber dem Einsatz von Insektiziden im Wald ist erwiesenermaßen eher negativ. Ganze 60 % sprechen sich sogar grundsätzlich gegen aviochemische Einsätze aus und erwarten dennoch, dass der Wald erhalten wird. Dieses Ergebnis bestätigt die in der Hypothese vermutete Theorie, dass paradoxe Auffassungen nebeneinander bestehen. Der Verdacht liegt nahe, dass die Befragten aufgrund des nachgewiesenermaßen geringen Hintergrundwissens nicht in der Lage sind, einen unmittelbaren Zusammenhang zwischen dem Walderhalt und dem Einsatz von PSM herzustellen.

4.3.5.6 Abhängigkeiten bei der Beantwortung

Die Auswertung der Umfrage hätte unter gezielter Einbeziehung aller Abhängigkeiten noch detaillierter erfolgen können. Beispielsweise hätte eine Unterscheidung in der Beantwortung zwischen männlichen und weiblichen Teilnehmern, nach Bildungsabschluss, Nichtzeitungslesern etc. vorgenommen werden können. Aufschlussreich wäre auch eine gezielte Betrachtung der Fragebögen von Teilnehmern aus Regionen, in denen häufig PSM aus der Luft ausgebracht werden. Da sich an der Umfrage jedoch nur 25 entsprechende Teilnehmer beteiligt hatten, hätte hieraus kein aussagekräftiges Ergebnis abgeleitet werden können.

Vor allem eine Betrachtung der Abhängigkeiten nach Bundesland wurde an den Stellen vorgenommen, wo die Autorin eine Notwendigkeit dafür sah. Da sich die aufgestellten Hypothesen bereits mit den gewählten Auswertungsmodalitäten bewahrheitet hatten, wurde aufgrund des hohen Umfangs der Studie auf weitere Auswertungen verzichtet.

4.3.6 Fazit

Die Teilnehmer der Umfrage stammen überwiegend aus Regionen, die bisher kaum mit der Ausbringung von Insektiziden mittels Hubschrauber konfrontiert waren. 10,9 % der Befragten gaben sogar an, noch nie von der Thematik „Schadinsekten im Wald" gehört zu haben. So lässt sich vermuten, dass einige Befragte durch die Umfrage das erste Mal im Detail mit der Thematik in Berührung kamen. Obwohl im unmittelbaren Umfeld der meisten Befragten bisher offenbar keine aviochemische Bekämpfung durchgeführt wurde, hatten ca. 89 % der Teilnehmer bereits von der Thematik gehört (in erster Linie über die Zeitungen - ca. 43 %). Dieses Ergebnis lässt vermuten, dass die Berichterstattung der Presse weiträumiger erfolgt und somit auch Regionen ohne aviochemische Einsätze erreicht werden.

Eine differenzierte Untersuchung der Ergebnisse zwischen Personen aus Bekämpfungsgebieten und Personen aus Regionen ohne aviochemische Einsätze war aufgrund zu geringer Rückläufe aus der ersten Kategorie leider nicht möglich.

Im Zuge der Befragung konnte nachgewiesen werden, dass der Wissensstand zu Schädlingen, Insektiziden und deren Anwendung eher gering ist. Die Reaktion der Befragten auf die Konfrontation mit möglichen Nebenwirkungen war erwartungsgemäß negativ. Dies könnte vor allem darin begründet sein, dass die breite Öffentlichkeit über kein fundiertes Hintergrundwissen verfügt und die Meinungsbildung auf der Grundlage von Teilwissen beruht; somit können keine übergreifenden Zusammenhänge erkannt werden.

Außerdem ließ sich belegen, dass gemäß den Ausführungen unter Säule 1 die nachgewiesenermaßen geringen aviochemischen Einsätze von den Befragten wesentlich umfangreicher wahrgenommen werden. Wäre der Bevölkerung bewusst, dass PSM tatsächlich nur sehr restriktiv im Wald eingesetzt werden und unter welch strengen Maßgaben dies geschieht, wäre ggf. auch eine größere Toleranz gegenüber möglichen Nebenwirkungen gegeben.
Die Rolle der Forstwirtschaft wurde nur bedingt beleuchtet, indem abgefragt wurde, ob die Befragen glauben, dass von diesen Insektizide zu oft, genau richtig oder zu wenig einsetzt werden. Immerhin waren 50 % der Befragten der Meinung, dass ein Einsatz dann erfolgt, wenn er unerlässlich ist. Im Ergebnis besteht zumindest bei der Hälfte der Befragten Vertrauen in die Arbeit der Forstwirtschaft.

Die unter Punkt 4.3.2.1 vermuteten Verfälschungstendenzen bewahrheiteten sich im Übrigen nicht.

Insgesamt konnte die These bezüglich des geringen Hintergrundwissens zu Waldschutzmaßnahmen untermauert werden und eine tendenziell negative Einstellung der Bevölkerung gegenüber dem Einsatz von Pflanzenschutzmitteln im Wald festgestellt werden.

5 Zusammenfassung und Schlussfolgerungen

Ziel der vorliegenden Studie war die Untersuchung der tatsächlichen Anwendungsfälle von Insektiziden im Wald. Darüber hinaus sollte der Informationsgehalt und die Qualität der hierzu über die Presse verbreiteten Informationen ermittelt werden. Schließlich sollte auch der Wissensstand in der Bevölkerung zu Waldschutzmaßnahmen untersucht werden, da eine Diskrepanz zwischen der Häufigkeit der Einsätze von Insektiziden im Wald und dem Kenntnisstand über derartige Maßnahmen in der Bevölkerung vermutet wurde. Es wurde die These aufgestellt, dass aufgrund von Halbwissen und unzureichender Berichterstattung durch die Presse in der Bevölkerung die Hintergründe bzw. Zusammenhänge solcher Maßnahmen nicht bekannt werden und somit keine Akzeptanz gegeben ist. Aufgrund der Vermutung, dass der Einsatz von Pflanzenschutzmitteln und besonders Insektiziden in der Bevölkerung sehr kritisch gesehen wird, sollte insbesondere auch die Einstellung der Bevölkerung zu solchen Maßnahmen untersucht werden.

Um Erkenntnisse über die Häufigkeit bzw. die räumliche Ausdehnung entsprechender Waldschutzmaßnahmen zu erhalten, wurden elf Exemplare der Zeitschrift „AFZ Der Wald" ausgewertet. Eine Analyse von 615 ausgewählten Zeitungsartikeln sollte die Einflussnahme durch die Presse auf die Öffentlichkeit hinterfragen. Anhand der Ergebnisse aus den vorgenannten Arbeitsschritten wurde ein Fragebogen konzipiert, um das Wissen und die Einstellung der Bevölkerung zu ermitteln.

<u>Erste Säule</u>
Bei der Überprüfung der tatsächlichen Anwendungshäufigkeit von Insektiziden gegen die für diese Studie ausgewählten Schädlinge konnte nachgewiesen werden, dass Insektizide im Wald sehr sparsam eingesetzt werden.

<u>Zweite Säule</u>
Durch die Betrachtung von 1.697 Zeitungsartikeln konnte nachgewiesen werden, dass Informationen tatsächlich selektiv weitergegeben werden, da beispielsweise bei bestimmten Ereignissen von großem allgemeinem Interesse eine verstärkte Berichterstattung erkennbar war. Die durch die Presse vermittelten Informationen der intensiver untersuchten 615 Artikel konnten sowohl inhaltlich als auch qualitativ nur sehr eingeschränkt zu einer Wissenserweiterung beitragen. Generell wird die Gefahr gesehen, dass auch durch gehäufte Veröffentlichungen zu einem Thema die Meinungsbildung der Leser beeinflusst wird.

Auf die Art und Weise der Berichterstattung durch die Presse und deren Umfang kann kaum Einfluss genommen werden. Es könnte aber - initiiert durch die Forstbehörden - eine aktivere Berichterstattung in den Zeitschriften erfolgen, um so auch deren Sicht und Handlungsgründe besser darzustellen.

Dritte Säule

Im Verlauf dieser Studie hat sich bewahrheitet, dass weder die 13 ausgewählten Forstschädlinge allgemein bekannt sind noch Kenntnisse über die Arbeit der Forstbehörden bzw. Waldwirtschaft vorliegen.

Durch die Ergebnisse der Umfrage wurde nachgewiesen, dass der Wissensstand zu Schädlingen, Insektiziden und deren Anwendung in der Bevölkerung eher gering ist. Auch die Einstellung zum Einsatz von Pflanzenschutzmitteln im Wald war erwartungsgemäß keineswegs positiv. Knapp 60 % der Umfrageteilnehmer sprachen sich prinzipiell gegen aviochemische Einsätze aus. Trotz der negativen Einstellung der Befragten gegenüber aviochemischen Bekämpfungsaktionen stellte sich heraus, dass der Erhalt des Waldes für die Befragten sehr wichtig ist. Hierdurch wird belegt, dass den Befragten der Zusammenhang zwischen dem Erfordernis solcher Einsätze und dem Walderhalt keinesfalls bewusst sein kann. Auch wurde festgestellt, dass die Befragten den Umfang der Maßnahmen deutlich höher eingeschätzt hatten.

Es wird also deutlich, dass in der Bevölkerung kaum Informationen über die Zahl der tatsächlichen Insektizideinsätze im Wald vorhanden sind. Ebenso wenig sind die damit verbundenen Auflagen und allgemeine Maßnahmen des integrierten Waldschutzes bekannt. Es ist davon auszugehen, dass die Allgemeinheit Insektizideinsätzen im Wald wesentlich unkritischer gegenüberstehen würde, wenn dort mehr Informationen ankämen; ggf. würde dann auch die Akzeptanz gegenüber Nebenwirkungen steigen.

Das große Interesse der Menschen am Wald einerseits und die geringe Kenntnis über Waldschutzmaßnahmen andererseits stellt einen Widerspruch dar, der dringend behoben werden sollte. Hierzu ist möglichst viel Wissen und Informationen über Zusammenhänge und Hintergründe an die Bürger zu kommunizieren. Dies könnte im Rahmen von Öffentlichkeitsarbeit erfolgen, denn Bildung ist der Schlüssel zu einem besseren Verständnis. Denkbar wären beispielsweise Vorträge an Schulen oder öffentliche Projekte. Eine größere Präsenz der Forstbetriebe wäre sinnvoll – beispielsweise auf Stadtfesten, Messen oder Ähnlichem. Dies gilt auch für die Forstbehörden, die ihre Arbeit im Rahmen von Veranstaltungen wie z.B. einem „Tag der offenen Tür" präsentieren und somit zu einem besseren

Verständnis für ihre Arbeit beitragen könnten. Ggf. wären auch Bürgerbeteiligungen an Waldprojekten (z.B. Aufforstung) denkbar. Sicherlich ist eine Realisierung der vorgeschlagenen Maßnahmen nur eingeschränkt möglich, weil diese sehr aufwendig sind und die Forstverwaltung immer wieder von Reformen und Stellenabbau betroffen ist. Umso wichtiger ist aber auch die Akzeptanz der Bevölkerung und eine stärkere Transparenz der Aufgabenerfüllung.

Abschließend kann festgestellt werden, dass die Kernziele der Studie erreicht wurden; die aufgestellten Thesen konnten belegt werden, wobei eine differenzierte Betrachtung der Bevölkerung in Befallsgebieten nicht möglich war. Für die Teilnehmer der Befragung aus Nicht-Befallsgebieten lässt sich insgesamt der Schluss ziehen, dass wenig Hintergrundwissen vorhanden ist und eine geringe Akzeptanz gegenüber der Ausbringung von Pflanzenschutzmitteln, insbesondere aus der Luft, vorherrscht. Es bestehen Ängste – vor allem auch hinsichtlich der eigenen Gesundheit und der zu befürchtenden Nebenwirkungen für Nicht-Zielorganismen und Ökosysteme. Diese Ängste müssen durch Aufklärung beseitigt werden. Insofern bleibt zu hoffen, dass sich künftig durch eine bessere Informationspolitik die Einstellung der Bevölkerung zu den Insektizideinsätzen ändert und zu einem besseren Verständnis für die forstlichen Waldschutzmaßnahmen führt.

Mit dieser Studie konnte belegt werden, dass seitens der Allgemeinheit ein großes Interesse an der Erhaltung des Waldes besteht. Der Wald ist allgemein zugänglich und dient für die zunehmend hektische Gesellschaft als Rückzugsort und Ort der Stille. Es sollte sich daher zum Ziel gesetzt werden, die Bevölkerung besser einzubinden und somit ein besseres gegenseitiges Verständnis herbeizuführen.
Denn Waldschutz geht uns alle an.

Literaturverzeichnis

Primärliteratur

AFZ Der Wald: Forstschutzsituation 2004/2005; Heft 7. München: Deutscher Landwirtschaftsverlag. 60. Jahrgang 2005.

AFZ Der Wald: Forstschutzsituation 2005/2006 in Deutschland, Österreich und der Schweiz; Heft 7. München: Deutscher Landwirtschaftsverlag. 61. Jahrgang 2006.

AFZ Der Wald: Forstschutzsituation 2006/2007; Heft 7. München: Deutscher Landwirtschaftsverlag. 62. Jahrgang 2007.

AFZ Der Wald: Forstschutzsituation 2010/2011; Heft 7. München: Deutscher Landwirtschaftsverlag. 66. Jahrgang 2011.

AFZ Der Wald: Waldschutzsituation 2007/2008; Heft 7. München: Deutscher Landwirtschaftsverlag. 63. Jahrgang 2008.

AFZ Der Wald: Waldschutzsituation 2008/2009; Heft 7. München: Deutscher Landwirtschaftsverlag. 64. Jahrgang 2009.

AFZ Der Wald: Waldschutzsituation 2009/2010; Heft 7. München: Deutscher Landwirtschaftsverlag. 65. Jahrgang 2010.

AFZ Der Wald: Waldschutzsituation 2011/2012; Heft 7. München: Deutscher Landwirtschaftsverlag. 67. Jahrgang 2012.

AFZ Der Wald: Waldschutzsituation 2012/2013; Heft 7. München: Deutscher Landwirtschaftsverlag. 68. Jahrgang 2013.

AFZ Der Wald: Waldschutzsituation 2013/2014; Heft 7. München: Deutscher Landwirtschaftsverlag. 69. Jahrgang 2014.

AFZ Der Wald: Waldschutz - Waldschutzsituation 2014/2015; Heft 7. München: Deutscher Landwirtschaftsverlag. 70. Jahrgang 2015.

ALTENKIRCH, W.; MAJUNKE, C.; OHNESORGE, B.: Waldschutz auf ökologischer Grundlage. Stuttgart: Ulmer. 2002.

ARBOFUX - Diagnosedatenbank für Gehölze (Hrsg.), LOHRER, T.: Eichenprozessionsspinner. 2013.
http://www.arbofux.de/eichenprozessionsspinner.html (04.08.2016)

ARBOFUX - Diagnosedatenbank für Gehölze (Hrsg.), LOHRER, T.: Grüner Eichenwickler. 2012.
http://www.arbofux.de/gruener-eichenwickler.html (04.08.2016)

ARBOFUX - Diagnosedatenbank für Gehölze (Hrsg.), LOHRER, T.: Nonne. 2012.
http://www.arbofux.de/nonne.html (04.08.2016)

ARBOFUX - Diagnosedatenbank für Gehölze (Hrsg.), LOHRER, T.: Schwammspinner. 2009.
http://www.arbofux.de/schwammspinner.html (04.08.2016)

BADEN-WÜRTTEMBERGISCHES MINISTERIUM für Ländlichen Raum und Verbraucherschutz (Hrsg.): Schädlinge als Teil des Ganzen. o.J.
http://www.forstbw.de/schuetzen-bewahren/schutz-vor-waldschaeden/integrierter-waldschutz/ (07.08.2016)

BAIER, U.: Waldschutzsituation 2007/2008 in Thüringen. In: AFZ Der Wald, 63. Jahrgang 2008, Heft 7.

BAIER, U.; THIEL, J.; STÜRTZ, M.: Waldschutzsituation 2013/2014 in Thüringen. In: AFZ Der Wald, 69. Jahrgang 2014, Heft 7.

BAYERISCHE LANDESANSTALT FÜR LANDWIRTSCHAFT (Hrsg.): Asiatischer Laubholzbockkäfer: Befall, Bekämpfung, Nachpflanzung. o.J.
http://www.lfl.bayern.de/ips/pflanzengesundheit/097517/index.php (05.08.2016)

BAYERISCHE LANDESANSTALT FÜR LANDWIRTSCHAFT (Hrsg.): Der Asiatische Laubholzbockkäfer (ALB) in Bayern. o.J.
http://www.lfl.bayern.de/ALB (05.08.2016)

BAYERISCHE LANDESANSTALT FÜR LANDWIRTSCHAFT (Hrsg.): Quarantänezone - ALB. o.J.
http://www.lfl.bayern.de/ips/pflanzengesundheit/085983/index.php (05.08.2016)

BERLINER KURIER (Hrsg.): Chemiekeule schützt Wälder. IN: Berliner Kurier Nr. 122 vom 05.05.2012.

BETACTIVE GmbH (Hrsg.): Farbpsychologie und Symbolik. o.J.
http://www.beta45.de/farbcodes/theorie/heller.html (01.09.2016)

BIRKMANN, J.; VOLLMER, M.; SCHANZE, J.; Akademie für Raumforschung und Landesplanung (Hrsg.): Raumentwicklung im Klimawandel – Herausforderungen für die räumliche Planung. Hannover : Akademie für Raumforschung und Landesplanung. 2013.

BRESSEM, U; HABERMANN, M.; HURLING, R.; KRÜGER, F.: Waldschutzsituation 2010 in Norddeutschland. In: AFZ Der Wald, 66. Jahrgang 2011, Heft 7.

BRESSEM, U; HURLING, R.; KRÜGER, F.; SCHILLING, T.: Waldschutzsituation 2007 im Bereich der NW-FVA. In: AFZ Der Wald, 63. Jahrgang 2008, Heft 7.

BUNDESAMT für Umwelt Schweiz BAFU (Hrsg.): Anwendung von Pflanzenschutzmitteln im Wald. 2010.
http://www.bafu.admin.ch/publikationen/publikation/01560/index.html?lang=de (08.08.2016)

BUNDESAMT für Verbraucherschutz und Lebensmittelsicherheit (Hrsg.): Pflanzenschutzmittelverzeichnis 2016 Teil 1. 2016.
http://www.bvl.bund.de/SharedDocs/Downloads/04_Pflanzenschutzmittel/psm_verz_1.pdf?__blob=publicationFile&v=10 (10.08.2016)

BUNDESAMT für Verbraucherschutz und Lebensmittelsicherheit (Hrsg.): Pflanzenschutzmittelverzeichnis 2016 Teil 2. 2016.
http://www.bvl.bund.de/SharedDocs/Downloads/04_Pflanzenschutzmittel/psm_verz_2.pdf?__blob=publicationFile&v=10 (10.08.2016)

BUNDESAMT für Verbraucherschutz und Lebensmittelsicherheit (Hrsg.): Pflanzenschutzmittelverzeichnis 2016 Teil 4. 2016.
http://www.bvl.bund.de/SharedDocs/Downloads/04_Pflanzenschutzmittel/psm_verz_4.pdf?__blob=publicationFile&v=9 (10.08.2016)

GRÜNE REIHE des Lebensministeriums; Bundesministerium für Land- und Forstwirtschaft, Umwelt und Wasserwirtschaft (Hrsg.): Wald - Biotop und Mythos. Wien: Böhlau Verlag. 2011.

BUNDESMINISTERIUM für Umwelt, Naturschutz und Reaktorsicherheit (Hrsg.): Bericht zur Bewertung der Mittel gegen den Eichenprozessionsspinner. 2013.
http://www.bmub.bund.de/fileadmin/Daten_BMU/Download_PDF/Gesundheit_Chemikalien/bericht_baua_vergleichende-bewertung.pdf (10.08.2016)

BUND für Umwelt und Naturschutz Deutschland e.V.: Unseren Wald vor Pestiziden schützen. 2012.
https://www.bund.net/fileadmin/bundnet/pdfs/naturschutz/130116_bund_naturschutz_wald_flyer.pdf (11.08.2016)

BUND für Umwelt und Naturschutz Deutschland e.V.: Wald und Pestizide: Gifteinsatz nur als letztes Mittel. o.J.
http://www.bund.net/themen_und_projekte/chemie/pestizide/einsatzbereiche/forstwirtschaft/ (12.08.2016)

DELB, H. et al.: Waldschutzsituation 2012/2013 in Baden-Württemberg. In: AFZ Der Wald, 68. Jahrgang 2013, Heft 7.

DELB, H. et al.: Waldschutzsituation 2013/2014 in Baden-Württemberg. In: AFZ Der Wald, 69. Jahrgang 2014, Heft 7.

DER TAGESSPIEGEL (Hrsg.): Mit-Gift-Jäger. Der Tagesspiegel Nr. 21669 vom 24.04.2013.

DEUTSCHER LANDWIRTSCHAFTSVERLAG (Hrsg.): BDF verwahrt sich gegen die Darstellung des NABU. 2015.
http://www.forstpraxis.de/bdf-verwehrt-sich-gegen-die-darstellung-des-nabu (13.08.2016)

DEUTSCHE TAGESZEITUNGEN (Hrsg.): Schlagzeilen und ihre suggestive Meinungsbildung, o.J.
http://www.deutsche-tageszeitungen.de/pressefachartikel/schlagzeilen-und-ihre-suggestive-meinungsbildung/ (03.05.2016)

DIENSTLEISTUNGSZENTRUM LÄNDLICHER RAUM (DLR) Rheinpfalz (Hrsg.): Pflanzenschutzgesetz. 2015.
http://www.hortipendium.de/Pflanzenschutzgesetz (10.08.2016)

DIE TAGESZEITUNG (Hrsg.): Mit Kanonen auf Raupen. In: Die Tageszeitung vom 15.05.2013.

EICHHORN, W.: Online-Befragung. Methodische Grundlagen, Problemfelder, praktische Durchführung. Ludwig-Maximilians-Universität München(Hrsg.). 2004.
http://www2.ifkw.uni-muenchen.de/ps/we/cc/onlinebefragung-rev1.0.pdf (28.04.2016)

EBNER, S., SCHERER, A.: Die wichtigsten Forstschädlinge. 4. Auflage. Stuttgart: Leopold Stocker Verlag. 2012.

FAO - FOOD AND AGRICULTURE ORGANIZATION OF THE UNITED NATIONS (Hrsg.): Global Forest Resources Assessment 2005. 2006.
ftp://ftp.fao.org/docrep/fao/008/A0400E/A0400E00.pdf (24.09.2016)

FRÄNKISCHER TAG (Hrsg.): Nonnen gehen den Förstern „auf den Leim". 17.08.2005.

GESETZ über Naturschutz und Landschaftspflege (Bundesnaturschutzgesetz - BNatSchG) vom 29. Juli 2009 (BGBl. I S. 2542), das durch Artikel 4 Absatz 96 des Gesetzes vom 18. Juli 2016 (BGBl. I S. 1666) geändert worden ist.

GESETZ zum Schutz der Kulturpflanzen (Pflanzenschutzgesetz - PflSchG) vom 6. Februar 2012 (BGBl. I S. 148, 1281), das durch Artikel 4 Absatz 84 des Gesetzes vom 18. Juli 2016 (BGBl. I S. 1666) geändert worden ist.

GISD - Global Invasive Species Database; Invasive Species Specialist Group (Hrsg.): 100 of the World's Worst Invasive Alien Species. 2013.
http://issg.org/database/species/search.asp?st=100ss&fr=1&str=&lang=EN (24.09.2016)

GÖßWEIN, S. et al.: Waldschutzsituation 2014/2015 in Bayern. In: AFZ Der Wald, 70. Jahrgang 2015, Heft 7.

GREENPEACE (Hrsg.): 300 Jahre nachhaltige Forstwirtschaft: Mehr Schein als Sein. o.J.
https://www.greenpeace.de/themen/walder/waldnutzung/300-jahre-nachhaltige-forstwirtschaft-mehr-schein-als-sein (25.09.2016)

HASSAN, A.: Aktionismus kann nur schädlich sein. In: AFZ Der Wald, 60. Jahrgang 2005, Heft 7.

HOFMEISTER, H.: Lebensraum Wald. 2. revidierte Auflage. Hamburg; Berlin: Parey Verlag. 1983.

HOLLJESIEFKEN, A.; Schriftenreihe Natur und Recht, Bd. 8: Die rechtliche Regulierung invasiver gebietsfremder Arten in Deutschland. Berlin: Springer Verlag. 2007.

HOYER, J., KRATZ, W.; Landesumweltamt Brandenburg (Hrsg.): Pflanzenschutzmittel in der Umwelt. 2001.
http://www.lfu.brandenburg.de/media_fast/4055/lua_bd30.pdf (24.01.2016)

JOHANN HEINRICH VON THÜNEN-INSTITUT, Bundesforschungsinstitut für Ländliche Räume, Wald und Fischerei (Hrsg.): Dritte Bundeswaldinventur. 2012.
https://bwi.info/inhalt1.3.aspx?Text=1.01%20Waldspezifikation&prrolle=public&prInv=BWI2012&prKapitel=1.01 (24.09.2016)

JULIUS-KÜHN-INSTITUT (Hrsg.): Das Maikäfer-Phänomen. 2011.
http://www.jki.bund.de/fileadmin/dam_uploads/_termine/2011/FoReport_1-11_Maikaefer.pdf (04.08.2016)

JULIUS-KÜHN-INSTITUT (Hrsg.): Der Waldmaikäfer Melolontha hippocastani F. 2010.
http://www.jki.bund.de/fileadmin/dam_uploads/_veroeff/faltblaetter/Waldmaikaefer.pdf (04.08.2016)

JULIUS-KÜHN-INSTITUT (Hrsg.): Ökologische Schäden, gesundheitliche Gefahren und Maßnahmen zur Eindämmung des Eichenprozessionsspinners im Forst und im urbanen Grün: Fakten – Folgen – Strategien. 2012. http://www.jki.bund.de/fileadmin/dam_uploads/_GF/FG_EPS/Ergebnisse%20FG%20EPS%206_7-3-12_BFR%20und%20JKI.pdf (25.09.2016)

KIRCHHOFF, S.; KUHNT, S.; LIPP, P.; SCHLAWIN, S.: Der Fragebogen - Datenbasis, Konstruktion und Auswertung. 4. überarbeitete Auflage. Wiesbaden: VS Verlag. 2008.

KNOLL, G.: Gefräßige Bestie. In: Süddeutsche Zeitung vom 27.12.2013.

KÖNIG, A.: Im Luftkampf mit den Vorschriften. In: Märkische Allgemeine vom 18.05.2013.

KÖPPLINGER, T.: Mächtig angefressen. In: Die Kitzinger vom 22.10.2010.

KONTZOG, H.: Waldschutzsituation 2005/2006 in Sachsen-Anhalt. In: AFZ Der Wald, 61. Jahrgang 2006, Heft 7.

KRIEG, A.; FRANZ, J.: Lehrbuch der biologischen Schädlingsbekämpfung. Berlin: Parey Verlag, 1989.

KRONAUER, H.: Liebe Leserinnen und Leser. In: AFZ Der Wald, 70. Jahrgang 2015, Heft 7.

LOBINGER, G.; SKATULLA, U.; BLASCHKE, M.: Waldschutzsituation 2004/2005 in Bayern. In: AFZ Der Wald, 60. Jahrgang 2005, Heft 7.

MATERN, M.: Schlachtfeld Baum: Fressen und Bohren. In: Potsdamer Neuste Nachrichten Nr. 72, 26.03.2013 (keine Seitenangabe, da Onlinerecherche über die kostenpflichtige GBI-Genios Deutsche Wirtschaftsdatenbank GmbH).

MAIER, M.; Deutsche Wirtschafts Nachrichten (Hrsg.): Krebs: WHO warnt vor Insektiziden. 25.08.2015. http://deutsche-wirtschafts-nachrichten.de/2015/08/23/krebs-who-warnt-vor-insektiziden/ (25.09.2016)

MENTALBUSINESS: Unbewusste Wahrnehmung. o.J. http://www.mentale-intuition.de/die-intuition/erklaerungsmodelle/unbewusste-wahrnehmung/ (02.05.2016)

MITTELDEUTSCHE ZEITUNG (Hrsg.): Kleine Käfer – Schlimme Wirkung. 08.09.2006.

MITTELDEUTSCHE ZEITUNG (Hrsg.): Spinner sind lästig, aber ungefährlich. 01.08.2012.

MÖLLER, K. et al.: Waldschutzsituation 2010/2011 in Brandenburg und Berlin. In: AFZ Der Wald, 66. Jahrgang 2011, Heft 7.

MUCK, M.; LOBINGER, G.; Bayerische Landesanstalt für Wald und Forstwirtschaft (Hrsg.): Zunahme des Prachtkäferbefalls in Bayern. 2007. http://www.lwf.bayern.de/mam/cms04/service/dateien/a58_zunahme_des_prachtkaeferbefalls_in_bayern.pdf (05.08.2016)

MÜLLER, Michael: Ökologische Waldwirtschaft/Ökologischer Waldschutz ‚Teil II: Waldschutz. Rostock: Universität, 2013.

NABU – Naturschutzbund Deutschland e.V.: Dramatisches Insektensterben. o.J. https://www.nabu.de/news/2016/01/20033.html (13.08.2016)

NABU – Naturschutzbund Deutschland e.V.: Eichenprozessionsspinner-Bekämpfung in Wäldern. 2014. https://www.nabu.de/modules/presseservice/index.php?popup=true&db=presseservice_brandenburg&show=1051 (13.08.2016)

NABU – Naturschutzbund Deutschland e.V.: Kein Gifteinsatz über deutschen Wäldern. 2012. https://www.nabu.de/news/2012/14854.html (12.08.2016)

ORGELDINGER, M.: Der exkommunizierte Brummer. In: Nürnberger Zeitung vom 04.04.2007.

PANEK, N.: Deutschlands Forstwirtschaft auf dem Holzweg. 2011. http://wald-kaputt.de/wald-kaputt-hintergrund/12-deutschlands-forstwirtschaft-auf-dem-holzweg.html (25.09.2016)

PETERCORD, R.: Pflanzenschutz mit Luftfahrzeugen. In: AFZ Der Wald, 70. Jahrgang 2015, Heft 8.

PETERCORD, R.; Bayerische Landesanstalt für Wald und Forstwirtschaft (Hrsg.): Waldschutz und Klimawandel – „Wettlauf" mit den Schädlingen?. In: LWF Wissen 63 – Fichtenwälder im Klimawandel. 2009. http://www.lwf.bayern.de/mam/cms04/service/dateien/w63_fichtenwaelder_web_geschuetzt.pdf (24.09.2016)

PETSCH, P.: Invasion der Giftzwerge. In: Stern, Nr. 33, 2005.

PILSHOFER, B.: Wie erstelle ich einen Fragebogen? Ein Leitfaden für die Praxis. Pädagogische Hochschule Ludwigsburg (Hrsg.). 2001. https://www.ph-ludwigsburg.de/fileadmin/subsites/2d-sprt-t-01/user_files/Hofmann/SS08/erstellungvonfragebogen.pdf (28.04.2016)

PFALZ, Werner; PRIEN, Siegfried: Ökologische Waldwirtschaft/Ökologischer Waldschutz ‚Teil I: Ökologischer Waldbau. Rostock: Universität, 2005.

Proplanta GmbH & Co. KG (Hrsg.): Bürger gegen Bekämpfung des Eichenprozessionsspinners. 2014. http://www.proplanta.de/Agrar-Nachrichten/Pflanze/Buerger-gegen-Bekaempfung-des-Eichenprozessionsspinners_article1400060221.html (25.09.2016)

RAAB-STEINER E.; BENESCH, M.: Der Fragebogen – Von der Forschungsidee zur SPSS Auswertung. 4. überarbeitete Auflage. Wien: Facultas Verlag. 2015.

REISCH, J.: Waldschutz und Umwelt. Springer Verlag, 1974.

RHEINGOLD Salon (Hrsg.): Gesellschaftsstudie zur Meinungsbildung. Öffentlich Meinung in der Krise?. 2015.
URL: http://www.rheingold-salon.de/grafik/veroeffentlichungen/Gesellschaftsstudie-zur-Meinungsbildung_HeinzLohmannStiftung.pdf (03.05.2016)

RICHTER, T.: Raupen bedrohen Lieberoser Naturschutzgebiet. In: Lausitzer Rundschau vom 25.03.2014.

RICHTLINIE 2000/29/EG DES RATES vom 8. Mai 2000 über Maßnahmen zum Schutz der Gemeinschaft gegen die Einschleppung und Ausbreitung von Schadorganismen der Pflanzen und Pflanzenerzeugnisse.

RICHTLINIE 2009/127/EG DES EUROPÄISCHEN PARLAMENTS UND DES RATES vom 21. Oktober 2009 zur Änderung der Richtlinie 2006/42/EG betreffend Maschinen zur Ausbringung von Pestiziden.

RICHTLINIE 2009/128/EG DES EUROPÄISCHEN PARLAMENTS UND DES RATES vom 21. Oktober 2009über einen Aktionsrahmen der Gemeinschaft für die nachhaltige Verwendung von Pestiziden.

ROELCKE, S.; Waldproblematik (Hrsg.:): FORST- UND HOLZMÄRCHEN - Forst- und Holz-„Propaganda". o.J.
http://waldproblematik.de/forst-und-holzmaerchen/#forstmärchen4gpkurzargumentation (25.09.2016)

RÜSCHEMEYER, G.: Maikäfer stirb! In: Frankfurter Allgemeine Sonntagszeitung Nr. 20, 21.05.2006.

SCHRÖTER, H. et al.: Waldschutzsituation 2011/2012 in Baden-Württemberg. In: AFZ Der Wald, 67. Jahrgang 2012, Heft 7.

SCHRÖTER, H.; DELB, H.; METZLER, B.: Waldschutzsituation 2004/2005 in Baden-Württemberg. In: AFZ Der Wald, 60. Jahrgang 2005, Heft 7.

SEEGER, E.: Wenn „Nonnen" in die Sexfalle tappen. In: Fränkischer Tag vom 30.07.2007.

STATISTISCHE ÄMTER DES BUNDES UND DER LÄNDER (Hrsg.): Gebiet und Bevölkerung – Bevölkerung nach Altersgruppen. 2014.
http://www.statistik-portal.de/Statistik-Portal/de_jb01_z2.asp (07.09.2016)

STIFTUNG UNTERNEHMEN WALD (Hrsg.): NABU kritisiert Waldbewirtschaftung. o.J.
http://www.wald.de/nabu-kritisiert-waldbewirtschaftung/ (25.09.2016)

STRANZ, T.: Bürger kämpfen weiter für Triebtal-Fichten. In: Freie Presse vom 24.12.2014.

STRAßER, L. et al.: Die Waldschutzsituation in Bayern 2012. In: AFZ Der Wald, 68. Jahrgang 2013, Heft 7.

THIELSCH, M.; BRANDENBURG, T.: Praxis der Wirtschaftspsychologie II. Münster: Verl.-Haus Monsenstein und Vannerdat. 2012.

UMWELTBUNDESAMT (Hrsg.): Eichenprozessionsspinner Antworten auf häufig gestellte Fragen. 2015.
http://www.umweltbundesamt.de/publikationen/eichenprozessionsspinner (05.08.2014)

UMWELTBUNDESAMT (Hrsg.): Im Hubschrauber gegen Eichenprozessionsspinner & Co. 2015.
https://www.umweltbundesamt.de/themen/chemikalien/pflanzenschutzmittel/im-hubschrauber-gegen-eichenprozessionsspinner-co (07.01.2016)

UMWELTBUNDESAMT (Hrsg.): Pflanzenschutz mit Luftfahrzeugen. 2015. https://www.umweltbundesamt.de/sites/default/files/medien/378/publikationen/pflanzenschutz_mit_luftfahrzeugen_0.pdf (10.08.2016)

UMWELTBUNDESAMT (Hrsg.): Umweltauswirkungen von Bioziden und Pflanzenschutzmitteln zur EPS-Bekämpfung. o.J. http://www.jki.bund.de/fileadmin/dam_uploads/_GF/FG_EPS/13_Umweltauswirkungen%20von%20Bioziden%20und%20PSM.pdf (11.08.2016)

VERORDNUNG (EG) Nr. 1107/2009 DES EUROPÄISCHEN PARLAMENTS UND DES RATES vom 21. Oktober 2009 über das Inverkehrbringen von Pflanzenschutzmitteln und zur Aufhebung der Richtlinien 79/117/EWG und 91/414/EWG des Rates.

VERORDNUNG (EG) Nr. 1185/2009 DES EUROPÄISCHEN PARLAMENTS UND DES RATES vom 25. November 2009 über Statistiken zu Pestiziden.

WALDWISSEN.NET (Hrsg.), WERMELINGER, B. et al.: Asiatischer Laubholzbockkäfer und Chinesischer Laubholzbockkäfer. 2013. http://www.waldwissen.net/waldwirtschaft/schaden/invasive/wsl_merkblatt_laubholzbock/index_DE (05.08.2016)

WALDWISSEN.NET (Hrsg.), PERNY, B; GRUBER, F.; PFISTER, A.: Bekämpfungsmaßnahmen gegen den Großen Braunen Rüsselkäfer. 2008. http://www.waldwissen.net/waldwirtschaft/schaden/insekten/bfw_ruesselkaefer/index_DE (01.07.2016)

WALDWISSEN.NET (Hrsg.), WOLF, M; PETERCORD, R.: Eichenschäden. 2014. http://www.waldwissen.net/waldwirtschaft/schaden/krankheiten/lwf_eichenschaeden/index_DE (04.08.2016)

WALDWISSEN.NET (Hrsg.), ODENTHAL-KAHABKA, J.: Integrierter Waldschutz nach Kalamitätsfällen. 2012. http://www.waldwissen.net/waldwirtschaft/schaden/sturm_schnee_eis/fva_integrierter_waldschutz/index_DE (07.08.2016)

WALDWISSEN.NET (Hrsg.), BUB, G.: Massenvermehrung von Schwammspinner und Eichenprozessionsspinner. 2012. http://www.waldwissen.net/waldwirtschaft/schaden/insekten/fva_massenvermehrung_spinner/index_DE (04.08.2016)

WALDWISSEN.NET (Hrsg.), GÖßWEIN, S., LOBINGER, G.: Waldschutz bei der Traubeneiche. 2015. http://www.waldwissen.net/waldwirtschaft/schaden/krankheiten/lwf_waldschutz_traubeneiche/index_DE (04.08.2016)

WEIKARD, A.; HUSMANN, N.: Die Welternährungs-AG. In: Focus Ausgabe 39 vom 24.09.2016.

WITTE, I. et al.: Waldschutzsituation in Bayern 2013. In: AFZ Der Wald, 69. Jahrgang 2014, Heft 7.

WIPPERMANN, C.; WIPPERMANN, K.: Mensch und Wald. Bielefeld: Bertelsmann Verlag, 2010.

Sekundärliteratur

BARTSCH, N.; RÖHRIG, E.: Waldökologie – Einführung für Mitteleuropa. Berlin: Springer Verlag. 2016.

HEITEFUSS, R.: Pflanzenschutz. Grundlagen der praktischen Phytomedizin. 3. neubearb. Auflage. Stuttgart: Thieme Verlag. 2000.

HORNSMANN, E.: Allen hilft der Wald – Seine Wohlfahrtswirkung. München: Bayer. Landwirtschaftsverlag. 1958

KRIEG, A.; Jost, M.: Lehrbuch der biologischen Schädlingsbekämpfung. Berlin: Parey Verlag. 1989.

OTTO, H.-J.: Waldökologie. Stuttgart: Ulmer. 1994.

SCHWENKE, W.: Die Forstschädlinge Eurropas. Zweiter Band. Käfer. Berlin: Parey Verlag. 1974.

SCHWENKE, W.: Leitfaden der Forstzoologie und des Forstschutzes gegen Tiere. Hamburg: Parey Verlag. 1981.

Abbildungsverzeichnis

Bei allen Abbildungen handelt es sich um eigene Darstellungen.

Abb. 1: Definition der Gesamtbefallsfläche 31

Abb. 2: Schadholzmengen („AFZ Der Wald" 2005 bis 2015) der holz- und rindenbrütenden Insekten für ganz Deutschland in FM 36

Abb. 3: Schadholzmengen je Bundesland („AFZ Der Wald" 2005 bis 2015) - verursacht durch den Buchdrucker in FM 37

Abb. 4: Schadflächen der blatt- und nadelfressenden Insekten und Schädlingen an Kulturen („AFZ Der Wald" 2005 bis 2015) für ganz Deutschland in ha 38

Abb. 5: Schadholzmengenentwicklung von Buchdrucker und Kupferstecher („AFZ Der Wald" 2005 bis 2015) für ganz Deutschland in FM 38

Abb. 6: Schadholzmengenentwicklung von Blauen Kiefern- und Eichenprachtkäfer („AFZ Der Wald" 2005 bis 2015) für ganz Deutschland in FM 39

Abb. 7: Schadflächenentwicklung von Nonne und Eichenwickler („AFZ Der Wald" 2005 bis 2015) für ganz Deutschland in ha 39

Abb. 8: Schadflächenentwicklung der restlichen blatt- und nadelfressenden Insekten und Schädlingen an Kulturen („AFZ Der Wald" 2005 bis 2015) für ganz Deutschland in ha 40

Abb. 9: Bekämpfungsflächen nach Bundesländern in ha („AFZ Der Wald" 2005 bis 2015) 45

Abb. 10: Gegenüberstellung der Schad-, Bekämpfungs- und Befallsflächen für ganz Deutschland in ha („AFZ Der Wald" 2005 bis 2015) 46

Abb. 11: Anzahl der bewerteten Artikel nach Verbreitungsgebiet 58

Abb. 12: Anzahl der bewerteten Artikel pro Schädling 59

Abb. 13: Anzahl der bewerteten Artikel nach Hintergrundthema 60

Abb. 14: Gesamtbewertungspunkte aller bewerteten Artikel pro Wertungskriterium 63

Abb. 15: Anzahl der bewerteten Artikel - aufgeteilt nach den Wertungskriterien der Kategorie „Informationsgehalt" 64

Abb. 16:	Anzahl der bewerteten Artikel pro Gesamtpunktzahl der Kategorie „Informationsgehalt"	64
Abb. 17:	Anzahl der bewerteten Artikel - aufgeteilt nach den Wertungskriterien der Kategorie „Information bei Bekämpfung"	66
Abb. 18:	Anzahl der bewerteten Artikel mit dem Hintergrund einer Bekämpfungsmaßnahme - aufgeteilt nach den Wertungskriterien der Kategorie „Information bei Bekämpfung"	67
Abb. 19:	Anzahl der bewerteten Artikel pro Gesamtpunktzahl der Kategorie „Information bei Bekämpfung" - getrennt nach Gesamtartikel und Artikel zu Bekämpfungsmaßnahmen	68
Abb. 20:	Anzahl der bewerteten Artikel hinsichtlich des entstehenden Eindruckes gegenüber PSM	70
Abb. 21:	Aufteilung der 1.697 Gesamtartikel nach Erscheinungsjahr	72
Abb. 22:	Mind-Map zur Operationalisierung der These	79
Abb. 23:	Anzahl der Teilnehmer pro Frage	89
Abb. 24:	Anzahl der Rückläufe zu Frage 10 - Von welchen Waldinsekten haben Sie bereits gehört?	94
Abb. 25:	Anzahl der Rückläufe zu Frage 11 - Einer der folgenden Schädlinge ist besonders gefährlich und ein Fund sogar meldepflichtig. Was denken Sie: Um welches Insekt könnte es sich handeln?	95
Abb. 26:	Anzahl der Rückläufe zu Frage 12 - Wie gefährlich sind diese Insekten in einer Massenvermehrung für den befallenen Bestand?	96
Abb. 27:	Anzahl der Rückläufe zu Frage 18 – aufgeteilt nach Anzahl der angekreuzten Maßnahmen.	97
Abb. 28:	Anzahl der Rückläufe zu Frage 18 - Welche Maßnahmen werden ergriffen, um die Notwendigkeit einer Bekämpfung aus der Luft festzustellen?	98
Abb. 29:	Anzahl der Rückläufe zu Frage 24 - Wieviel Prozent der Gesamtwaldfläche wird durchschnittlich pro Jahr mit einem Pflanzenschutzmittel aus der Luft bekämpft?	100

Abb. 30: Prozentuale Aufteilung der Rückläufe zu Frage 24 – unterteilt nach Teilnehmern aus Regionen mit und ohne aviochemische Bekämpfung sowie der Gesamtteilnehmer 101

Abb. 31: Anzahl der Rückläufe zu Frage 25 - Wie hoch ist die prozentuale Ausbringungsmenge an Pflanzenschutzmitteln in deutschen Wäldern im Vergleich zur Landwirtschaft? 102

Abb. 32: Anzahl der Rückläufe zu Frage 15 - Stellen Sie sich vor, dass ein Waldstück in Ihrer Nähe von Schadinsekten befallen ist. Um den Bestand zu erhalten sollen Insektizide ausgebracht werden. Welche Nebenwirkungen wären dabei für Sie vertretbar? 103

Abb. 33: Anzahl der Rückläufe zu Frage 17 - Umweltverbände sind gegen den Einsatz von Pflanzenschutzmitteln (PSM) im Wald und bringen folgende Argumente an. Würden Sie diesen Argumenten zustimmen? 104

Abb. 34: Anzahl der Rückläufe zu Frage 16 - Wie würden Sie sich nach der Ausbringung von Insektiziden mittels Hubschrauber verhalten? 105

Abb. 35: Anzahl der Rückläufe zu Frage 21 - Wie setzt Ihrer Meinung nach der Forst die Pflanzenschutzmittel ein? 106

Abb. 36: Anzahl der Rückläufe zu Frage 22 - Wie ist Ihre persönliche Meinung zum Einsatz von Pflanzenschutzmitteln (insbesondere Insektizide) im Wald? 107

Abb. 37: Anzahl der Rückläufe zu Frage 23 - Wie wichtig ist es Ihnen, dass der Waldbestand erhalten bleibt? 108

Tabellenverzeichnis

Bei allen Tabellen handelt es sich um eigene Darstellungen.

Tab. 1: Ausgewählte Schädlinge und deren Schadbild 13

Tab. 2: Mengen- und Flächenauswertung der Schäden und Bekämpfungsmaßnahmen pro Bundesland (Erhebungsperiode 2004/2005) 32

Tab. 3: Anzahl der Bekämpfungsmaßnahmen und Flächengröße in ha aus „AFZ Der Wald" 2005 bis 2015 43

Tab. 4: Zeitschriften nach Verbreitungsgebiet 51

Tab. 5: Trefferquote der Suchbegriffe 52

Tab. 6: Bewertungsschema 55

Tab. 7: Anzahl der bewerteten Artikel - aufgeteilt nach den Wertungskriterien der Kategorie Artikelstil 61

Tab. 8: Prozentuale Altersverteilung im Vergleich zwischen den Daten der Statistischen Ämter des Bundes und der Länder mit den Umfragedaten 91

Tab. 9: Prozentual Geschlechterverteilung im Vergleich zwischen den Daten der Statistischen Ämter des Bundes und der Länder mit den Umfragedaten 91

Tab. 10: Beantwortung der Frage 11 hinsichtlich ALB und EPS – aufgeteilt nach Einzugsgebiet 95

Abkürzungsverzeichnis

ALB	Asiatischer Laubholzbockkäfer
BNatSchG	Bundesnaturschutzgesetz
BWaldG	Gesetz zur Erhaltung des Waldes und zur Förderung der Forstwirtschaft
EPS	Eichenprozessionsspinner
FAO	Food and Acriculture Organization of the United Nations
FM	Festmeter
ha	Hektar
LFE	Landeskompetenzzentrum Forst Eberswalde
PflSchG	Pflanzenschutzgesetz
PSM	Pflanzenschutzmittel

Anhang

Anhangsverzeichnis

Bei allen Anhängen (ausgenommen Anhang 30 und 31) handelt es sich um eigene Darstellungen.

Anhang 1: Tabelle Mengen & Flächenauswertung AFZ 2005 (60. Jahrgang)
Anhang 2: Tabelle Mengen & Flächenauswertung AFZ 2006 (61. Jahrgang)
Anhang 3: Tabelle Mengen & Flächenauswertung AFZ 2007 (62. Jahrgang)
Anhang 4: Tabelle Mengen & Flächenauswertung AFZ 2008 (63. Jahrgang)
Anhang 5: Tabelle Mengen & Flächenauswertung AFZ 2009 (64. Jahrgang)
Anhang 6: Tabelle Mengen & Flächenauswertung AFZ 2010 (65. Jahrgang)
Anhang 7: Tabelle Mengen & Flächenauswertung AFZ 2011 (66. Jahrgang)
Anhang 8: Tabelle Mengen & Flächenauswertung AFZ 2012 (67. Jahrgang)
Anhang 9: Tabelle Mengen & Flächenauswertung AFZ 2013 (68. Jahrgang)
Anhang 10: Tabelle Mengen & Flächenauswertung AFZ 2014 (69. Jahrgang)
Anhang 11: Tabelle Mengen & Flächenauswertung AFZ 2015 (70. Jahrgang)
Anhang 12: Tabelle Mengen & Flächenauswertung GESAMT AFZ 2005 bis 2015 (60. – 70. Jahrgang)

Anhang 13 bis 24: Bildhafte Darstellung der Schadholzmengen-/flächen pro Schädling - Betrachtung der Jahre nach Bundesland sowie Bundesland nach Jahren

Anhang 13: Buchdrucker (Schadholz in FM) – AFZ 2005 bis 2015
Anhang 14: Kupferstecher (Schadholz in FM) – AFZ 2005 bis 2015
Anhang 15: Blauer Kiefernprachtkäfer (Schadholz in FM) – AFZ 2005 bis 2015
Anhang 16: Eichenprachtkäfer (Schadholz in FM) – AFZ 2005 bis 2015
Anhang 17: Nonne (Schadflächen in ha) – AFZ 2005 bis 2015
Anhang 18: Forleule (Schadflächen in ha) – AFZ 2005 bis 2015
Anhang 19: Kiefernspinner (Schadflächen in ha) – AFZ 2005 bis 2015
Anhang 20: Eichenwickler (Schadflächen in ha) – AFZ 2005 bis 2015
Anhang 21: Schwammspinner (Schadflächen in ha) – AFZ 2005 bis 2015
Anhang 22: Eichenprozessionsspinner (Schadflächen in ha) – AFZ 2005 bis 2015
Anhang 23: Großer Brauner Rüsselkäfer (Schadflächen in ha) – AFZ 2005 bis 2015
Anhang 24: Maikäfer (Schadflächen in ha) – AFZ 2005 bis 2015
Anhang 25: Zeitungsartikelrecherche inkl. Bewertung mit dem Filter "6 Punkte" bei "SUMME Informationsgehalt"

Anhang 26: Fragen und deren Zielstellungen
Anhang 27: Der Fragebogen
Anhang 28: Der Aushangzettel
Anhang 29: Die Umfrageergebnisse als PDF
Anhang 30: Statistische Daten der Altersverteilung
 Quelle: http://www.statistik-portal.de/Statistik-Portal/de_jb01_z2.asp
Anhang 31: Statistische Daten der Geschlechterverteilung
 Quelle: http://www.statistik-portal.de/Statistik-Portal/de_jb01_jahrtab1.asp

Anhang 1: Tabelle Mengen & Flächenauswertung AFZ 2005 (60. Jahrgang)

Mengen & Flächenauswertung AFZ 2005 (60. Jahrgang) Zahlen für 2004 / 2005		Bekämpfte Fläche Schaden in FM Schaden in ha	Baden-Württemberg	Bayern	Saarland	Rheinland-Pfalz	Hessen	Thüringen	Sachsen	Nordrhein-Westfalen	Niedersachsen	Sachsen Anhalt	Brandenburg	Schleswig-Holstein	Mecklenburg-Vorpommern	SUMME pro Schädling für Deutschland
1	Buchdrucker (Ips typographus)	FM	1.845.000	1.850.000	25.687	259.500		162.783	75.500	101.248		96.270	28.026		21.765	4.465.779
2	Kupferstecher (Pityogenes chalcographus)	FM		550.000				73.511	16.500	34.042		10.736	686		7.167	692.642
3	Blauer Kiefernprachtkäfer (Phaenops cyanea)	FM	26.315	9.000				1.873	7.300			2.165	22.153		3.481	72.287
4	Eichenprachtkäfer (Agrilus biguttatus)	FM	5.600	3.500								1.080	45			10.225
5	Nonne (Lymantria monacha)	ha					303				3.000	3.719	14.880			22.622
		ha							9.320				42.444			51.764
6	Forleule (Panolis flammea)	ha			50		10	20								80
7	Kiefernspinner (Dendrolimus pini)	ha							3							3
		ha									3.000	1.722	1.609			42.444
		ha											42.444			
8	Eichenwickler (Tortrix viridana)	ha	3.053	3.200		974	1.167	1.453	1.700	2.890		3.749	6.302		493	24.981
		FM														
9	Schwammspinner (Lymantria dispar)	ha	1.579	3.200			141		120							5.040
		ha	6	3.000					100							3.106
10	Eichenprozessionsspinner (Thaumetopoea processionea)	ha	26				226			162		26	106			546
		FM		500									186			686
11	Großer Brauner Rüsselkäfer (Hylobius abietis)	ha	45	200		36	10	9	130	27		17	40		50	564
		FM														
12	Maikäfer (Melolontha)	ha	568			2	4.709						5			5.284
13	Asiatische Laubholzbockkäfer (Anoplophora glabripennis)	ha	560	Erstmaliger Nachweis 2004												560
	SUMME Bekämpfungsfläche pro Bundesland** ha		566	3.500		keine pos. Befunde			9.420				42.630			56.116
			keine pos. Befunde													

** Wenn eine Bekämpfungsfläche für mehrere Schädlinge benannt wurde, so wurde diese Fläche bei allen betroffenen Schädlingen aufgeführt oder wenn möglich korrigiert. Die Zahlen sind grün oder lindgrün gekennzeichnet. Um die Gesamtbekämpfungsfläche Schädlingsunabhängig zu ermitteln, wird die Dopplung in der letzten Zeile wieder herausgerechnet.

Legende:

bestandsbedrohend

Zusammenfassung von 2 Befallsstärken (bestandsbedrohend - wirtschaftlich fühlbar)

wirtschaftlich fühlbar

Schrift lindgrün - Genannte Gesamtbekämpfungsfläche aus der AFZ (i.H.v. 42.630 ha) wurde nach Rückfrage beim Landeskompetenzzentrum Forst Eberswalde korrigiert.
Schrift lila - Genannte Schadfläche/Bekämpfungsfläche war von mehreren (zum Teil hier nicht aufgeführten) Schädlingen befallen.
Schrift braun - Wenn für Buchdrucker & Kupferstecher nur eine gemeinsame Schadholzmenge benannt wurde, so wurde diese Fläche bei beiden Schädigungen aufgeführt.

Anhang 2: Tabelle „Mengen & Flächenauswertung AFZ 2006 (61. Jahrgang)"

Mengen & Flächenauswertung AFZ 2006 (61. Jahrgang) Zahlen für 2005 / 2006		Schaden in ha Schaden in FM Bekämpfte Fläche	Baden-Württemberg	Bayern	Saarland	Rheinland-Pfalz	Hessen	Thüringen	Sachsen	Nordrhein-Westfalen	Niedersachsen	Sachsen Anhalt	Brandenburg	Schleswig-Holstein	Mecklenburg-Vorpommern	SUMME pro Schädling für Deutschland
1	Buchdrucker (Ips typographus)	FM	1.890.000	1.100.000	25.835	197.900		93.679	25.000	50.866		66.822	12.100		3.415	3.465.617
2	Kupferstecher (Pityogenes chalcographus)	FM	1.890.000	80.000		197.900		8.788	2.500	7.750		863	329		934	2.189.064
3	Blauer Kiefernprachtkäfer (Phaenops cyanea)	FM		11.000				1.544	2.000			1.122	13.070		1.302	30.038
4	Eichenprachtkäfer (Agrilus biguttatus)	FM	7.200	2.900		1.600	2					683	1.451			13.834
5	Nonne (Lymantria monacha)	ha						1	510			10	3.312		289	4.124
		ha							420		2.600	18.600	11.274			32.894
6	Forleule (Panolis flammea)	ha					207	26								233
7	Kiefernspinner (Dendrolimus pini)	ha						13				10	3.037		151	3.211
		ha									2.600	18.600	15.774 110			37.084
8	Eichenwickler (Tortrix viridana)	ha	9.493			8.208	5.549	2.249		2.240		4.601	851		129	33.320
		FM														
9	Schwammspinner (Lymantria dispar)	ha	866				46	44		1						968
		ha	252	3.600												3.852
10	Eichenprozessionsspinner (Thaumetopoea processionea)	ha	570			68	752		10	162		30	100			1.682
		FM	118													118
11	Großer Brauner Rüsselkäfer (Hylobius abietis)	ha	77	200		30	11	44	50	19		61	37	5	36	565
		FM														
12	Maikäfer (Melolontha)	ha	2.073			94	5.000									7.172
13	Asiatische Laubholzbockkäfer (Anoplophora glabripennis)	ha		keine pos. Befunde		keine pos. Befunde										
	SUMME Bekämpfungsfläche pro Bundesland** ha		370	3.600					420		2.600	18.600	15.884			41.474

** Wenn eine Bekämpfungsfläche für mehrere Schädlinge benannt wurde, so wurde diese Fläche bei allen betroffenen Schädlingen aufgeführt oder wenn möglich korrigiert. Die Zahlen sind grün oder lindgrün gekennzeichnet. Um die Gesamtbekämpfungsfläche Schädlingsunabhängig zu ermitteln, wird die Dopplung in der letzten Zeile wieder herausgerechnet.

Legende:
bestandsbedrohend
Zusammenfassung von 2 Befallsstärken (bestandsbedrohend - wirtschaftlich fühlbar)
wirtschaftlich fühlbar

Schrift grün - Wenn mehrere Arten auf gleicher Fläche bekämpft wurden, so wurde diese Fläche bei allen betroffenen Schädlingen aufgeführt.
Schrift lindgrün - Genannte Gesamtbekämpfungsfläche aus der AFZ (i.H.v. 15.774 ha) wurde nach Rückfrage beim Landeskompetenzzentrum Forst Eberswalde korrigiert.
Schrift lilla - Genannte Schadfläche/Bekämpfungsfläche war von mehreren (zum Teil hier nicht aufgeführten) Schädlingen befallen.
Schrift braun - Wenn für Buchdrucker & Kupferstecher nur eine gemeinsame Schadholzmenge benannt wurde, so wurde diese Fläche bei beiden Schädlingen aufgeführt.

Anhang 3: Tabelle „Mengen & Flächenauswertung AFZ 2007 (62. Jahrgang)"

Mengen & Flächenauswertung AFZ 2007 (62. Jahrgang) Zahlen für 2006 / 2007	Schaden in ha Schaden in FM Bekämpfte Fläche	Baden-Württemberg	Bayern	Saarland	Rheinland-Pfalz	Hessen	Thüringen	Sachsen	Nordrhein-Westfalen	Niedersachsen	Sachsen Anhalt	Brandenburg	Schleswig-Holstein	Mecklenburg-Vorpommern	SUMME pro Schädling für Deutschland
1 Buchdrucker (Ips typographus)	FM	1.740.000	2.900.000	43.387	315.000		212.525	72.000	151.957		106.392	5.922		12.580	5.559.763
2 Kupferstecher (Pityogenes chalcographus)	FM		170.000				9.888	2.500	1.820		1.577	1.000		2.035	188.820
3 Blauer Kiefernprachtkäfer (Phaenops cyanea)	FM		18.000				870	3.850			1.933	10.164		2.470	37.287
4 Eichenprachtkäfer (Agrilus biguttatus)	FM	5.600	4.500		1.400						1.383	2.440			15.323
5 Nonne (Lymantria monacha)	ha							2			10	177			189
6 Forleule (Panolis flammea)	ha														
7 Kiefernspinner (Dendrolimus pini)	ha		2.200				8	2			14	2.430			2.454
	FM											4.850			4.850
8 Eichenwickler (Tortrix viridana)	ha						1.860	90	3.798		2.752	299			10.999
9 Schwammspinner (Lymantria dispar)	ha	102	50				1	30	3						186
10 Eichenprozessionsspinner (Thaumetopoea processionea)	ha	471							7		44				522
	FM	622			51										673
11 Großer Brauner Rüsselkäfer (Hylobius abietis)	ha	270	360		44		31	60			39	35		47	886
12 Maikäfer (Melolontha)	ha	1.383			105						2.525				4.013
13 Asiatische Laubholzbockkäfer (Anoplophora glabripennis)	ha	keine pos. Befunde			keine pos. Befunde	500									500
SUMME Bekämpfungsfläche pro Bundesland** ha		622				51 500						4.850			6.023

** Wenn eine Bekämpfungsfläche für mehrere Schädlinge benannt wurde, so wurde diese Fläche bei allen betroffenen Schädlingen aufgeführt oder wenn möglich korrigiert. Die Zahlen sind grün oder lindgrün gekennzeichnet. Um die Gesamtbekämpfungsfläche Schädlingsunabhängig zu ermitteln, wird die Dopplung in der letzten Zeile wieder herausgerechnet.

Legende:
bestandsbedrohend
Zusammenfassung von 2 Befallsstärken (bestandsbedrohend - wirtschaftlich fühlbar)
wirtschaftlich fühlbar

Schrift grün - Wenn mehrere Arten auf gleicher Fläche bekämpft wurden, so wurde diese Fläche bei allen betroffenen Schädlingen aufgeführt.
Schrift lila - Genannte Schadfläche/Bekämpfungsfläche war von mehreren (zum Teil hier nicht aufgeführten) Schädlingen befallen.
Schrift braun - Wenn für Buchdrucker & Kupferstecher nur eine gemeinsame Schadholzmenge benannt wurde, so wurde diese Fläche bei beiden Schädlingen aufgeführt.

Anhang 4: Tabelle „Mengen & Flächenauswertung AFZ 2008 (63. Jahrgang)"

Mengen & Flächenauswertung AFZ 2008 (63. Jahrgang) Zahlen für 2007/2008		Schaden in ha / Schaden in FM / Bekämpfte Fläche	Baden-Württemberg	Bayern	Saarland	Rheinland-Pfalz	Hessen	Thüringen	Sachsen	Nordrhein-Westfalen	Niedersachsen	Sachsen Anhalt	Brandenburg	Schleswig-Holstein	Mecklenburg-Vorpommern	SUMME pro Schädling für Deutschland
1	Buchdrucker (Ips typographus)	FM	725.600	1.800.000	19.260	121.700		130.084	43.000	85.511			10.361	22.000	8.658	2.966.174
2	Kupferstecher (Pityogenes chalcographus)	FM	725.600	150.000				5.768	3.000	5.535			889	5.000	2.914	898.706
3	Blauer Kiefernprachtkäfer (Phaenops cyanea)	FM		11.000				580	2.700				22.755		3.084	40.119
4	Eichenprachtkäfer (Agrilus biguttatus)	FM	6.750	4.000		3.200		25					1.152			15.127
5	Nonne (Lymantria monacha)	ha		100					10				342			452
6	Forleule (Panolis flammea)	ha											0			0
7	Kiefernspinner (Dendrolimus pini)	ha											195			195
8	Eichenwickler (Tortrix viridana)	ha											0			0
8	Eichenwickler (Tortrix viridana)	FM	803		80	572		2	170	143			3.486			3.488
		ha						860					208			2.870
																2.836
9	Schwammspinner (Lymantria dispar)	ha	27						7							34
10	Eichenprozessionsspinner (Thaumetopoea processionea)	ha	1.652	1.500		47				5			200			3.404
		FM											170			170
11	Großer Brauner Rüsselkäfer (Hylobius abietis)	ha	40	4.000		30		32	71				48		24	4.245
12	Maikäfer (Melolontha)	FM	1.280			603			100							1.983
13	Asiatische Laubholzbockkäfer (Anoplophora glabripennis)	ha	1.764													1.764
	SUMME Bekämpfungsfläche pro Bundesland**	ha	1.764	keine pos. Befunde		keine pos. Befunde							3.040			4.804

** Wenn eine Bekämpfungsfläche für mehrere Schädlinge benannt wurde, so wurde diese Fläche bei allen betroffenen Schädlingen aufgeführt oder wenn möglich korrigiert. **Die Zahlen sind grün oder lindgrün gekennzeichnet.** Um die Gesamtbekämpfungsfläche Schädlingsunabhängig zu ermitteln, wird die Dopplung in der letzten Zeile wieder herausgerechnet.

Legende:
bestandsbedrohend
Zusammenfassung von 2 Befallsstärken (bestandsbedrohend - wirtschaftlich fühlbar)
wirtschaftlich fühlbar

Schrift lindgrün - Genannte Gesamtbekämpfungsfläche aus der AFZ (i.H.v. 2.870) ist nach Rückfrage beim Landeskompetenzzentrum Forst Eberswalde fast alleinig dem Kiefernspinner zuzuordnen. Es wurde daher empfohlen, die Gesamtfläche allein dem Kiefernspinner zuzuschreiben (Nonne & Forleule gelöscht).
Schrift lila - Genannte Schadfläche/Bekämpfungsfläche war von mehreren (zum Teil hier nicht aufgeführten) Schädlingen befallen.
Schrift braun - Wenn für Buchdrucker & Kupferstecher nur eine gemeinsame Schadholzmenge benannt wurde, so wurde diese Fläche bei beiden Schädlingen aufgeführt.

Anhang 5: Tabelle „Mengen & Flächenauswertung AFZ 2009 (64. Jahrgang)

#	Mengen & Flächenauswertung AFZ 2009 (64. Jahrgang) Zahlen für 2008 / 2009	Einheit	Baden-Württemberg	Bayern	Saarland	Rheinland-Pfalz	Hessen	Thüringen	Sachsen	Nordrhein-Westfalen	Niedersachsen	Sachsen-Anhalt	Brandenburg	Schleswig-Holstein	Mecklenburg-Vorpommern	SUMME pro Schädling für Deutschland
1	Buchdrucker (Ips typographus)	FM	214.000	1.800.000	12.866	113.250		349.600	119.000	260.685			4.877	6.500	4.660	2.885.438
2	Kupferstecher (Pityogenes chalcographus)	FM	214.000	100.000		113.250		10.950	1.900	35.530			410	1.600	919	478.559
3	Blauer Kiefernprachtkäfer (Phaenops cyanea)	FM		11.300		1.600		814	2.700	80			8.838	50	1.753	27.135
4	Eichenprachtkäfer (Agrilus biguttatus)	FM	3.200	5.000		1.500		25					1.098	50		10.873
5	Nonne (Lymantria monacha)	ha / ha		270					5							275
6	Forleule (Panolis flammea)	ha											116			116
7	Kiefernspinner (Dendrolimus pini)	ha / ha											272 / 517			272 / 517
8	Eichenwickler (Tortrix viridana)	ha / FM	51	1.300		116		174	40	1.054			115		12	2.862
9	Schwammspinner (Lymantria dispar)	ha / ha							15	4						19
10	Eichenprozessionsspinner (Thaumetopoea processionea)	ha / FM	745 / 1.087	950 / 280		36 / 150				30			269			1.761 / 1.786
11	Großer Brauner Rüsselkäfer (Hylobius abietis)	ha	22	1.000		48		161	230	18			64		14	1.557
12	Maikäfer (Melolontha)	FM / ha	2.801 / 1.941			661										3.462 / 1.941
13	Asiatische Laubholzbockkäfer (Anoplophora glabripennis)	ha	keine pos. Befunde			keine pos. Befunde										
	SUMME Bekämpfungsfläche pro Bundesland	ha	3.028	280		150							786			4.244

** Wenn eine Bekämpfungsfläche für mehrere Schädlinge benannt wurde, so wurde diese Fläche bei allen betroffenen Schädlingen aufgeführt oder wenn möglich korrigiert. **Die Zahlen sind grün oder lindgrün gekennzeichnet.** Um die Gesamtbekämpfungsfläche Schädlingsunabhängig zu ermitteln, wird die Dopplung in der letzten Zeile wieder herausgerechnet.

Legende:
- bestandsbedrohend
- Zusammenfassung von 2 Befallsstärken (bestandsbedrohend - wirtschaftlich fühlbar)
- wirtschaftlich fühlbar

Schrift grün – Wenn mehrere Arten auf gleicher Fläche bekämpft wurden, so wurde diese Fläche bei allen betroffenen Schädlingen aufgeführt.
Schrift lila – Genannte Schadfläche/Bekämpfungsfläche war von mehreren (zum Teil hier nicht aufgeführten) Schädlingen befallen.
Schrift braun – Wenn für Buchdrucker & Kupferstecher nur eine gemeinsame Schadholzmenge benannt wurde, so wurde diese Fläche bei beiden Schädlingen aufgeführt.

Anhang 6:   Tabelle „Mengen & Flächenauswertung AFZ 2010 (65. Jahrgang)"

Mengen & Flächenauswertung AFZ 2010 (65. Jahrgang) Zahlen für 2009 / 2010		Schaden in ha Schaden in FM Bekämpfte Fläche	Baden-Württemberg	Bayern	Saarland	Rheinland-Pfalz	Hessen	Thüringen	Sachsen	Nordrhein-Westfalen	Niedersachsen	Sachsen Anhalt	Brandenburg	Schleswig-Holstein	Mecklenburg-Vorpommern	SUMME pro Schädling für Deutschland
1	Buchdrucker (Ips typographus)	FM	133.300	1.090.000	4.014	81.500		144.120	34.000	346.121			10.697	2.500	6.483	1.852.735
2	Kupferstecher (Pityogenes chalcographus)	FM	133.300	60.700		81.500			1.900	15.580			221	980	1.001	295.182
3	Blauer Kiefernprachtkäfer (Phaenops cyanea)	FM	4.000	8.900				763	1.700	100			9.502		1.088	26.053
4	Eichenprachtkäfer (Agrilus biguttatus)	FM	1.200	2.700		1.100		25	115				61	300		5.501
5	Nonne (Lymantria monacha)	ha		175									57			232
6	Forleule (Panolis flammea)	ha														
7	Kiefernspinner (Dendrolimus pini)	ha														
8	Eichenwickler (Tortrix viridana)	FM	1.946	10.700		124		2.494	330	4.905			207	150	311	21.167
9	Schwammspinner (Lymantria dispar)	ha	36			10	30									76
10	Eichenprozessionsspinner (Thaumetopoea processionea)	ha	382	1.400			56			168		100	981			4.037
		FM	300	280		23	280					4.000	684			4.000
11	Großer Brauner Rüsselkäfer (Hylobius abietis)	ha	38	1.000		130		175	140	155		370				1.937
12	Maikäfer (Melolontha)	FM	1.380			850							58		43	1.739
13	Asiatische Laubholzbockkäfer (Anoplophora glabripennis)	ha														2.230
	SUMME Bekämpfungsfläche pro Bundesland**	ha	300	280		23	280					370	684			1.937

** Wenn eine Bekämpfungsfläche für mehrere Schädlinge benannt wurde, so wurde diese Fläche bei allen betroffenen Schädlingen aufgeführt oder wenn möglich korrigiert. **Die Zahlen sind grün oder lindgrün gekennzeichnet.** Um die Gesamtbekämpfungsfläche Schädlingsunabhängig zu ermitteln, wird die Dopplung in der letzten Zeile wieder herausgerechnet.

Legende:
bestandsbedrohend
Zusammenfassung von 2 Befallsstärken (bestandsbedrohend - wirtschaftlich fühlbar)
wirtschaftlich fühlbar

Schrift grün - Wenn mehrere Arten auf gleicher Fläche bekämpft wurden, so wurde diese Fläche bei allen betroffenen Schädlingen aufgeführt.
Schrift lila - Genannte Schadfläche/Bekämpfungsfläche war von mehreren (zum Teil hier nicht aufgeführten) Schädlingen befallen.
Schrift braun - Wenn für Buchdrucker & Kupferstecher nur eine gemeinsame Schadholzmenge benannt wurde, so wurde diese Fläche bei beiden Schädlingen aufgeführt.

XXVII

Anhang 7: Tabelle „Mengen & Flächenauswertung AFZ 2011 (66. Jahrgang)

Mengen & Flächenauswertung AFZ 2011 (66. Jahrgang) Zahlen für 2010 / 2011		Schaden in ha / Schaden in FM / Bekämpfte Fläche	Baden-Württemberg	Bayern	Saarland	Rheinland-Pfalz	Hessen	Thüringen	Sachsen	Nordrhein-Westfalen	Niedersachsen	Sachsen Anhalt	Brandenburg	Schleswig-Holstein	Mecklenburg-Vorpommern	SUMME pro Schädling für Deutschland
1	Buchdrucker (Ips typographus)	FM	117.195	950.000	3.706	22.100		28.408	10.900	76.140			5.592	5.900	5.441	1.225.382
2	Kupferstecher (Pityogenes chalcographus)	FM		53.000				1.192	330	4.089			231		2.005	60.847
3	Blauer Kiefernprachtkäfer (Phaenops cyanea)	FM		7.900				1.849	1.000				8.042		1.242	20.033
4	Eichenprachtkäfer (Agrilus biguttatus)	FM		3.300				249					107	150		3.806
5	Nonne (Lymantria monacha)	ha		200				1		10			14			225
6	Forleule (Panolis flammea)	ha						0								
7	Kiefernspinner (Dendrolimus pini)	ha											257			257
		ha											253			253
8	Eichenwickler (Tortrix viridana)	ha	764	12.600		38	420	1.336	270	7.958			240	1.360	283	25.269
9	Schwammspinner (Lymantria dispar)	ha	287	600												887
		ha		1.100												1.100
10	Eichenprozessionsspinner (Thaumetopoea processionea)	ha	266	2.300		75	785			154	1.000		1.698	30	28	5.336
		FM	13	2.000		50							362		20	3.445
11	Großer Brauner Rüsselkäfer (Hylobius abietis)	ha	46	600		79		42	92	8			35	6	54	962
12	Maikäfer (Melolontha)	ha	1.650			1.081										2.731
13	Asiatische Laubholzbockkäfer (Anoplophora glabripennis)	ha														
	SUMME Bekämpfungsfläche pro Bundesland**	ha	13	3.100		50					500	500	615		20	4.798

** Wenn eine Bekämpfungsfläche für mehrere Schädlinge benannt wurde, so wurde diese Fläche bei allen betroffenen Schädlingen aufgeführt oder wenn möglich korrigiert. **Die Zahlen sind grün oder lindgrün gekennzeichnet.** Um die Gesamtbekämpfungsfläche Schädlingsunabhängig zu ermitteln, wird die Dopplung in der letzten Zeile wieder herausgerechnet.

Legende:

	bestandsbedrohend
	Zusammenfassung von 2 Befallsstärken (bestandsbedrohend - wirtschaftlich fühlbar
	wirtschaftlich fühlbar

Schrift grün - Wenn mehrere Arten auf gleicher Fläche bekämpft wurden, so wurde diese Fläche bei allen betroffenen Schädlingen aufgeführt.
Schrift lila - Genannte Schadfläche/Bekämpfungsfläche war von mehreren (zum Teil hier nicht aufgeführten) Schädlingen befallen.
Schrift braun - Wenn für Buchdrucker & Kupferstecher nur eine gemeinsame Schadholzmenge benannt wurde, so wurde diese Fläche bei beiden Schädlingen aufgeführt.

Anhang 8: Tabelle „Mengen & Flächenauswertung AFZ 2012 (67. Jahrgang)

Mengen & Flächenauswertung AFZ 2012 (67. Jahrgang) Zahlen für 2011/2012		Schaden in ha Schaden in FM Bekämpfte Fläche	Baden-Württemberg	Bayern	Saarland	Rheinland-Pfalz	Hessen	Thüringen	Sachsen	Nordrhein-Westfalen	Niedersachsen	Sachsen Anhalt	Brandenburg	Schleswig-Holstein	Mecklenburg-Vorpommern	SUMME pro Schädling für Deutschland
1	Buchdrucker (Ips typographus)	FM	86.000	400.000	22.800	235.000		12.976	4.200	36.872			3.632	4.500	3.280	809.060
2	Kupferstecher (Pityogenes chalcographus)	FM		28.000				2.697	1.600	3.425			116		1.209	37.047
3	Blauer Kiefernprachtkäfer (Phaenops cyanea)	FM		5.500				803	1.450				8.592		1.215	17.560
4	Eichenprachtkäfer (Agrilus biguttatus)	FM		9.000				180		65			65	170		9.480
5	Nonne (Lymantria monacha)	ha		50					40				1.909			1.999
		ha										2.400	1.282			3.682
6	Forleule (Panolis flammea)	ha										2.400	16			2.400
		ha											16			16
7	Kiefernspinner (Dendrolimus pini)	ha											301			301
8	Eichenwickler (Tortrix viridana)	ha	422	1.260		215		640	1.700	3.897			2.022	185	278	10.619
		FM														
9	Schwammspinner (Lymantria dispar)	ha	424	550		10			14							998
		ha		2.200												2.200
10	Eichenprozessionsspinner (Thaumetopoea processionea)	ha	543	350		52				91			3.952		21	5.009
		FM	72	2.200		50	270				290	1.270	339			4.491
11	Großer Brauner Rüsselkäfer (Hylobius abietis)	ha	27	600		164		42	110	79			52	5	42	1.121
		FM														
12	Maikäfer (Melolontha)	ha	943			1.101										2.044
13	Asiatische Laubholzbockkäfer (Anoplophora glabripennis)	ha	mehrere Vorfälle													
	SUMME Bekämpfungsfläche pro Bundesland**	ha	72	2.200		50	270				290		3.670	1.621		8.173

** Wenn eine Bekämpfungsfläche für mehrere Schädlinge benannt wurde, so wurde diese Fläche bei allen betroffenen Schädlingen aufgeführt oder wenn möglich korrigiert. **Die Zahlen sind grün oder lindgrün gekennzeichnet.** Um die Gesamtbekämpfungsfläche Schädlingsunabhängig zu ermitteln, wird die Dopplung in der letzten Zeile wieder herausgerechnet.

Legende:
bestandsbedrohend
Zusammenfassung von 2 Befallsstärken (bestandsbedrohend - wirtschaftlich fühlbar)
wirtschaftlich fühlbar

Schrift grün - Wenn mehrere Arten auf gleicher Fläche bekämpft wurden, so wurde diese Fläche bei allen betroffenen Schädlingen aufgeführt.
Schrift lila - Genannte Schadfläche/Bekämpfungsfläche war von mehreren (zum Teil hier nicht aufgeführten) Schädlingen befallen.
Schrift braun - Wenn für Buchdrucker & Kupferstecher nur eine gemeinsame Schadholzmenge benannt wurde, so wurde diese Fläche bei beiden Schädlingen aufgeführt.

Anhang 9: Tabelle „Mengen & Flächenauswertung AFZ 2013 (68. Jahrgang)

Mengen & Flächenauswertung AFZ 2013 (68. Jahrgang) Zahlen für 2012/2013		Schaden in ha / Schaden in FM / Bekämpfte Fläche	Baden-Württemberg	Bayern	Saarland	Rheinland-Pfalz	Hessen	Thüringen	Sachsen	Nordrhein-Westfalen	Niedersachsen	Sachsen Anhalt	Brandenburg	Schleswig-Holstein	Mecklenburg-Vorpommern	SUMME pro Schädling für Deutschland
1	Buchdrucker (Ips typographus)	FM	41.000	280.000	15.000	102.300		31.769	5.300	62.983			2.602	4.890	5.390	551.234
2	Kupferstecher (Pityogenes chalcographus)	FM	41.000	28.000		102.300		954	330	3.024			410	1.120	865	178.003
3	Blauer Kiefernprachtkäfer (Phaenops cyanea)	FM	2.900	5.300		730		499	1.050				6.862		1.318	18.659
4	Eichenprachtkäfer (Agrilus biguttatus)	FM	4.400	4.000		1.300		416	20	248			25			10.409
5	Nonne (Lymantria monacha)	ha		40					200				5.424			5.664
		ha										4.860	4.994			9.854
6	Forleule (Panolis flammea)	ha						0,2								
7	Kiefernspinner (Dendrolimus pini)	ha														
8	Eichenwickler (Tortrix viridana)	ha		1.840		394		1.302	1.800	3.193			7.384	396		16.309
		FM									648	3.350		180		3.998
9	Schwammspinner (Lymantria dispar)	ha	79	5				12	5				1			102
10	Eichenprozessionsspinner (Thaumetopoea processionea)	ha	385	2.700		380				92			5.793		18	9.368
		FM											738			738
11	Großer Brauner Rüsselkäfer (Hylobius abietis)	ha	37	200		117		24	40	94			15		51	578
12	Maikäfer (Melolontha)	FM	621			1.000										1.621
13	Asiatische Laubholzbockkäfer (Anoplophora glabripennis)	ha	Einzelbaumbefall	europaweiter erstmaliger Befall im Wald											keine pos. Befunde	
	SUMME Bekämpfungsfläche pro Bundesland** ha										648	8.210	5.732			14.590

Legende:
bestandsbedrohend
Zusammenfassung von 2 Befallsstärken (bestandsbedrohend - wirtschaftlich fühlbar)
wirtschaftlich fühlbar
Schrift grün - Wenn mehrere Arten auf gleicher Fläche bekämpft wurden, so wurde diese Fläche bei allen betroffenen Schädlingen aufgeführt.
Schrift lila - Genannte Schadfläche/Bekämpfungsfläche war von mehreren (zum Teil hier nicht aufgeführten) Schädlingen befallen.
Schrift braun - Wenn für Buchdrucker & Kupferstecher nur eine gemeinsame Schadholzmenge benannt wurde, so wurde diese Fläche bei beiden Schädlingen aufgeführt.

** Wenn eine Bekämpfungsfläche für mehrere Schädlinge benannt wurde, so wurde diese Fläche bei allen betroffenen Schädlingen aufgeführt oder wenn möglich korrigiert. **Die Zahlen sind grün oder lindgrün gekennzeichnet.** Um die Gesamtbekämpfungsfläche Schädlingsunabhängig zu ermitteln, wird die Dopplung in der letzten Zeile wieder herausgerechnet.

Anhang 10: Tabelle „Mengen & Flächenauswertung AFZ 2014 (69. Jahrgang)"

#	Mengen & Flächenauswertung AFZ 2014 (69. Jahrgang) Zahlen für 2013/2014	Schaden in ha Schaden in FM Bekämpfte Fläche	Baden-Württemberg	Bayern	Saarland	Rheinland-Pfalz	Hessen	Thüringen	Sachsen	Nordrhein-Westfalen	Niedersachsen	Sachsen Anhalt	Brandenburg	Schleswig-Holstein	Mecklenburg-Vorpommern	SUMME pro Schädling für Deutschland
1	Buchdrucker (Ips typographus)	FM	242.000	500.000	10.000	64.200		97.868	21.000	40.403			2.693	5.054	10.324	993.542
2	Kupferstecher (Pityogenes chalcographus)	FM	242.000	37.000				1.642	2.670	3.015			92	1.835	1.372	289.626
3	Blauer Kiefernprachtkäfer (Phaenops cyanea)	FM	4.500	4.700		410		477	1.580	100			5.129		787	17.683
4	Eichenprachtkäfer (Agrilus biguttatus)	FM	3.200	6.900		800		287	20				247	40		11.494
5	Nonne (Lymantria monacha)	ha		6.000					450				5.882			12.332
		ha											11.222			11.222
6	Forleule (Panolis flammea)	ha														
7	Kiefernspinner (Dendrolimus pini)	ha							100			700	3.834			3.934
		ha		3.000				229	1.200	1.170		1.302	6.000	191		8.002
8	Eichenwickler (Tortrix viridana)	FM														5.790
		ha												15		15
9	Schwammspinner (Lymantria dispar)	ha	20	41					5				36			102
10	Eichenprozessionsspinner (Thaumetopoea processionea)	ha	310	2.000		80				147			4.978			7.515
		FM										720	8.747			9.657
11	Großer Brauner Rüsselkäfer (Hylobius abietis)	ha	30	200		90		8	26	88		190	20		40	502
		FM														
12	Maikäfer (Melolontha)	ha	900	2.500		1.450										4.850
13	Asiatische Laubholzbockkäfer (Anoplophora glabripennis)	ha	Hafengebiet 5 ha Stecher Fund Kahlschlag				in Verpackung									
	SUMME Bekämpfungsfläche pro Bundesland	ha									890	2.022	19.969			22.881

** Wenn eine Bekämpfungsfläche für mehrere Schädlinge benannt wurde, so wurde diese Fläche bei allen betroffenen Schädlingen aufgeführt oder wenn möglich korrigiert. **Die Zahlen sind grün oder lindgrün gekennzeichnet.** Um die Gesamtbekämpfungsfläche Schädlingsunabhängig zu ermitteln, wird die Dopplung in der letzten Zeile wieder herausgerechnet.

Legende:
- bestandsbedrohend
- Zusammenfassung von 2 Befallsstärken (bestandsbedrohend - wirtschaftlich fühlbar)
- wirtschaftlich fühlbar

Schrift lindgrün - Genannte Gesamtbekämpfungsfläche aus der AFZ (i.H.v. 11.222 ha) ist nach Rückfrage beim Landeskompetenzzentrum Forst Eberswalde fast alleinig der Nonne zuzuordnen. Für den Kiefernspinner wurde ein geschätzter Anteil i.H.v. 6.000 ha genannt.
Schrift lila - Genannte Schadfläche/Bekämpfungsfläche war von mehreren (zum Teil hier nicht aufgeführten) Schädlingen befallen.
Schrift braun - Wenn für Buchdrucker & Kupferstecher nur eine gemeinsame Schadholzmenge benannt wurde, so wurde diese Fläche bei beiden Schädlingen aufgeführt.

Anhang 11: Tabelle „Mengen & Flächenauswertung AFZ 2015 (70. Jahrgang)

Mengen & Flächenauswertung AFZ 2015 (70. Jahrgang) Zahlen für 2014 / 2015	Schaden in ha / Bekämpfte Fläche in FM	Baden-Württemberg	Bayern	Saarland	Rheinland-Pfalz	Hessen	Thüringen	Sachsen	Nordrhein-Westfalen	Niedersachsen	Sachsen-Anhalt	Brandenburg	Schleswig-Holstein	Mecklenburg-Vorpommern	SUMME pro Schädling für Deutschland
1 Buchdrucker (Ips typographus)	FM	232.180	510.000	8.000	40.195		83.687	31.300	43.971			3.517		7.429	960.279
2 Kupferstecher (Pityogenes chalcographus)	FM	232.180	40.000		40.195		1.403	2.380	2.161			64		1.315	319.698
3 Blauer Kiefernprachtkäfer (Phaenops cyanea)	FM	7.399	5.000		600		538	940	210			7.267		1.029	22.983
4 Eichenprachtkäfer (Agrilus biguttatus)	FM	1.991	9.000		216		231	145				333			11.916
5 Nonne (Lymantria monacha)	ha							1.079				1.278			2.357
	ha							125							125
6 Forleule (Panolis flammea)	ha														
7 Kiefernspinner (Dendrolimus pini)	ha											1.645			1.645
	ha	807	3.200				77					10.724			10.856
8 Eichenwickler (Tortrix viridana)	FM				82			200	1.095						5.379
	ha	48	20									435			435
	ha											10			78
9 Schwammspinner (Lymantria dispar)	ha														
10 Eichenprozessionsspinner (Thaumetopoea processionea)	ha	181	2.000		46				54			4.100			6.381
	FM								50						50
	ha											1.320			1.320
11 Großer Brauner Rüsselkäfer (Hylobius abietis)	ha	27	200		71		13	130	49			25		31	546
	FM								50						50
12 Maikäfer (Melolontha)	ha	940	2.700		655										4.295
13 Asiatische Laubholzbockkäfer (Anoplophora glabripennis)	ha		2 weitere Befallsherde			keine pos. Befunde									
SUMME Bekämpfungsfläche pro Bundesland**	ha							125		132		12.479			12.736

Legende:
bestandsbedrohend
Zusammenfassung von 2 Befallsstärken (bestandsbedrohend - wirtschaftlich fühlbar)
wirtschaftlich fühlbar

Schrift grün - Wenn mehrere Arten auf gleicher Fläche bekämpft wurden, so wurde diese Fläche bei allen betroffenen Schädlingen aufgeführt.
Schrift lila - Genannte Schadfläche/Bekämpfungsfläche war von mehreren (zum Teil hier nicht aufgeführten) Schädlingen befallen.
Schrift braun - Wenn für Buchdrucker & Kupferstecher nur eine gemeinsame Schadholzmenge benannt wurde, so wurde diese Fläche bei beiden Schädlingen aufgeführt.

** Wenn eine Bekämpfungsfläche für mehrere Schädlinge benannt wurde, so wurde diese Fläche bei allen betroffenen Schädlingen aufgeführt oder wenn möglich korrigiert. Die Zahlen sind grün oder lindgrün gekennzeichnet. Um die Gesamtbekämpfungsfläche schädlingsunabhängig zu ermitteln, wird die Dopplung in der letzten Zeile wieder herausgerechnet.

Anhang 12: Tabelle „Mengen & Flächenauswertung GESAMT AFZ 2005 bis 2015 (60. – 70. Jahrgang)

Mengen & Flächenauswertung GESAMT AFZ 2005 bis 2015 (60. bis 70. Jahrgang) Zahlen für 2004 bis 2015		Schaden in FM Schaden in ha Bekämpfte Fläche	Baden-Württemberg	Bayern	Saarland	Rheinland-Pfalz	Hessen	Thüringen	Sachsen	Nordrhein-Westfalen	Niedersachsen	Sachsen Anhalt	Brandenburg	Schleswig-Holstein	Mecklenburg-Vorpommern	SUMME pro Schädling für Deutschland
1	Buchdrucker (Ips typographus)	FM	7.266.275	13.180.000	190.555	1.552.645		1.347.499	441.200	1.256.557		269.484	90.019	51.344	89.425	25.735.003
2	Kupferstecher (Pityogenes chalcographus)	FM	3.478.080	1.296.700		535.145		116.793	35.610	115.971		13.176	4.448	10.535	21.736	5.628.194
3	Blauer Kiefernprachtkäfer (Phaenops cyanea)	FM	45.114	97.600		3.340		10.610	26.270	490		5.220	122.374	50	18.769	329.837
4	Eichenprachtkäfer (Agrilus biguttatus)	FM	39.141	54.800		11.116		1.438	300	313		3.146	7.024	710		117.988
5	Nonne (Lymantria monacha)	ha		6.835			305	2	3.016	10	3.000	3.739	33.275		289	50.471
		ha							9.865		2.600	25.860	71.216			109.541
6	Forleule (Panolis flammea)	ha		50			217	46				2.400	327			2.400
		ha											0			640
7	Kiefernspinner (Dendrolimus pini)	ha						26	102		3.000	1.746	16.871	151		21.896
		ha									3.432	19.902	83.542			106.876
8	Eichenwickler (Tortrix viridana)	FM	17.339	39.380		10.641	7.136	12.674	7.500	32.343		11.102	17.628	2.282	1.506	159.531
		ha					82				648		435	195		277
9	Schwammspinner (Lymantria dispar)	ha	3.468	4.466			66	215	206	8		3.350	47			4.433
		ha	258	9.900					100							8.490
																10.258
10	Eichenprozessionsspinner (Thaumetopoea processionea)	ha	5.531	13.200		840	2.713			1.072		200	21.908	30	67	45.561
		FM								50		4.000				4.050
		ha	2.212	5.260		324	550				980	2.860	12.815		20	25.021
11	Großer Brauner Rüsselkäfer (Hylobius abietis)	ha	659	8.560		839	21	581	1.079	537		117	429	11	432	13.265
		FM								50						50
12	Maikäfer (Melolontha)	ha	14.539	5.200		7.602	9.709	100	100			2.525	10			39.685
		ha	4.265				500									4.765
13	Asiatischer Laubholzbockkäfer (Anoplophora glabripennis)	ha														
	SUMME Bekämpfungsfläche pro Bundesland** ha		6.735	12.960		324	1.050		9.965		5.060	33.372	108.290		20	177.776

Wenn in den Jahresaufstellungen eine Bekämpfungsfläche für mehrere Schädlinge benannt wurde, so wurde diese Fläche bei allen betroffenen Schädlingen aufgeführt oder wenn möglich korrigiert. Die Zahlen sind dort grün/lindgrün gekennzeichnet. Auch in dieser Tabelle erfolgt eine grüne Kennzeichnung, wobei hier nicht die gesamte Menge für eine doppelt aufgeführte Bekämpfungsfläche steht. Die grüne Kennzeichnung soll lediglich darauf hinweisen, dass es in den einzelnen Jahresaufstellungen bei diesem Schädling zu gemeinsamen Bekämpfungen kam. **Um die Gesamtbekämpfungsfläche schädlingsunabhängig zu ermitteln, wird die Dopplung in der letzten Spalte wieder herausgerechnet.

2010/2011 wurde für beide Bundesländer eine gemeinsame Bekämpfungsfläche von 1.000 ha angegeben. In dieser Gesamtaufstellung wurden pro Bundesland 500 ha angenommen.

Anhang 13 bis 24: Bildhafte Darstellung der Schadholzmengen-/flächen pro Schädling - Betrachtung der Jahre nach Bundesland sowie Bundesland nach Jahren

Anhang 13: Buchdrucker (Schadholz in FM) – AFZ 2005 bis 2015

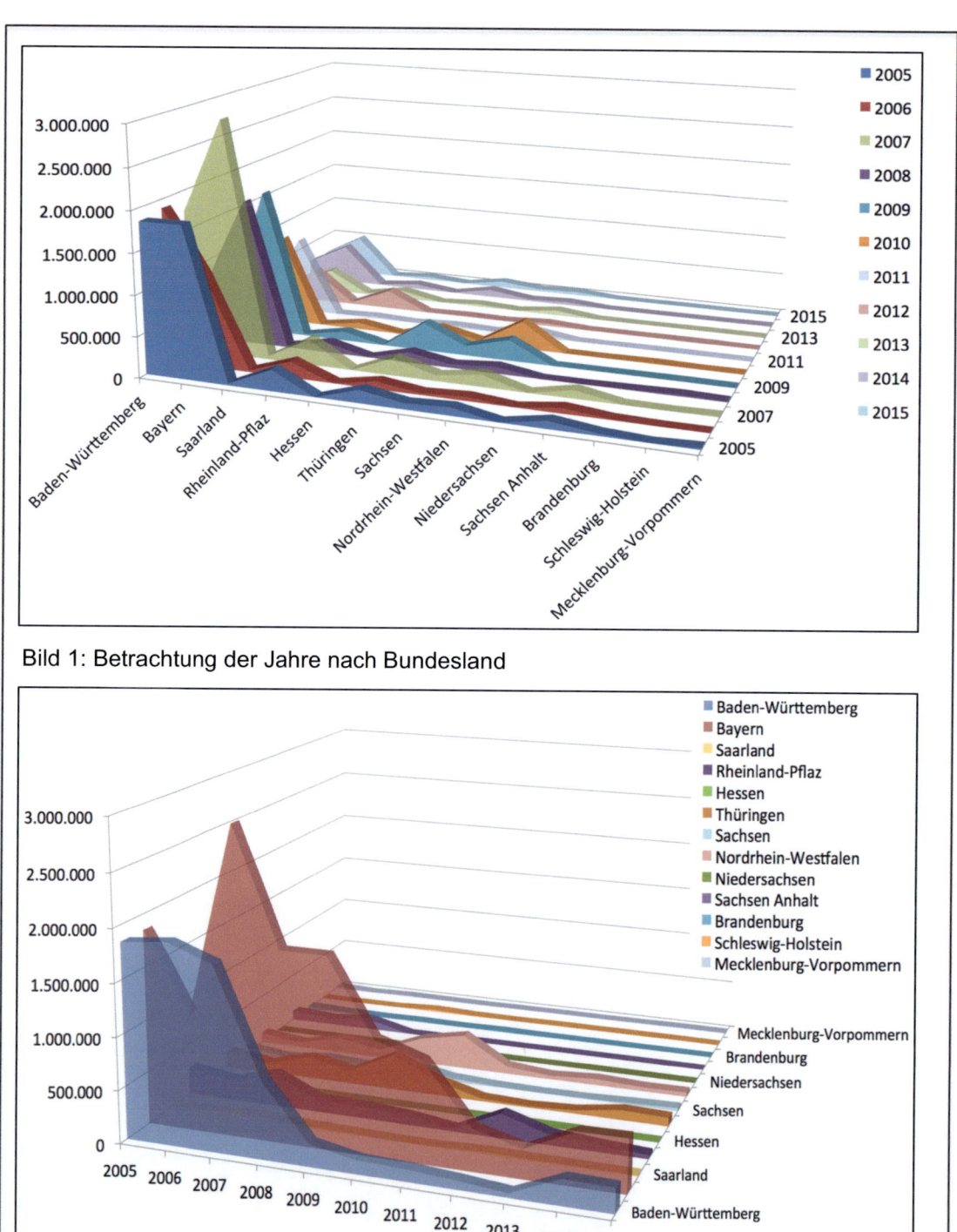

Bild 1: Betrachtung der Jahre nach Bundesland

Bild 2: Betrachtung der Bundesländer nach Jahren

Anhang 14: Kupferstecher (Schadholz in FM) – AFZ 2005 bis 2015

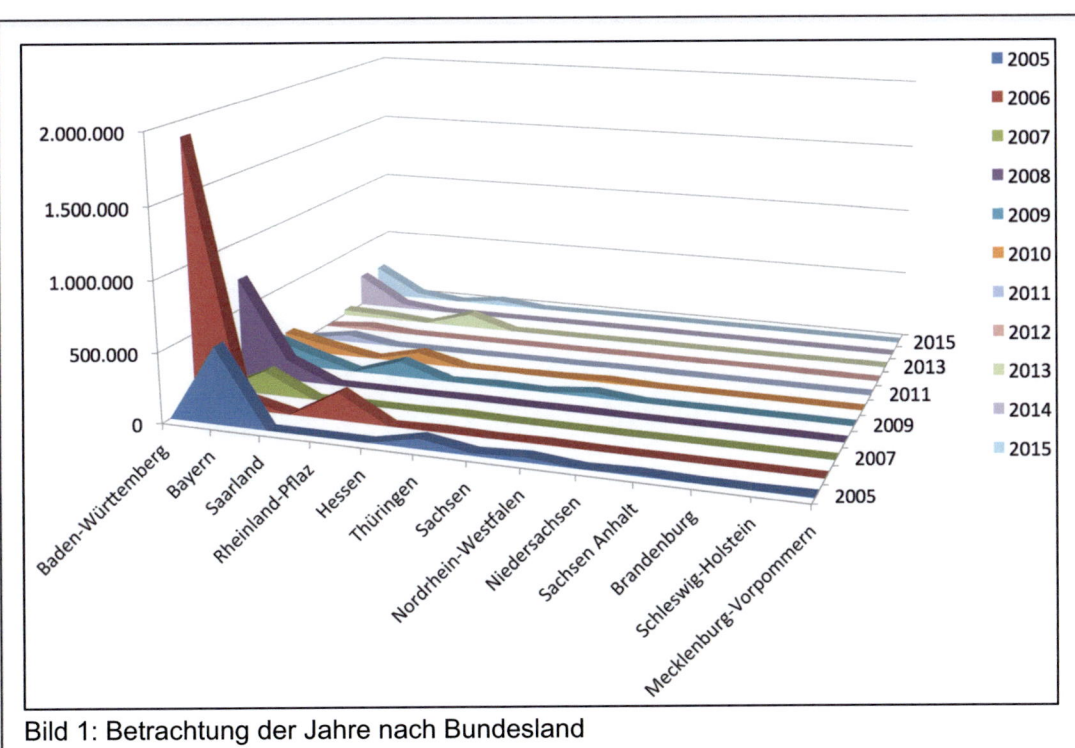

Bild 1: Betrachtung der Jahre nach Bundesland

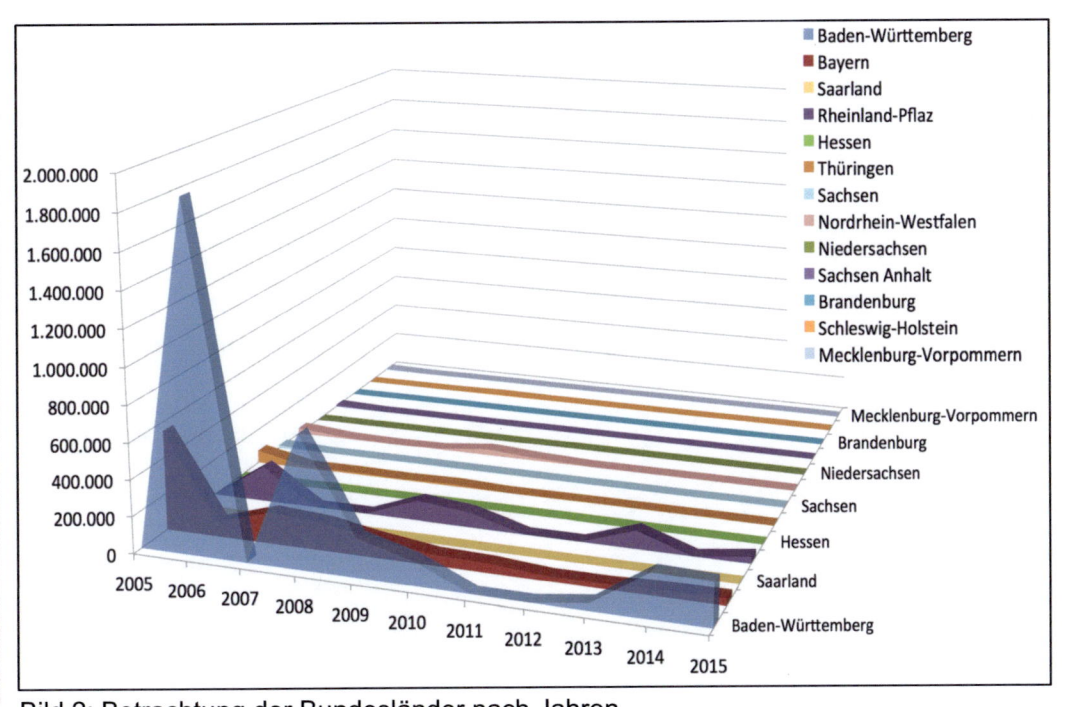

Bild 2: Betrachtung der Bundesländer nach Jahren

XXXV

Anhang 15: Blauer Kiefernprachtkäfer (Schadholz in FM) – AFZ 2005 bis 2015

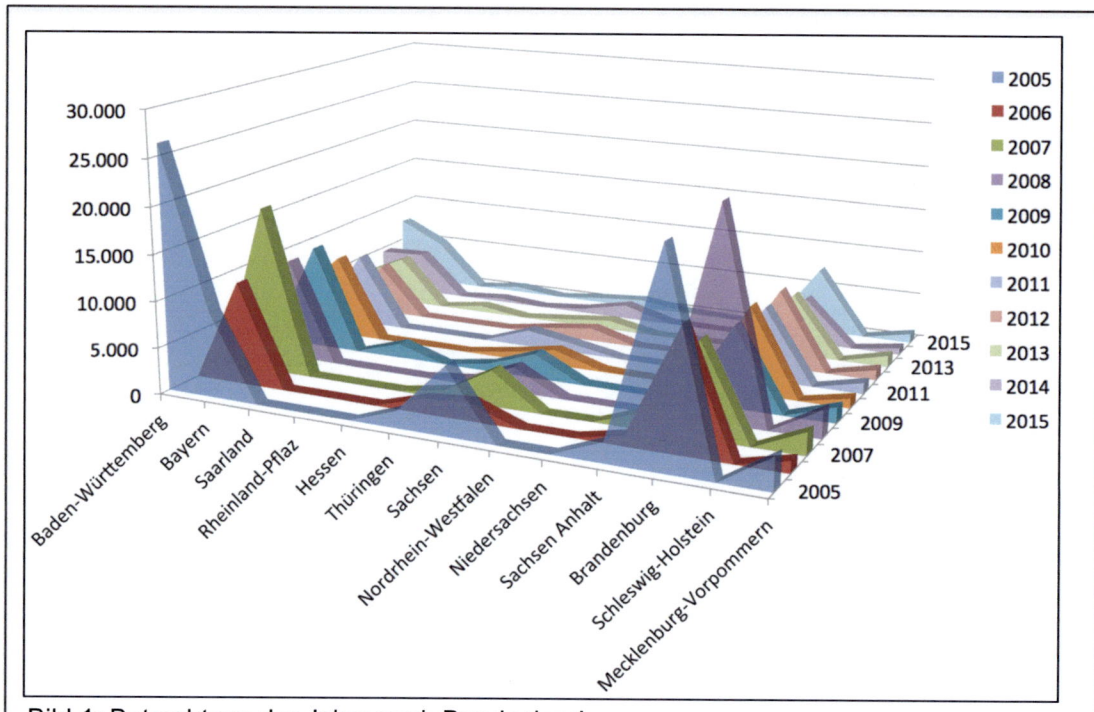

Bild 1: Betrachtung der Jahre nach Bundesland

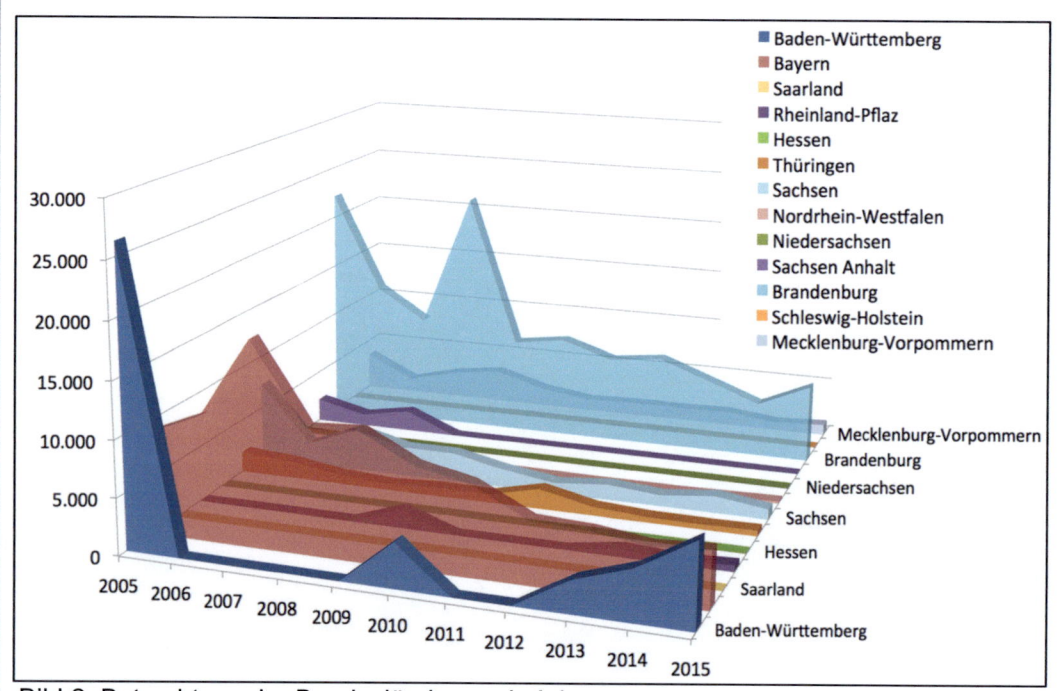

Bild 2: Betrachtung der Bundesländer nach Jahren

Anhang 16: Eichenprachtkäfer (Schadholz in FM) – AFZ 2005 bis 2015

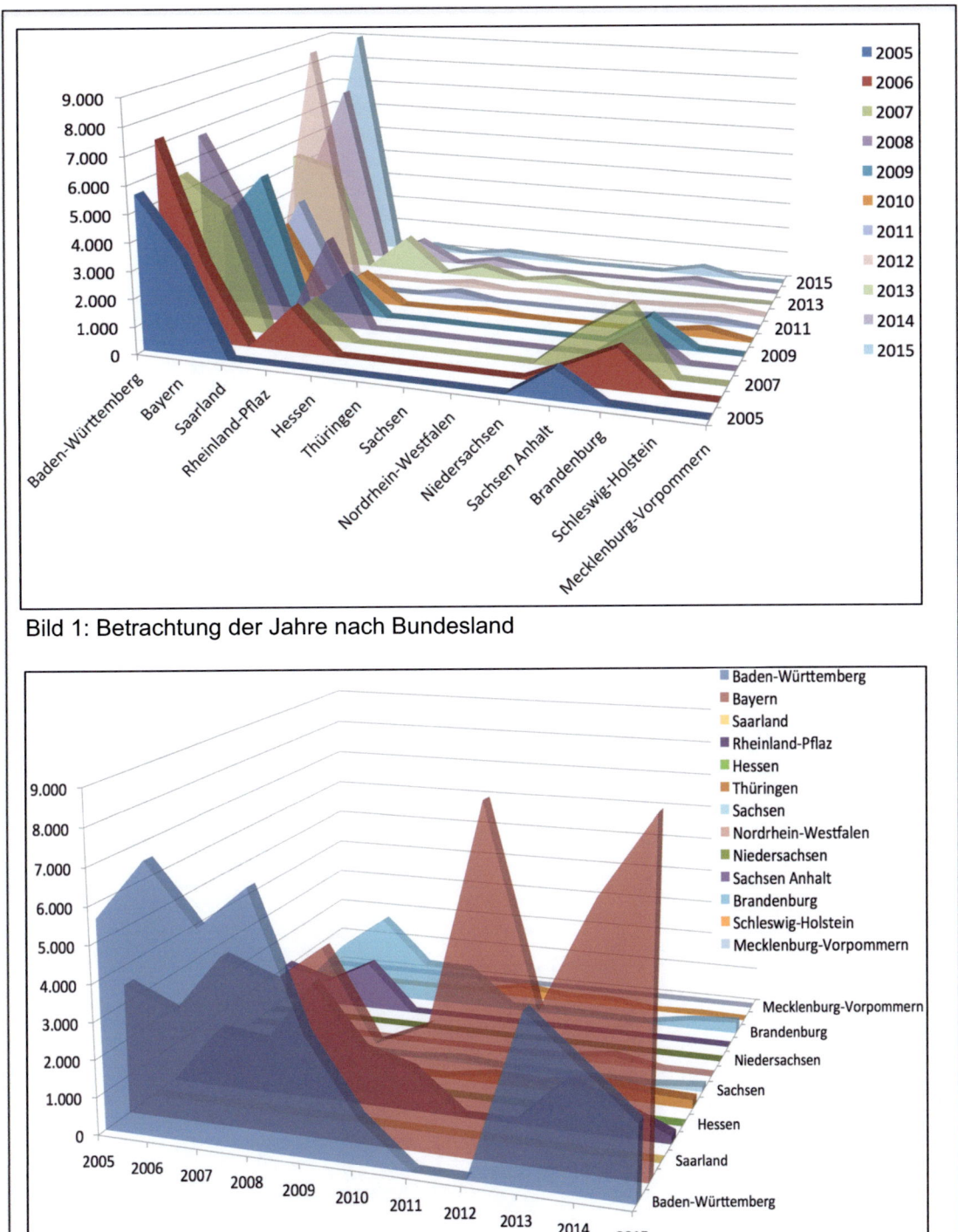

Bild 1: Betrachtung der Jahre nach Bundesland

Bild 2: Betrachtung der Bundesländer nach Jahren

Anhang 17: Nonne (Schadflächen in ha) – AFZ 2005 bis 2015

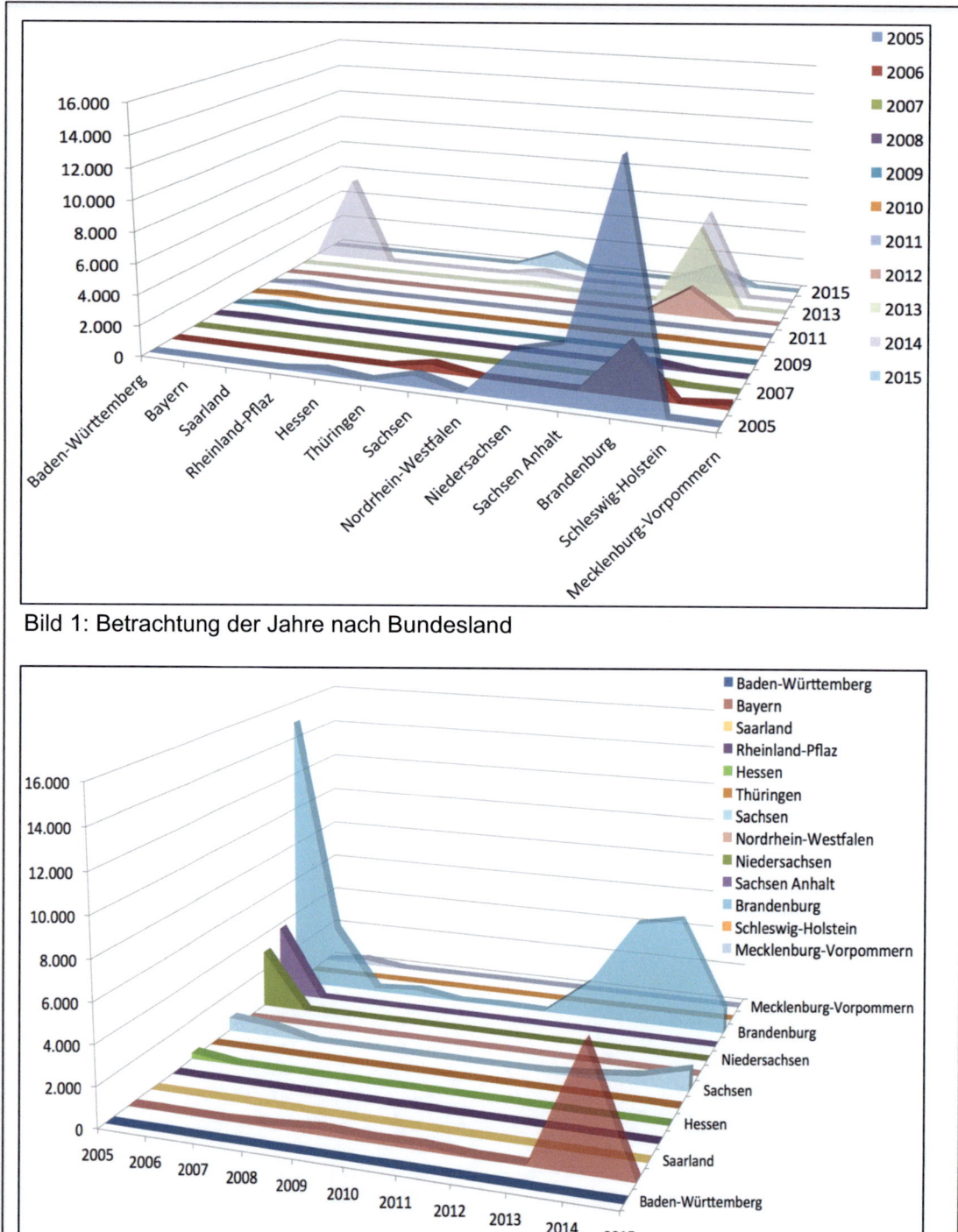

Bild 1: Betrachtung der Jahre nach Bundesland

Bild 2: Betrachtung der Bundesländer nach Jahren

Anhang 18: Forleule (Schadflächen in ha) – AFZ 2005 bis 2015

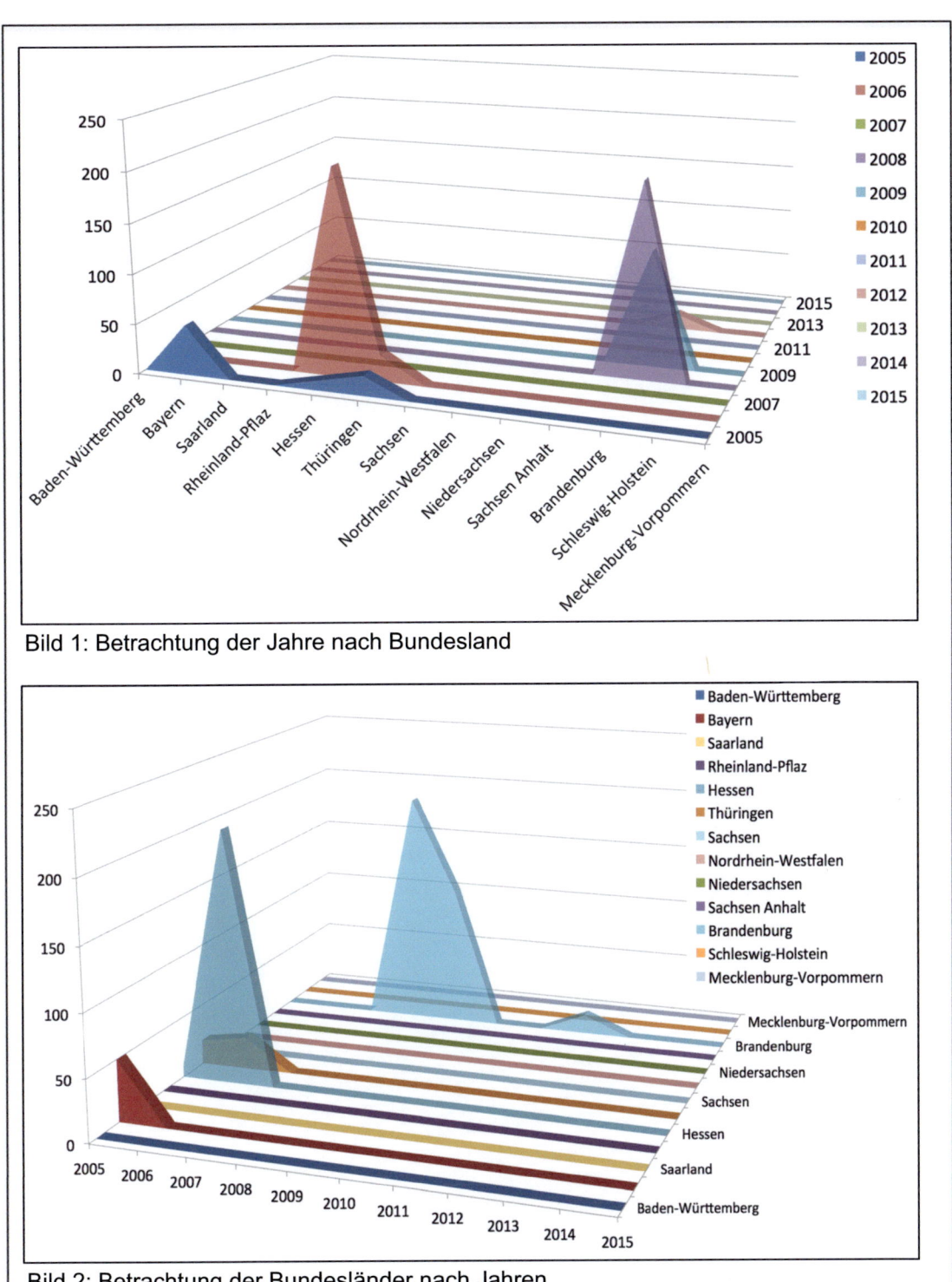

Bild 1: Betrachtung der Jahre nach Bundesland

Bild 2: Betrachtung der Bundesländer nach Jahren

Anhang 19: Kiefernspinner (Schadflächen in ha) – AFZ 2005 bis 2015

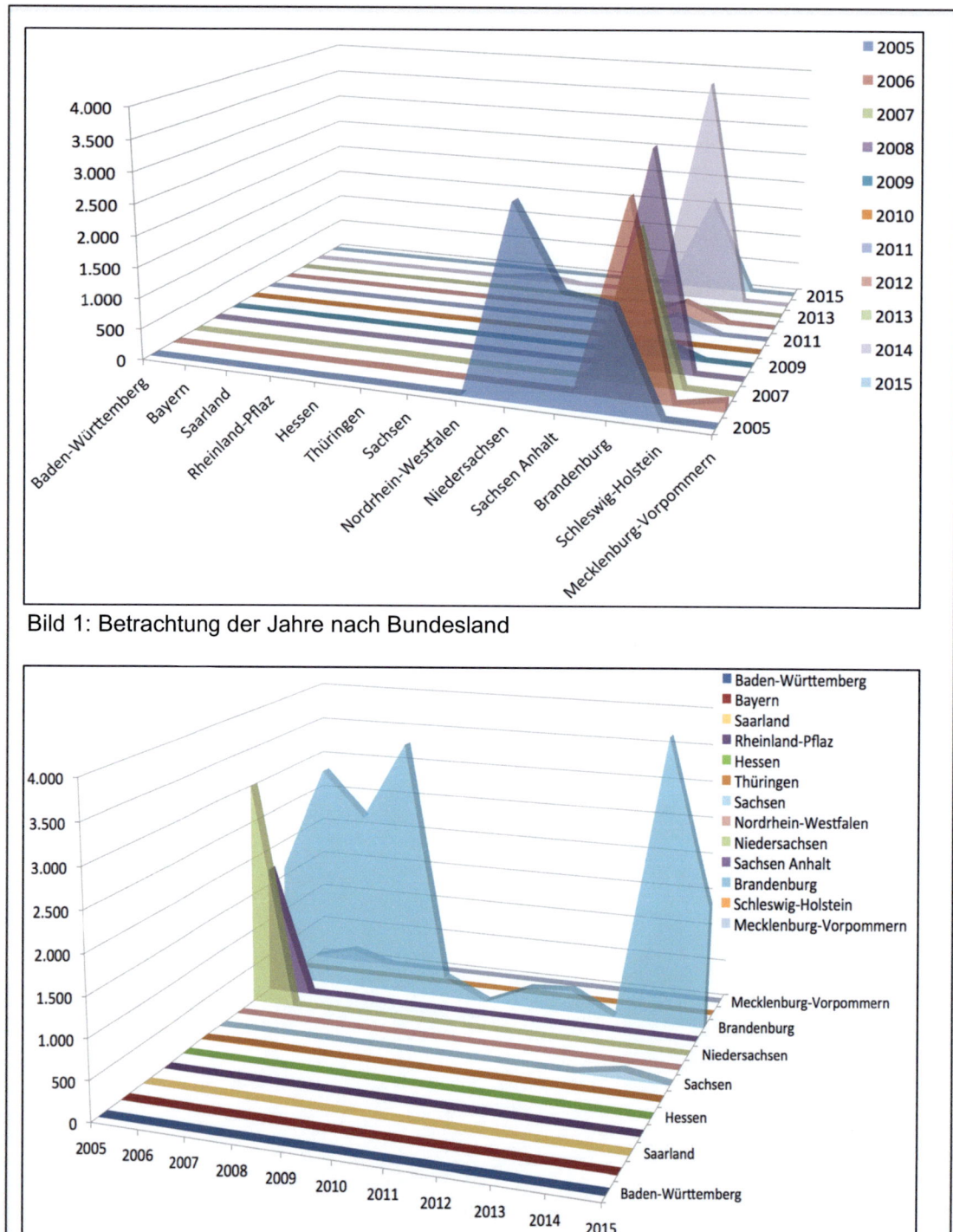

Bild 1: Betrachtung der Jahre nach Bundesland

Bild 2: Betrachtung der Bundesländer nach Jahren

Anhang 20: Eichenwickler (Schadflächen in ha) – AFZ 2005 bis 2015

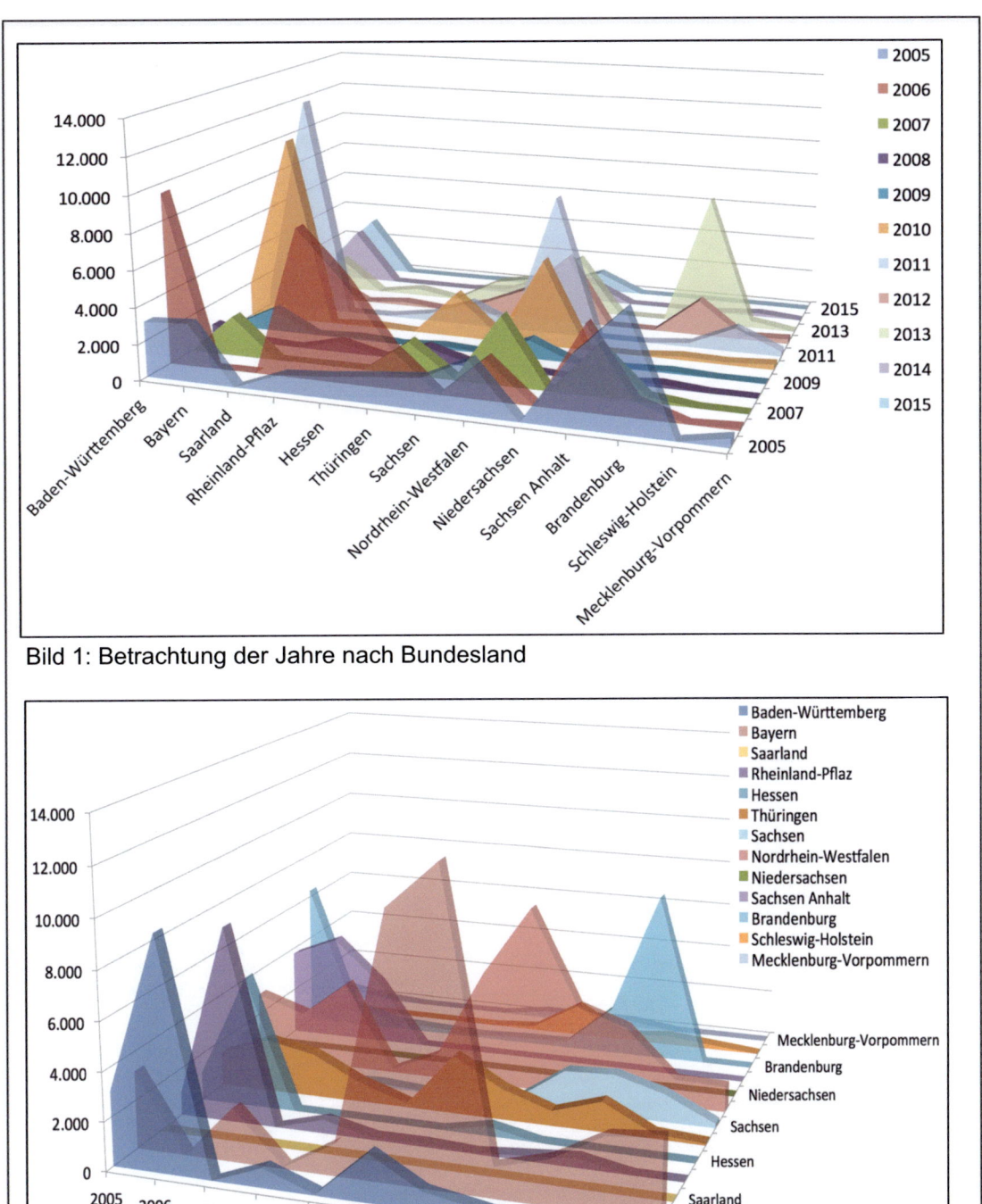

Bild 1: Betrachtung der Jahre nach Bundesland

Bild 2: Betrachtung der Bundesländer nach Jahren

Anhang 21: Schwammspinner (Schadflächen in ha) – AFZ 2005 bis 2015

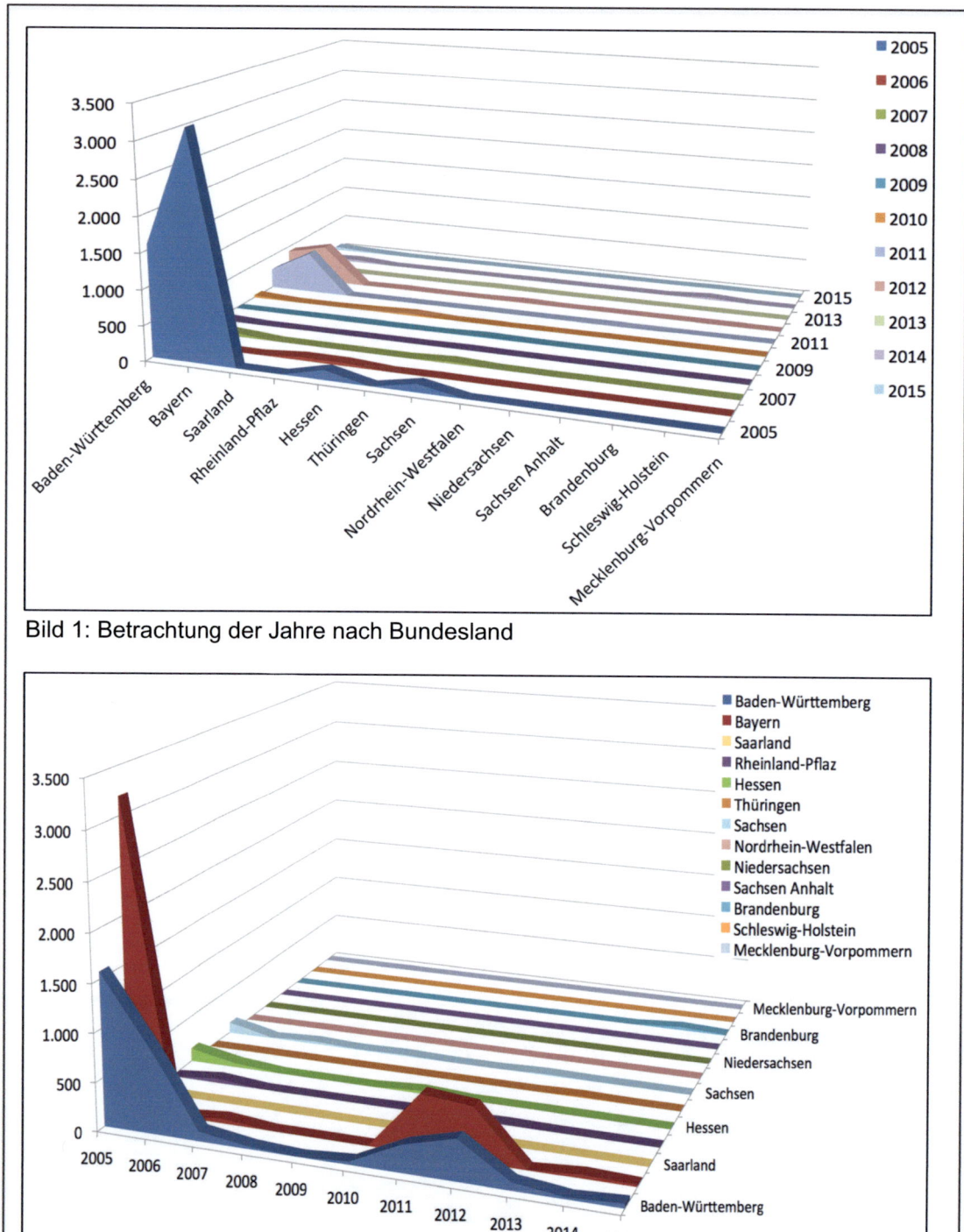

Bild 1: Betrachtung der Jahre nach Bundesland

Bild 2: Betrachtung der Bundesländer nach Jahren

Anhang 22: Eichenprozessionsspinner (Schadflächen in ha) – AFZ 2005 bis 2015

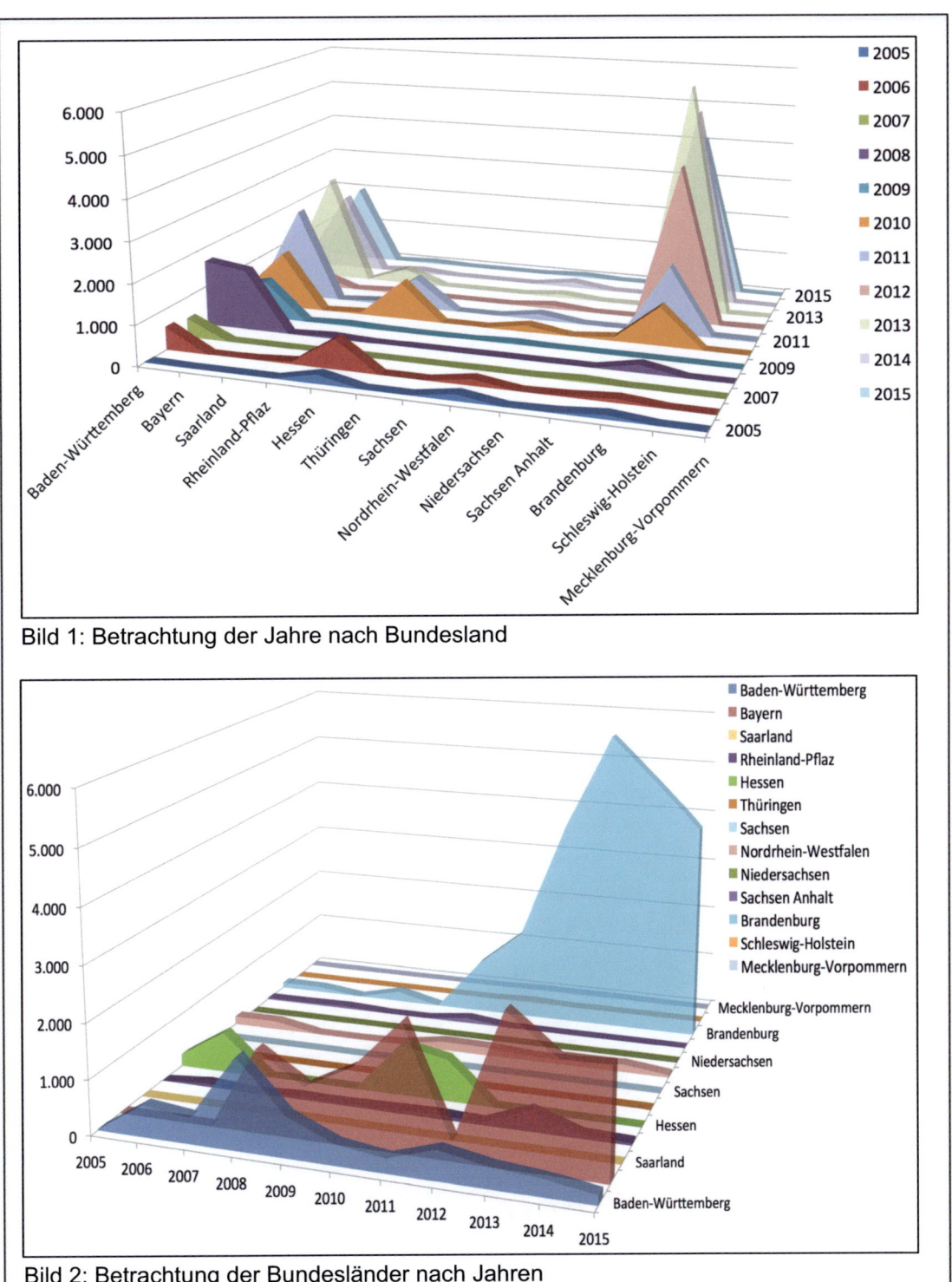

Bild 1: Betrachtung der Jahre nach Bundesland

Bild 2: Betrachtung der Bundesländer nach Jahren

Anhang 23: Großer Brauner Rüsselkäfer (Schadflächen in ha) – AFZ 2005 bis 2015

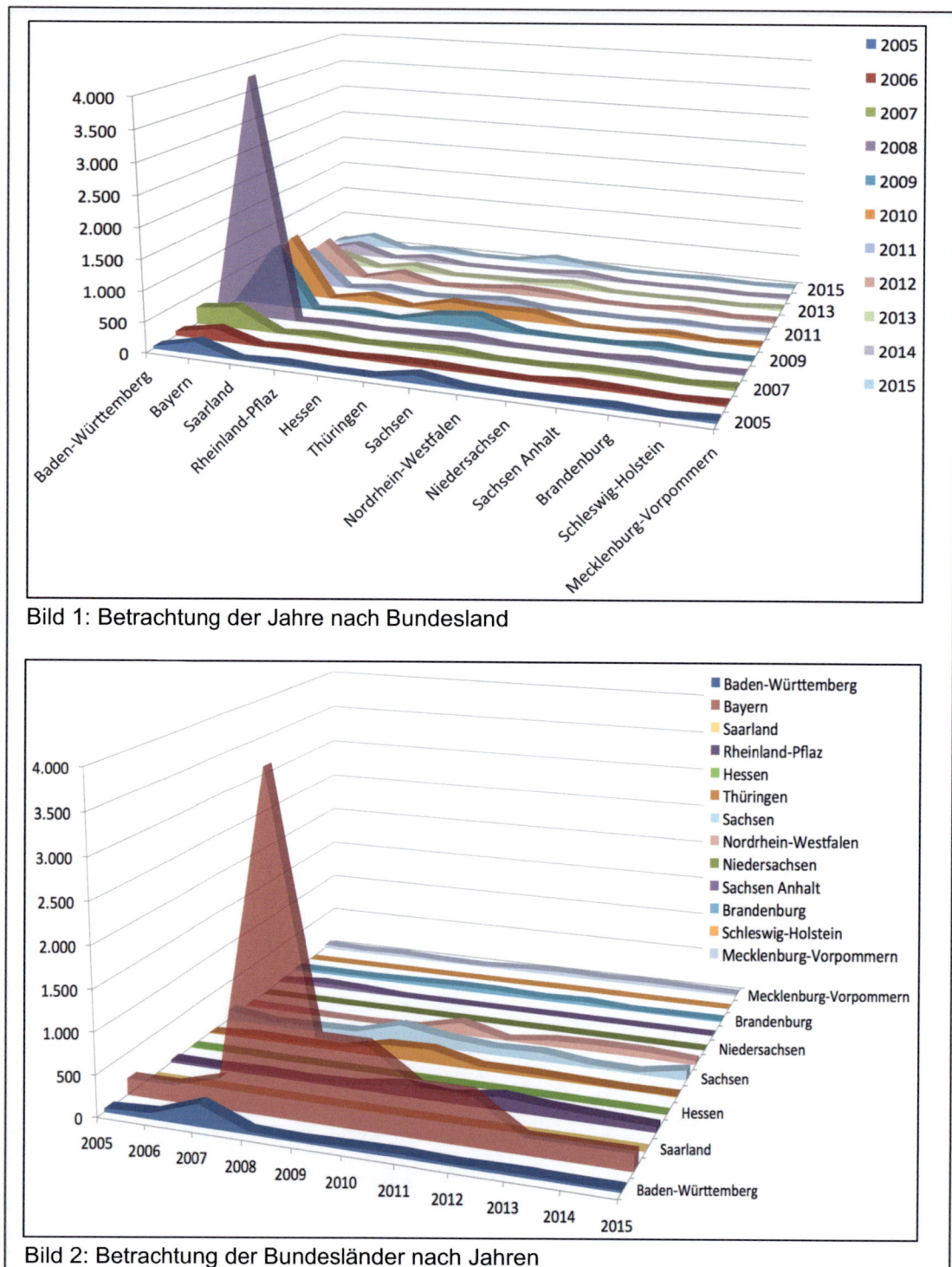

Bild 1: Betrachtung der Jahre nach Bundesland

Bild 2: Betrachtung der Bundesländer nach Jahren

Anhang 24: Maikäfer (Schadflächen in ha) – AFZ 2005 bis 2015

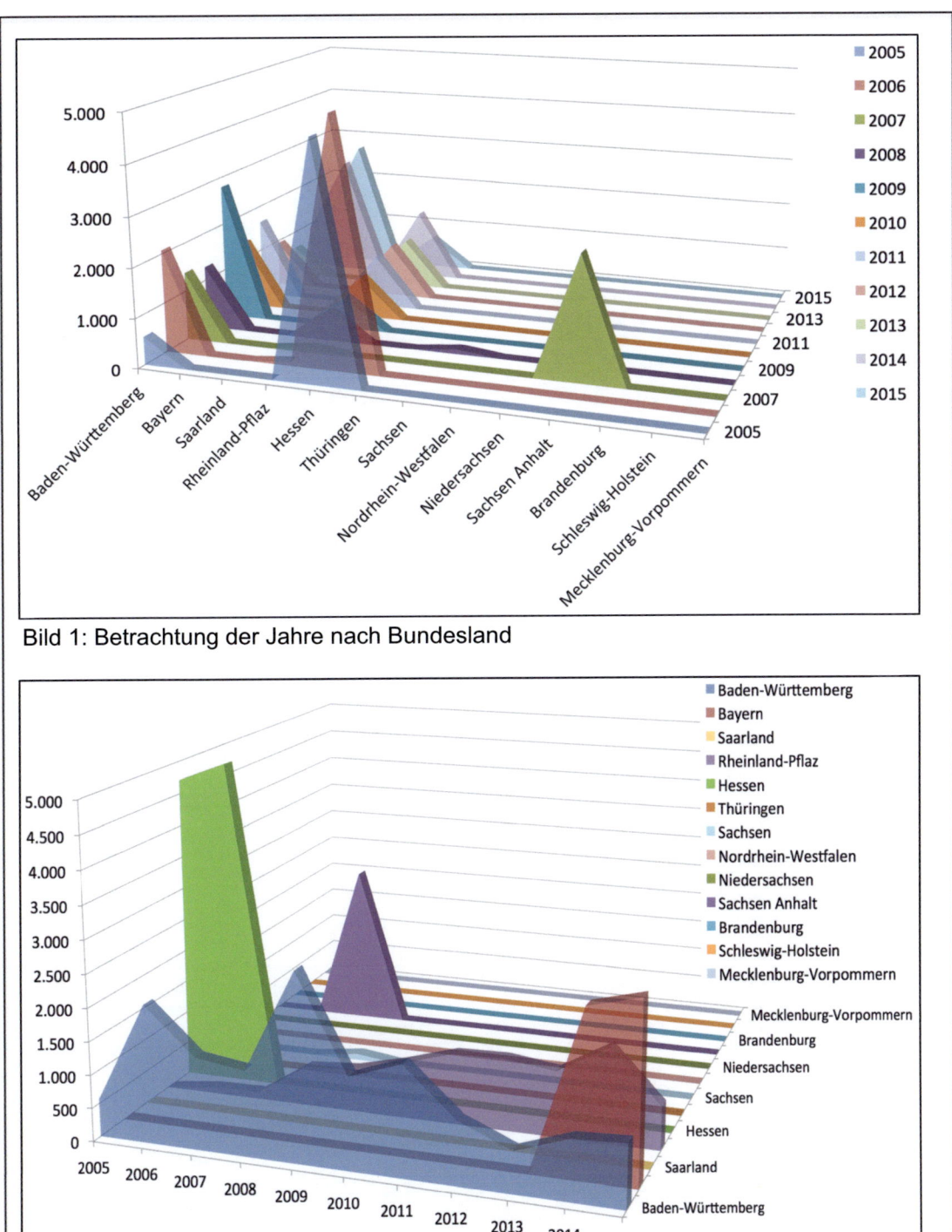

Bild 1: Betrachtung der Jahre nach Bundesland

Bild 2: Betrachtung der Bundesländer nach Jahren

XLV

Anhang 25-1: Zeitungsartikelrecherche inkl. Bewertung mit dem Filter "6 Punkte" bei "SUMME Informationsgehalt"

Lfd.Nr.	Datum	Zeitung / Quelle	Titel	Wörter	Schädling/ Thema	Allgemeines Hintergrund
2	19.1.2004	Lausitzer Rundschau	Nonnen sind auf Nadeln scharf/Die Nonne	568	Nonne, Schwammspinner	Allgemeine Information zum Waldzustand
11	25.2.2004	Passauer Neue Presse	Borkenkäfer: Forstamt warnt vor "Super-Gau"	481	Buchdrucker, Kupferstecher	Allgemeine Information zum Waldzustand
20	24.3.2004	Sächsische Zeitung	Gierige Krabbler im Anflug	854	Blauer Kiefernprachtkäfer, Buchdrucker, Kupferstecher	Allgemeine Information zum Waldzustand
24	2.4.2004	Lausitzer Rundschau	Kampf gegen Nonnenplage in Spree-Neiße vor Höhepunkt/Geld vom Land	690	Blauer Kiefernprachtkäfer, Nonne	Bekämpfung geplant
51	3.6.2004	Passauer Neue Presse	Sie machen dem Borkenkäfer das Leben sauer	686	Buchdrucker, Kupferstecher	Allgemeine Information zum Waldzustand
86	12.4.2005	Sächsische Zeitung	Jetzt schwärmen die Borkenkäfer aus	486	Blauer Kiefernprachtkäfer, Buchdrucker, Kupferstecher	Allgemeine Information zum Waldzustand
118	11.8.2005	Stern	Invasion der Giftzwerge/Sie sind nur wenige Zentimeter groß, aber ihre feinen Härchen haben es in/sich: ...	685	EPS	Allgemeine Information zum Waldzustand
121	18.8.2005	Fränkischer Tag	Der Prozessionsspinner im Gottesgarten/Zu Massenvermehrung neigende Waldinsekten stellen eine große Gefahr dar	940	EPS, Nonne, Schwammspinner	Allgemeine Information zum Waldzustand
153	19.5.2006	Süddeutsche Zeitung	Maikäfer stirb	452	Maikäfer	Allgemeine Information zum Schädling
169	23.8.2006	Nürnberger Nachrichten	Auf der Hut vor Einwanderern aus Übersee/Laubholzbockkäfer und Co.: Mit Verpackungen aus Holz werden ...	439	Asiatischer Laubholzbockkäfer	Allgemeine Information zum Schädling
187	18.1.2007	Lausitzer Rundschau	Schonzeit für Schädlinge/Der milde Winter macht dem Wald zu schaffen	689	Blauer Kiefernprachtkäfer, Forleule, Kiefernspinner	Allgemeine Information zum Waldzustand
191	3.2.2007	Sächsische Zeitung	Im Wettlauf mit den Käfern	642	Buchdrucker, Kiefernprachtkäfer, Kuperstecher	Allgemeine Information zum Waldzustand
216	8.8.2007	Lausitzer Rundschau	Die Schädlingsplage kommt erst 2008/Der Kiefernspinner	1067	Borkenkäfer, Kiefernspinner, Nonne	Allgemeine Information zum Waldzustand
308	31.7.2010	Märkische Allgemeine	Liebestod im Fit-Wasser waldschutz In der Oberförsterei Steinförde wächst die „Nonnen"-Population / ...	512	Buchdrucker, Forleule, Kupferstecher, Nonne	Allgemeine Information zum Waldzustand
311	21.9.2010	Märkische Allgemeine	Kiefernsterben in Bücknitzer Heide FORST Waldgärtner und Prachtkäfer haben als Nachfolgeschädlinge ganze ...	380	Blauer Kiefernprachtkäfer	Allgemeine Information zum Waldzustand
339	26.5.2011	Lausitzer Rundschau	Wenn Raupen die Bäume kahl fressen	672	EPS, Forleule, Kiefernspinner, Nonne	Allgemeine Information zum Waldzustand
344	7.6.2011	Sächsische Zeitung	Borkenkäfer und Mäuse im Kommen	526	Buchdrucker, Forleule, Kupferstecher	Allgemeine Information zum Waldzustand
347	21.6.2011	Sächsische Zeitung	Frauenhain/Liebesdüfte gegen Nonnenplage	515	Eichenwickler, Kiefernspinner, Nonne, Schwammspinner	Allgemeine Information zum Waldzustand
387	12.5.2012	Märkische Allgemeine	Hubschrauber hilft dem Kuckuck Weil natürliche Feinde fehlen, wird der Eichenprozessionsspinner mit ...	480	EPS	Bekämpfung mit Hubschrauber
396	25.6.2012	Berliner Zeitung	Haarige Sache/RAUPEN-PLAGE - DER EICHENPROZESSIONSSPINNER, EINE SCHMETTERLINGSART AUS SÜDEUROPA, BREITET ...	774	EPS	Allgemeine Information zum Schädling
401	16.7.2012	Märkische Allgemeine	„Gesundheitsgefährdung ist hoch" Förster Schuran: „In unserem Bereich hätten schon in diesem Frühjahr ...	564	EPS, Eichenwickler, Nonne	Allgemeine Information zum Schädling
407	25.8.2012	Fränkischer Tag	Eine Nonne kann auch schädlich sein	543	Nonne	Allgemeine Information zum Schädling
408	2.9.2012	Der Spiegel	Asiatische Invasion im Rheinland	675	Asiatischer Laubholzbockkäfer	Allgemeine Information zum Waldzustand
415	20.10.2012	Potsdamer Neueste Nachrichten	DER EICHENPROZESSIONSSPINNER // Gifthärchen mit Widerhaken	224	EPS	Allgemeine Information zum Schädling
418	29.10.2012	Süddeutsche Zeitung	Meldepflicht/für Käfer	324	Asiatischer Laubholzbockkäfer	Allgemeine Information zum Schädling
431	28.2.2013	Münchner Abendzeitung	Käfer-Alarm: Wald unter Quarantäne	399	Asiatischer Laubholzbockkäfer	Allgemeine Information zum Waldzustand
440	26.3.2013	Potsdamer Neueste Nachrichten	Schlachtfeld Baum: Fressen und Bohren // Etwa ein knappes Dutzend Falterraupen und Käferlarven machen	1187	Blauer Kiefernprachtkäfer, Buchdrucker, EPS, Nonne	Allgemeine Information zum Waldzustand
524	17.7.2013	Süddeutsche Zeitung	Ein Wundermittel namens Rika	724	Asiatischer Laubholzbockkäfer	Allgemeine Information zum Waldzustand
531	23.8.2013	Der Spiegel	Bakterien sollen auch Stadt-Eichen schützen	475	EPS	Allgemeine Information zum Schädling
532	23.8.2013	Handelsblatt	**Biowaffe** soll Raupenplage eindämmen	431	EPS	Allgemeine Information zum Schädling
554	7.4.2014	Lausitzer Rundschau	Zeitiges Frühjahr weckt Schädlinge	551	Borkenkäfer, EPS, Kiefernspinner, Nonne	Allgemeine Information zum Waldzustand
569	3.5.2014	Freie Presse	In Sachsens Wäldern herrscht schon jetzt Käferalarm	633	Buchdrucker, EPS, Kiefernspinner, Nonne	Allgemeine Information zum Waldzustand
591	5.7.2014	Potsdamer Neueste Nachrichten	Das große Fressen // Große Teile des Nadelwaldes in Südbrandenburg drohen abzusterben. Der Kiefernspinner ...	629	Kiefernspinner	Allgemeine Information zum Waldzustand
604	20.9.2014	Süddeutsche Zeitung	Albtraum aus Asien	755	Asiatischer Laubholzbockkäfer	Allgemeine Information zum Waldzustand

Anhang 25-2: Zeitungsartikelrecherche inkl. Bewertung mit dem Filter "6 Punkte" bei "SUMME Informationsgehalt"

	entfällt ja nein	P - N - K - C -	S - Sammeltitel	0 - sehr übertrieben 1 - typ. Pressestil 2 - größt. sachlich 3 - sachl./informativ	0 - ja 1- Halbwahr 2 - nein	0 - nein 1 - ja	0 - keine 1 - wenig 2 - informativ 3 - ausführlich	max. 15	0 - nein 1 - ja	0 - nein 1 - wenig 2 - detail.	max. 6	1 - ja
	Allgemeines			**Artikelstil**			**Informationsgehalt**		**Infos bei Bekämpfung**			**ALB**

Lfd.Nr.	AFZ	Eindruck PSM	Titel	persönlicher Eindruck Gesamtartikel*	Fehlinformation	Experte	Schädling	Schadbild	Ursache Befall	Waldschutz	PSM / Bekämpfungsart	SUMME Informationsgehalt	Flächengröße	PSM	Ultima Ratio	Genehmigung	Empfehung	SUMME Informationsgehalt bei Bekämpfung	ALB: Hiweis auf Gefährlichkeit
2	e	N	1	2	2	1	2	2	1	1	0	6	0	0	0	0	0	0	
11	e	N	1	2	2	1	2	1	1	2	0	6	0	0	0	0	0	0	
20	e	N	1	2	2	1	2	1	1	2	0	6	0	0	0	0	0	0	
24	ja	N	2	2	2	1	1	1	1	1	2	6	1	1	0	0	1	3	
51	e	N	1	2	2	1	1	2	1	2	0	6	0	0	0	0	0	0	
86	e	N	2	2	2	1	1	1	2	2	0	6	0	0	0	0	0	0	
118	e	N	0	2	2	0	3	1	1	0	1	6	0	0	0	0	2	2	
121	e	N	2	2	2	1	2	1	1	2	0	6	0	0	0	0	1	1	
153	e	N	1	2	2	1	2	2	0	1	1	6	0	0	0	0	0	0	
169	e	N	1	2	2	1	1	1	2	1	1	6	0	0	0	0	0	0	1
187	e	N	2	2	2	1	1	1	2	2	0	6	0	0	0	0	0	0	
191	e	N	1	2	2	1	2	1	1	2	0	6	0	0	0	0	0	0	
216	e	N	2	2	2	1	3	1	0	2	0	6	1	0	0	0	0	1	
308	e	N	1	2	2	1	2	1	0	3	0	6	0	0	0	0	0	0	
311	e	N	2	2	2	1	0	2	1	2	1	6	0	0	0	0	0	0	
339	e	N	2	2	2	1	2	1	1	2	0	6	0	0	0	0	0	0	
344	e	N	2	2	2	1	1	2	1	2	0	6	0	0	0	0	0	0	
347	e	N	1	2	2	1	1	2	1	2	0	6	0	0	0	0	0	0	
387	ja	N	1	2	2	1	2	1	0	1	2	6	1	1	0	0	1	3	
396	e	N	2	3	2	0	3	1	0	0	2	6	0	0	0	0	2	2	
401	e	N	2	3	2	1	2	1	0	2	1	6	0	0	0	0	1	1	
407	e	N	1	2	2	1	1	1	0	3	1	6	0	0	0	0	0	0	
408	e	N	1	2	2	1	1	1	1	1	2	6	0	0	0	0	0	0	1
415	e	N	1	2	2	1	3	0	1	0	2	6	0	0	0	0	0	0	
418	e	N	2	2	2	1	2	1	1	1	1	6	0	0	0	0	1	1	1
431	ja	N	2	2	2	1	1	2	1	1	1	6	0	0	0	0	0	0	1
440	e	N	1	3	2	1	3	2	1	0	0	6	0	1	0	0	0	1	
524	e	N	1	1	2	1	1	1	1	2	1	6	0	0	0	0	0	0	
531	e	N	1	3	2	1	3	1	1	0	1	6	0	0	0	0	0	0	
532	e	N	1	3	2	1	3	1	1	0	1	6	0	0	0	0	0	0	
554	e	N	2	2	2	1	2	2	1	1	0	6	0	0	0	0	0	0	
569	e	N	2	2	2	1	2	1	1	2	0	6	0	0	0	0	0	0	
591	e	K	1	2	2	1	2	1	1	1	1	6	0	0	0	1	0	1	
604	e	N	1	2	2	0	1	1	1	2	1	6	0	0	0	0	0	0	

Anhang 26: Fragen und deren Zielstellungen

	Frage	Zweck	Kategorie
Allgemeine Fragen			
1	In welchem Bundesland leben Sie?	Überprüfung ob genügend Fragebögen pro Bundesland eingingen.	Statistische Daten
2	Wie alt sind Sie?	Überprüfung der Repräsentativität der Stichprobe	Statistische Daten
3	Geschlecht	Überprüfung der Repräsentativität der Stichprobe	Statistische Daten
4	Was ist Ihr höchster beruflicher Bildungsabschluss bzw. Ihr Ausbildungsstand?	ggf. Abhängigkeit prüfen	Statistische Daten
5	Sind Sie im Forst tätig oder haben detailliertes Hintergrundwissen auf diesem Gebiet?	Wenn Ergebnisse sehr positiv/negativ ausfallen wären die hier gemachten Angaben hilfreich.	Statistische Daten
6	Leben Sie in einer Region, wo des Öfteren Schadinsekten mit dem Hubschrauber bekämpft werden?	Wenn Ergebnisse sehr positiv/negativ ausfallen wären die hier gemachten Angaben hilfreich.	Statistische Daten
7	Über welche Informationswege haben Sie bereits von der Thematik „Schadinsekten im Wald" gehört?	Absicherung falls viele keine Tageszeitung lesen.	Statistische Daten
8	Wie häufig lesen Sie eine Tageszeitung?	ggf. prüfen ob unterschiedliche Ergebnisse zwischen Zeitungslesern und Nicht-Zeitungslesern bestehen	Statistische Daten
9	Fällt darunter eine/mehrere der folgenden Zeitungen?	Prüfen ob die ausgewerteten Tageszeitungen von den Befragten gelesen werden. Es wurden nur die Zeitschriften aufgeführt, in denen die meisten Artikel gefunden wurden, da sonst zu umfangreich.	Statistische Daten
Schädlinge			
10	Von welchen Waldinsekten haben Sie bereits gehört?	Prüfen welche Insekten bekannt sind.	Wissensfrage
11	Einer der folgenden Schädlinge ist besonders gefährlich und ein Fund sogar meldepflichtig. Was denken Sie: Um welches Insekt könnte es sich handeln?	Gefährlichkeit ALB.	Wissensfrage
12	Oben genannte Insekten richten unterschiedlichen Schaden an. In der folgenden Tabelle werden Sie nach Schadensart zusammengefasst. Was denken Sie: Wie gefährlich sind diese Insekten in einer Massenvermehrung für den befallenen Bestand?	Wie schätzt die Bevölkerung das Gefahrenpotential der Schädlinge ein? Ist Ihnen bewusst, dass es zum Kahlschlag kommen kann?	Wissensfrage
Insektizide und deren Einsatz			
13	Von welchen Pflanzenschutzmitteln oder deren Wirkstoff(-gruppen) haben Sie bereits gehört?	Prüfen ob die Insektizide bekannt sind.	Wissensfrage
14	Die folgenden Insektizide haben unterschiedliche Wirkungsweisen und folglich unterschiedliche Nebenwirkungen auf das Ökosystem. Was denken Sie: Welches Insektizid hat die geringsten zu erwartenden Nebenwirkungen?	Soll feststellen ob die Bevölkerung zwischen den Insektiziden differenziert.	Wissensfrage
15	Stellen Sie sich vor, dass ein Waldstück in Ihrer Nähe von Schadinsekten befallen ist. Um den Bestand zu erhalten sollen Insektizide ausgebracht werden. Welche Nebenwirkungen wären dabei für Sie vertretbar?	Soll feststellen welche Nebenwirkungen die Bevölkerung toleriert.	Einstellung ggü. PSM
16	Wie würden Sie sich nach der Ausbringung von Insektiziden mittels Hubschrauber verhalten?	Soll feststellen wie groß die Bedenken zur eigenen Gesundheit gegenüber Insektizideinsätzen sind.	Einstellung ggü. PSM
17	Umweltverbände sind gegen den Einsatz von Pflanzenschutzmitteln (PSM) im Wald und bringen folgende Argumente an. Würden Sie diesen Argumenten zustimmen?	Die Argumente der Umweltverbände wurden in den Zeitungen immerwieder aufgegriffen. Die Frage soll zeigen ob sich der Befragte damit identifiziert.	Einstellung ggü. PSM
Durchführung von Bekämpfungsmaßnahmen			
18	Was denken Sie: Welche Maßnahmen werden ergriffen, um die Notwendigkeit einer Bekämpfung aus der Luft festzustellen?	Soll feststellen ob den Befragten bewusst ist, welche intensiven Bemühungen von der Forstwirtschaft für den Waldschutz unternommen werden.	Wissensfrage
19	Was denken Sie: Wer entscheidet darüber, ob ein Pflanzenschutzmittel via Hubschrauber im Wald ausgebracht werden darf?	Soll zeigen ob dem Befragten klar ist, dass die Entscheidung nicht einfach so getroffen werden kann sondern einer Genehmigung bedarf.	Wissensfrage
20	Was denken Sie: Wann kommt es zum großflächigen Einsatz von Pflanzenschutzmittel gegen Insekten aus der Luft?	Soll zeigen ob dem Befragten klar ist, dass PSM das letzte Mittel der Wahl ist um den Wald nicht zu verlieren	Wissensfrage
21	Wie setzt Ihrer Meinung nach die Forst die Pflanzenschutzmittel ein?	Soll zeigen, wie der Umgang der Forstwirtschaft mit den PSM bewertet wird.	Einstellung ggü. PSM
22	Wie ist Ihre persönliche Meinung zum Einsatz von Pflanzenschutzmitteln (insbesondere Insektizide) im Wald?	Soll zeigen wie der Befragte gegenüber dem PSM Einsatz eingestellt ist.	Einstellung ggü. PSM
23	Wie wichtig ist es Ihnen, dass der Waldbestand erhalten bleibt?	Soll zeigen wie wichtig der Bevölkerung der Walderhalt ist. Ggf. beweist diese Frage den widersprüchlichen Ansatz: Walderhalt JA/PSM Einsatz NEIN	Einstellung zum Walderhalt
Umfang von Bekämpfungsmaßnahmen in Deutschland			
24	Deutschland ist eines der waldreichsten Länder der Europäischen Union. Mit 11,4 Millionen Hektar ist knapp ein Drittel der Gesamtfläche mit Wald bedeckt. Was schätzen Sie: Wieviel Prozent dieser Gesamtwaldfläche wird durchschnittlich pro Jahr mit einem Pflanzenschutzmittel aus der Luft bekämpft?	Soll zeigen ob dem Befragten klar ist, dass PSM im Wald extrem wenig eingesetzt wird.	Wahrnehmung der PSM Einsätze
25	Was schätzen Sie: Wie hoch ist die prozentuale Ausbringungsmenge an Pflanzenschutzmitteln in deutschen Wäldern im Vergleich zur Landwirtschaft?	Soll zeigen ob dem Befragten klar ist, dass PSM im Wald extrem wenig eingesetzt wird.	Wahrnehmung der PSM Einsätze

Anhang 27: Der Fragebogen

Anwendung von Insektiziden im Wald: Wahrnehmung der Bevölkerung

Herzlich Willkommen

Im Rahmen einer Studie im Fachbereich Umweltwissenschaften beschäftige ich mich mit der Anwendung von Insektiziden (Pflanzenschutzmittel gegen Insekten) im Wald. Neben der Untersuchung der tatsächlichen Anwendungsfälle soll ein Abgleich mit dem Kenntnisstand und der Einstellung der Bevölkerung im Hinblick auf den Einsatz von Pflanzenschutzmitteln erfolgen.

Deshalb möchte ich Sie recht herzlich bitten, an einer Befragung teilzunehmen.
Für die Durchführung benötigen Sie nur ca. 15 Minuten (25 Fragen) und würden beim Gelingen der Studie sehr weiterhelfen.

AUSFÜLLHINWEISE
- Bitte füllen Sie den Fragebogen selbstständig, vollständig und ohne Hilfsmittel aus.
- Es ist kein Hintergrundwissen nötig. Es gibt weder richtige noch falsche Antworten - denn es geht in erster Linie um Ihre Meinung.
- Die Teilnahme an der Studie ist selbstverständlich freiwillig.

DATENSCHUTZ
- Die Erhebung und Analyse der Daten erfolgt anonymisiert, d. h. in nicht namentlich gekennzeichneter Form.
- Die im Rahmen dieser Studie erhobenen Daten werden vertraulich behandelt.
- Die Ergebnisse dienen allein wissenschaftlichen Zwecken und werden in aggregierter Form im Rahmen dieser Studie veröffentlicht.

VERLOSUNG
(von 2 Amazon-Gutscheinen im Wert von je 20,00 €)
Als Dankeschön für Ihre Unterstützung haben Sie die Möglichkeit, an einem Gewinnspiel teilzunehmen.
- Hierzu ist die Angabe einer E-Mail-Adresse notwendig.
- Die Kontaktdaten
==> werden nicht für kommerzielle Zwecke genutzt oder an Dritte weitergegeben
==> dienen ausschließlich der Kontaktaufnahme im Falle eines Gewinnes
==> werden über eine separate Abfrage erhoben
==> werden nach der Ermittlung der Gewinner endgültig gelöscht
- Ein Rückschluss auf den einzelnen Teilnehmer ist nicht möglich.

Liebe Grüße und vielen Dank für Ihre Unterstützung

Allgemeine Fragen

1. **In welchem Bundesland leben Sie?**

   ☐ Bayern

   ☐ Sachsen

   ☐ Brandenburg / Berlin

   ☐ keines der genannten

2. Wie alt sind Sie?

- ○ < 15
- ○ 15 - 18
- ○ 19 - 25
- ○ 26 - 30
- ○ 31 - 40
- ○ 41 - 50
- ○ 51 - 65
- ○ 66 - 75
- ○ > 75

3. Geschlecht

- ○ männlich
- ○ weiblich

4. Was ist Ihr höchster beruflicher Bildungsabschluss bzw. Ihr Ausbildungsstand?

- ○ noch in schulischer Ausbildung
- ○ Auszubildender
- ○ abgeschlossene Berufsausbildung
- ○ Student
- ○ Studienabschluss
- ○ ohne beruflichen Abschluss

5. Sind Sie im Forst tätig oder haben detailliertes Hintergrundwissen auf diesem Gebiet?

- ○ ja
- ○ nein

6. Leben Sie in einer Region, wo des Öfteren Schadinsekten mit dem Hubschrauber bekämpft werden?

- ○ ja
- ○ nein
- ○ weiß nicht

7. Über welche Informationswege haben Sie bereits von der Thematik „Schadinsekten im Wald" gehört?

Mehrfachauswahl möglich!

- [ ] Zeitung
- [ ] Radio
- [ ] TV
- [ ] Online Nachrichtenportale (google news,...)
- [ ] im Gespräch mit anderen
- [ ] Fachliteratur / Onlinerecherche
- [ ] habe davon gehört, aber weiß nicht mehr wo
- [ ] habe noch nie davon gehört

8. Wie häufig lesen Sie eine Tageszeitung?
(Ob in Papierform oder z.B. über das Internet ist dabei egal)

- ( ) täglich
- ( ) mehrmals pro Woche
- ( ) mehrmals pro Monat
- ( ) selten
- ( ) nie

LI

Zeitungen

9. Fällt darunter eine/mehrere der folgenden Zeitungen?
   (egal ob Druckausgabe oder digital)

   Mehrfachauswahl möglich!

   - ☐ 01. Berliner Morgenpost / Berliner Zeitung / Berliner Kurier
   - ☐ 02. Märkische Zeitung
   - ☐ 03. Potsdamer Neueste Nachrichten
   - ☐ 04. Lausitzer Rundschau
   - ☐ 05. Sächsische Zeitung
   - ☐ 06. Freie Presse
   - ☐ 07. Leipziger Zeitung
   - ☐ 08. Mitteldeutsche Zeitung
   - ☐ 09. Süddeutsche Zeitung
   - ☐ 10. Passauer Neue Presse
   - ☐ 11. Fränkischer Tag / Frankenpost
   - ☐ 12. Nürnberger Nachrichten / Nürnberger Zeitung
   - ☐ 13. Frankfurter Allgemeine
   - ☐ 14. Die Welt / Die Zeit
   - ☐ 15. Die Tageszeitung (taz) / Der Tagesspiegel
   - ☐ 16. Focus / Spiegel / Stern
   - ☐ Keine der genannten

Schädlinge

10. Von welchen Waldinsekten haben Sie bereits gehört?

	Schonmal gehört	Noch nie gehört	Bin mir nicht sicher
Borkenkäfer	○	○	○
Buchdrucker	○	○	○
Kupferstecher	○	○	○
Blauer Kiefernprachtkäfer	○	○	○
Eichenprachtkäfer	○	○	○
Nonne	○	○	○
Forleule	○	○	○
Kiefernspinner	○	○	○
Eichenwickler	○	○	○
Schwammspinner	○	○	○
Eichenprozessionsspinner	○	○	○
Großer brauner Rüsselkäfer	○	○	○
Maikäfer	○	○	○
Asiatische Laubholzbockkäfer	○	○	○

11. Einer der folgenden Schädlinge ist besonders gefährlich und ein Fund sogar meldepflichtig. Was denken Sie: Um welches Insekt könnte es sich handeln?

   [Bitte wählen... ▼]

12. Oben genannte Insekten richten unterschiedlichen Schaden an. In der folgenden Tabelle werden Sie nach Schadensart zusammengefasst.
    Was denken Sie: Wie gefährlich sind diese Insekten in einer Massenvermehrung für den befallenen Bestand?

	Befallene Bäume sterben auf jeden Fall ab	Befallene Bäume können einen Befall überleben	Die Bäume überleben stets den Befall	Bin mir nicht sicher
Stamm- und rindenbrütende Insekten (= Stammzerstörer)	○	○	○	○
Blatt- & Nadelfressende Insekten	○	○	○	○
Wurzelfressende Insekten	○	○	○	○
Rindenfressende Insekten	○	○	○	○

Insektizide und deren Einsatz

13. Von welchen Pflanzenschutzmitteln oder deren Wirkstoff(-gruppen) haben Sie bereits gehört?

    ☐ Dipel ES => (Wirkstoffgruppe Bacillus thuringiensis)

    ☐ Dimilin => (Wirkstoff Diflubenzuron)

    ☐ Karate Forst => (Wirkstoffgruppe Pyrethroide)

    ☐ Roundup => (Wirkstoff Glyphosat)

    ☐ DDT => (Wirkstoffgruppe Chlorierte Kohlenwasserstoffe)

    ☐ noch nie davon gehört

14. Die folgenden Insektizide haben unterschiedliche Wirkungsweisen und folglich unterschiedliche Nebenwirkungen auf das Ökosystem.
    Was denken Sie: Welches Insektizid hat die geringsten zu erwartenden Nebenwirkungen?

    | Bitte wählen... ▼ |

15. Stellen Sie sich vor, dass ein Waldstück in Ihrer Nähe von Schadinsekten befallen ist. Um den Bestand zu erhalten sollen Insektizide ausgebracht werden. Welche Nebenwirkungen wären dabei für Sie vertretbar?

	vertretbar	nicht vertretbar	weiß nicht
Wirkt auch auf gleichartige Insekten, die nicht Ziel der Bekämpfung sind	○	○	○
Wirkt auch auf andersartige Insekten (z.B. Ameisen, Spinnen, Käfer,..)	○	○	○
Mögliche Nebenwirkungen auf Säugetiere und Vögel.	○	○	○
Indirekten Auswirkungen auf andere Lebewesen (z.B. Brutausfälle bei Vögeln durch verringertes Nahrungsangebot)	○	○	○
Mögliche Auswirkungen auf den Menschen (z.B. Hautreizung, Allergieauslösung)	○	○	○

16. Wie würden Sie sich nach der Ausbringung von Insektiziden mittels Hubschrauber verhalten?

	Ja	eher nicht	Nein
Würden Sie den Wald 2 Tage nach einer Bekämpfungsmaßnahme wieder betreten?	○	○	○
Würden Sie in dem Jahr einer Bekämpfung Pilze aus dem Gebiet verzehren?	○	○	○

17. **Umweltverbände sind gegen den Einsatz von Pflanzenschutzmitteln (PSM) im Wald und bringen folgende Argumente an. Würden Sie diesen Argumenten zustimmen?**

	stimme zu	stimme nicht zu	weiß nicht
PSM werden nicht benötigt, weil unsere Natur ein ausgeglichenes Ökosystem ist. Natürlichen Gegenspieler und Witterungsextreme können einer Massenvermehrung der Schadinsekten erfolgreich entgegenwirken.	○	○	○
PSM werden nicht benötigt, denn auch ein Kahlfraß ist als natürlicher Prozess zu tolerieren. Schließlich bieten diese Flächen einen neuen Lebensraum für andere Arten. Es trägt somit zur Artenvielfalt bei.	○	○	○
PSM sollten nicht eingesetzt werden, denn es ist viel zu wenig darüber bekannt, wie die Mittel auf Menschen, andere Arten oder angrenzende Ökosysteme (z.B. Gewässer) wirken.	○	○	○

Durchführung von Bekämpfungsmaßnahmen

18. Was denken Sie: Welche Maßnahmen werden ergriffen, um die Notwendigkeit einer Bekämpfung aus der Luft festzustellen?

    Mehrfachauswahl möglich!

    - [ ] Überwachung der Schädlingsaufkommen (z.B. Pheromonfallen, Winterbodensuche)
    - [ ] Überwachung des Waldzustandes (z.B. Gesundheitszustand der Bäume)
    - [ ] Probefällungen
    - [ ] Überprüfung der Sterblichkeitsrate der Schädlinge (durch Parasiten oder anderer Krankheitserreger)
    - [ ] Überwachung der natürlichen Feinde
    - [ ] Einbeziehen weitere situationsbedingter Vorkommnisse, wie gemeldete Trockenheit

19. Was denken Sie: Wer entscheidet darüber, ob ein Pflanzenschutzmittel via Hubschrauber im Wald ausgebracht werden darf?

    - ( ) Das Forstamt entscheidet selbstständig.
    - ( ) Das Forstamt muss einen Antrag bei der zuständigen Landesbehörde stellen.
    - ( ) weiß nicht

20. Was denken Sie: Wann kommt es zum großflächigen Einsatz von Pflanzenschutzmitteln gegen Insekten aus der Luft?

    - ( ) nur wenn der betroffene Waldbestand unmittelbar in seiner Existenz bedroht ist und es keine andere Rettung gibt
    - ( ) ich denke Bekämpfungen werden auch vorbeugend durchgeführt (z.B. aus wirtschaftlichem Interesse)
    - ( ) weiß nicht

21. Wie setzt Ihrer Meinung nach der Forst die Pflanzenschutzmittel ein?

    - ( ) ich denke es wird zu oft bekämpft
    - ( ) ich denke eine Bekämpfung erfolgt dann wenn sie nötig ist
    - ( ) ich denke es wird zu wenig bekämpft
    - ( ) weiß nicht

22. Wie ist Ihre persönliche Meinung zum Einsatz von Pflanzenschutzmitteln (insbesondere Insektizide) im Wald?

    ○ Ich denke im Wald sollten grundsätzlich keine Pflanzenschutzmittel ausgebracht werden.

    ○ Ich denke im Wald sollten grundsätzlich keine Pflanzenschutzmittel AUS DER LUFT ausgebracht werden. Eine vereinzelte Behandlung vom Boden aus ist vertretbar.

    ○ Ich denke eine Behandlung mit Pflanzenschutzmitteln (sowohl aus der Luft als auch vom Boden) ist sinnvoll, wenn sie notwendig ist.

    ○ weiß nicht

23. Wie wichtig ist es Ihnen, dass der Waldbestand erhalten bleibt?

    nicht wichtig ○ ○ ○ ○ ○ sehr wichtig

Umfang von Bekämpfungsmaßnahmen in Deutschland

24. Deutschland ist eines der waldreichsten Länder der Europäischen Union. Mit 11,4 Millionen Hektar ist knapp ein Drittel der Gesamtfläche mit Wald bedeckt.
    Was schätzen Sie: Wieviel Prozent dieser Gesamtwaldfläche wird durchschnittlich pro Jahr mit einem Pflanzenschutzmittel aus der Luft bekämpft?

    ○ unter 1 %

    ○ 1 - 5 %

    ○ 6 - 10 %

    ○ 11 - 20 %

    ○ 21 - 30 %

    ○ 31 - 50 %

    ○ 51 - 70 %

    ○ 71 - 100 %

25. Was schätzen Sie: Wie hoch ist die prozentuale Ausbringungsmenge an Pflanzenschutzmitteln in deutschen Wäldern im Vergleich zur Landwirtschaft?

- ○ unter 1 %
- ○ 1 - 5 %
- ○ 6 - 10 %
- ○ 11 - 20 %
- ○ 21 - 30 %
- ○ 31 - 50 %
- ○ 51 - 70 %
- ○ 71 - 100 %
- ○ über 100 %

Vielen Dank für Ihre Unterstützung.

Wenn Sie am Gewinnspiel teilnehmen möchten, geben Sie bitte unter folgendem Link eine E-Mail Adresse an.
https://www.umfrageonline.com/s/Gewinn

Die Angabe der E-Mail Adresse erfolgt aus datenschutzrechtlichen Gründen in einer separaten Abfrage, so dass keine Verbindung zwischen dem Fragebogen und Ihrer Person besteht.

» Umleitung auf Schlussseite von Umfrage Online

Anhang 28: Der Aushangzettel

Unterstützung bei Studie

Fragebogen ausfüllen

und mit etwas Glück einen 20 € Amazon Gutschein gewinnen

Im Rahmen einer Studie im Fachbereich Umweltwissenschaften beschäftige ich mich mit der Anwendung von Pflanzenschutzmitteln gegen Insekten im Wald. Neben der Untersuchung der tatsächlichen Anwendungsfälle soll ein Abgleich mit dem Kenntnisstand und der Einstellung der Bevölkerung im Hinblick auf den Einsatz von Pflanzenschutzmitteln erfolgen.

Deshalb möchte ich Sie recht herzlich bitten, an einer **Befragung** teilzunehmen. Für die Durchführung benötigen Sie nur ca. 15 Minuten

Es ist kein Hintergrundwissen nötig, denn es geht in erster Linie um Ihre Meinung.

Ihre Unterstützung würde beim Gelingen der Studie sehr weiterhelfen.

Der Fragebogen ist online ausfüllbar (von PC, Handy, Tablet,...)
und unter folgendem LINK erreichbar:

www.umfrageonline.com/s/Insektizide

WEITERLEITEN an Freunde und Bekannte ERWÜNSCHT!
Ganz lieben Dank für Ihre Unterstützung.

Anhang 29: Die Umfrageergebnisse als PDF

Anwendung von Insektiziden im Wald: Wahrnehmung der Bevölkerung

1. In welchem Bundesland leben Sie?

   Anzahl Teilnehmer: 349

   107 (30.7%): Bayern

   123 (35.2%): Sachsen

   52 (14.9%): Brandenburg / Berlin

   68 (19.5%): keines der genannten

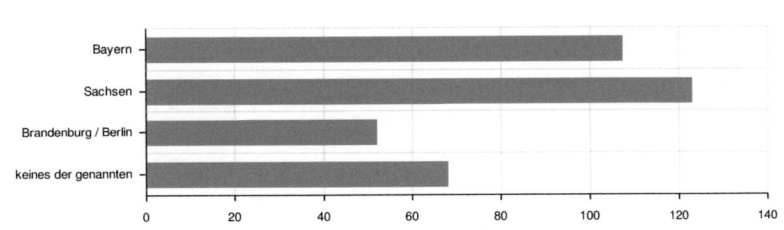

2. Wie alt sind Sie?

   Anzahl Teilnehmer: 347

   - (0.0%): < 15

   3 (0.9%): 15 - 18

   34 (9.8%): 19 - 25

   66 (19.0%): 26 - 30

   99 (28.5%): 31 - 40

   67 (19.3%): 41 - 50

   62 (17.9%): 51 - 65

   12 (3.5%): 66 - 75

   4 (1.2%): > 75

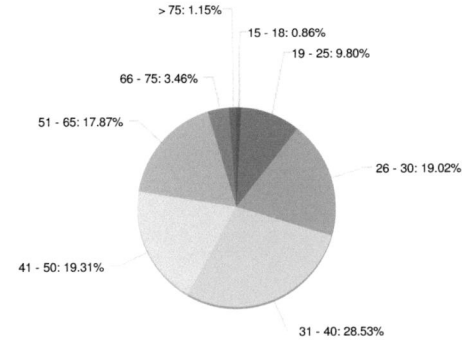

3. Geschlecht

   Anzahl Teilnehmer: 346

   121 (35.0%): männlich

   225 (65.0%): weiblich

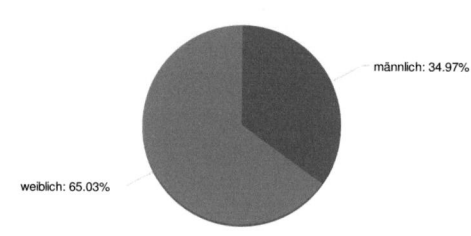

4. Was ist Ihr höchster beruflicher Bildungsabschluss bzw. Ihr Ausbildungsstand?

   Anzahl Teilnehmer: 348

   4 (1.1%): noch in schulischer Ausbildung

   3 (0.9%): Auszubildender

   141 (40.5%): abgeschlossene Berufsausbildung

   18 (5.2%): Student

   177 (50.9%): Studienabschluss

   5 (1.4%): ohne beruflichen Abschluss

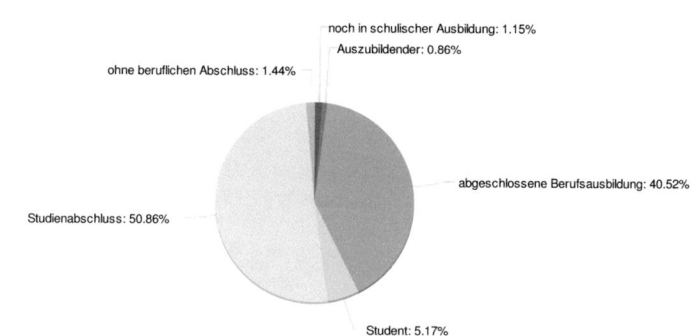

5. Sind Sie im Forst tätig oder haben detailliertes Hintergrundwissen auf diesem Gebiet?

   Anzahl Teilnehmer: 342

   18 (5.3%): ja

   324 (94.7%): nein

   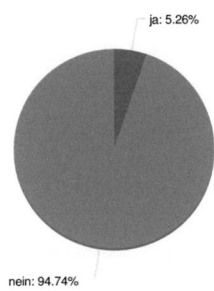

6. Leben Sie in einer Region, wo des Öfteren Schadinsekten mit dem Hubschrauber bekämpft werden?

   Anzahl Teilnehmer: 349

   25 (7.2%): ja

   167 (47.9%): nein

   157 (45.0%): weiß nicht

   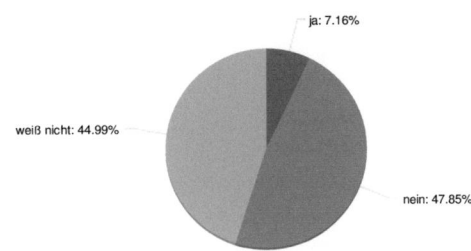

7. Über welche Informationswege haben Sie bereits von der Thematik „Schadinsekten im Wald" gehört?

Anzahl Teilnehmer: 348

149 (42.8%): Zeitung

80 (23.0%): Radio

133 (38.2%): TV

49 (14.1%): Online Nachrichtenportale (google news,...)

126 (36.2%): im Gespräch mit anderen

38 (10.9%): Fachliteratur / Onlinerecherche

57 (16.4%): habe davon gehört, aber weiß nicht mehr wo

38 (10.9%): habe noch nie davon gehört

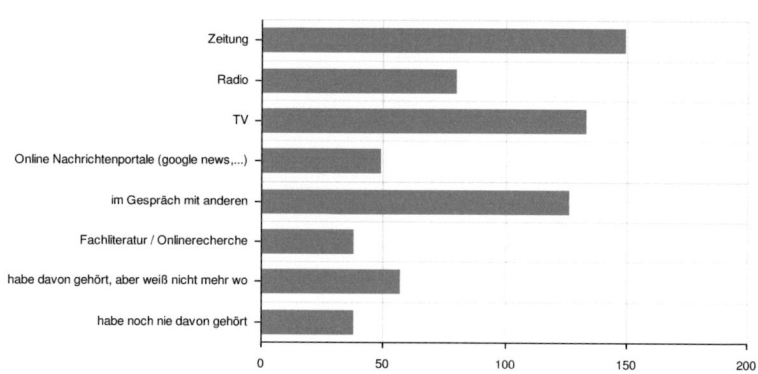

8. Wie häufig lesen Sie eine Tageszeitung?
   (Ob in Papierform oder z.B. über das Internet ist dabei egal)

Anzahl Teilnehmer: 348

113 (32.5%): täglich

78 (22.4%): mehrmals pro Woche

38 (10.9%): mehrmals pro Monat

102 (29.3%): selten

17 (4.9%): nie

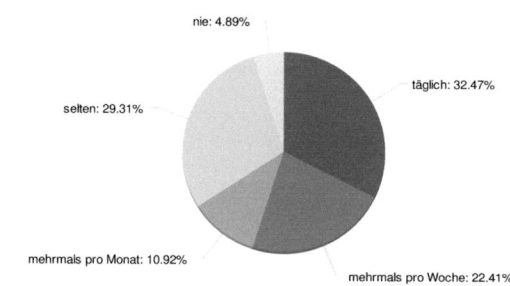

9. Fällt darunter eine/mehrere der folgenden Zeitungen?
   (egal ob Druckausgabe oder digital)

Anzahl Teilnehmer: 318

22 (6.9%): 01. Berliner Morgenpost / Berliner Zeitung / Berliner Kurier

19 (6.0%): 02. Märkische Zeitung

4 (1.3%): 03. Potsdamer Neueste Nachrichten

5 (1.6%): 04. Lausitzer Rundschau

30 (9.4%): 05. Sächsische Zeitung

77 (24.2%): 06. Freie Presse

9 (2.8%): 07. Leipziger Zeitung

6 (1.9%): 08. Mitteldeutsche Zeitung

56 (17.6%): 09. Süddeutsche Zeitung

4 (1.3%): 10. Passauer Neue Presse

28 (8.8%): 11. Fränkischer Tag / Frankenpost

7 (2.2%): 12. Nürnberger Nachrichten / Nürnberger Zeitung

39 (12.3%): 13. Frankfurter Allgemeine

47 (14.8%): 14. Die Welt / Die Zeit

20 (6.3%): 15. Die Tageszeitung (taz) / Der Tagesspiegel

88 (27.7%): 16. Focus / Spiegel / Stern

63 (19.8%): Keine der genannten

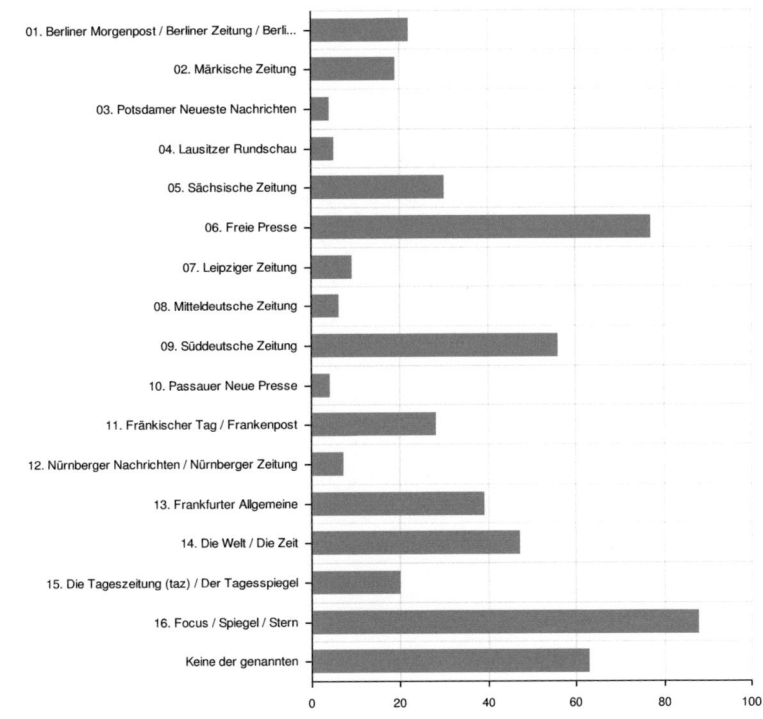

10. Von welchen Waldinsekten haben Sie bereits gehört?

Anzahl Teilnehmer: 337

	Schonmal gehört (1)		Noch nie gehört (2)		Bin mir nicht sicher (0)		Ø	±
	Σ	%	Σ	%	Σ			
Borkenkäfer	333x	99,40	2x	0,60	-		1,01	0,08
Buchdrucker	118x	39,33	150x	50,00	32x		1,56	0,50
Kupferstecher	107x	36,39	143x	48,64	44x		1,57	0,50
Blauer Kiefernprachtkäfer	30x	10,91	208x	75,64	37x		1,87	0,33
Eichenprachtkäfer	48x	17,52	190x	69,34	36x		1,80	0,40
Nonne	138x	45,70	140x	46,36	24x		1,50	0,50
Forleule	21x	7,69	236x	86,45	16x		1,92	0,27
Kiefernspinner	142x	46,41	117x	38,24	47x		1,45	0,50
Eichenwickler	126x	42,00	129x	43,00	45x		1,51	0,50
Schwammspinner	47x	16,97	193x	69,68	37x		1,80	0,40
Eichenprozessionsspinner	205x	66,34	92x	29,77	12x		1,31	0,46
Großer brauner Rüsselkäfe..	105x	36,08	155x	53,26	31x		1,60	0,49
Maikäfer	325x	99,39	2x	0,61	-		1,01	0,08
Asiatische Laubholzbockk...	96x	33,45	152x	52,96	39x		1,61	0,49

11. Einer der folgenden Schädlinge ist besonders gefährlich und ein Fund sogar meldepflichtig. Was denken Sie: Um welches Insekt könnte es sich handeln?

Anzahl Teilnehmer: 334

15 (4.5%): Kupferstecher

18 (5.4%): Nonne

5 (1.5%): Eichenprachtkäfer

12 (3.6%): Kiefernspinner

135 (40.4%): Eichenprozessionsspinner

13 (3.9%): Großer brauner Rüsselkäfer

136 (40.7%): Asiatische Laubholzbockkäfer

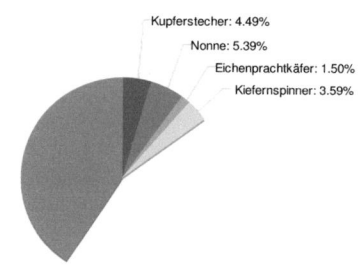

12. Oben genannte Insekten richten unterschiedlichen Schaden an. In der folgenden Tabelle werden Sie nach Schadensart zusammengefasst.
Was denken Sie: Wie gefährlich sind diese Insekten in einer Massenvermehrung für den befallenen Bestand?

Anzahl Teilnehmer: 334

	Befallene Bäume sterben auf jeden Fall ab (1)		Befallene Bäume können einen Befall überleben (2)		Die Bäume überleben stets den Befall (3)		Bin mir nicht sicher (0)			
	Σ	%	Σ	%	Σ	%	Σ	Ø	±
Stamm- und rindenbrüten..	188x	56,63	91x	27,41	9x	2,71	44x	1,38	0,55
Blatt- & Nadelfressende ...	23x	6,99	175x	53,19	92x	27,96	39x	2,24	0,58
Wurzelfressende Insekte...	219x	67,38	51x	15,69	5x	1,54	50x	1,22	0,46
Rindenfressende Insekten	72x	22,15	155x	47,69	29x	8,92	69x	1,83	0,61

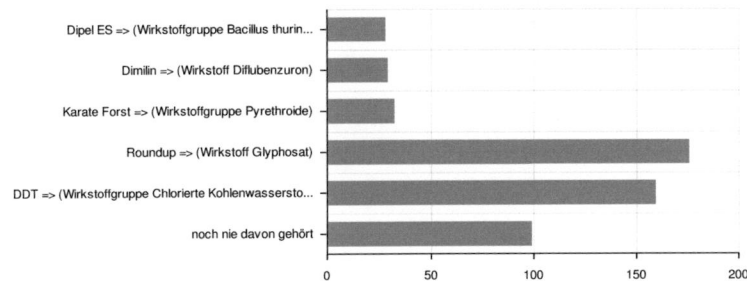

13. Von welchen Pflanzenschutzmitteln oder deren Wirkstoff(-gruppen) haben Sie bereits gehört?

Anzahl Teilnehmer: 328

28 (8.5%): Dipel ES => (Wirkstoffgruppe Bacillus thuringiensis)

29 (8.8%): Dimilin => (Wirkstoff Diflubenzuron)

32 (9.8%): Karate Forst => (Wirkstoffgruppe Pyrethroide)

176 (53.7%): Roundup => (Wirkstoff Glyphosat)

159 (48.5%): DDT => (Wirkstoffgruppe Chlorierte Kohlenwasserstoffe)

99 (30.2%): noch nie davon gehört

14. Die folgenden Insektizide haben unterschiedliche Wirkungsweisen und folglich unterschiedliche Nebenwirkungen auf das Ökosystem.
    Was denken Sie: Welches Insektizid hat die geringsten zu erwartenden Nebenwirkungen?

    Anzahl Teilnehmer: 313

    34 (10.9%): Karate Forst => (ist ein Breitbandinsektizid, das die Nervenmembranen angreift)

    137 (43.8%): Dipel ES => (ist ein Bakterienpräparat, das im Darmtrakt bestimmter Insekten ein Toxin bildet)

    142 (45.4%): Dimilin => (ist ein Häutungshemmer, der die Chitinsynthese verhindert)

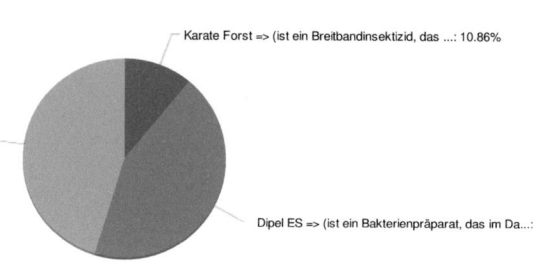

15. Stellen Sie sich vor, dass ein Waldstück in Ihrer Nähe von Schadinsekten befallen ist. Um den Bestand zu erhalten sollen Insektizide ausgebracht werden. Welche Nebenwirkungen wären dabei für Sie vertretbar?

    Anzahl Teilnehmer: 327

	vertretbar (1)		nicht vertretbar (2)		weiß nicht (0)			
	Σ	%	Σ	%	Σ		Ø	±
Wirkt auch auf gleichartige Inse...	152x	46,77	140x	43,08	33x		1,48	0,50
Wirkt auch auf andersartige Ins...	44x	13,71	248x	77,26	29x		1,85	0,36
Mögliche Nebenwirkungen auf S...	10x	3,12	300x	93,46	11x		1,97	0,18
Indirekten Auswirkungen auf and..	59x	18,27	242x	74,92	22x		1,80	0,40
Mögliche Auswirkungen auf den ...	24x	7,50	281x	87,81	15x		1,92	0,27

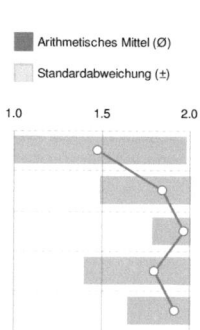

16. Wie würden Sie sich nach der Ausbringung von Insektiziden mittels Hubschrauber verhalten?

    Anzahl Teilnehmer: 324

Ja (1)		eher nicht (2)		Nein (3)			
Σ	%	Σ	%	Σ	%	Ø	±
34x	10,49	145x	44,75	145x	44,75	2,34	0,66

17. Umweltverbände sind gegen den Einsatz von Pflanzenschutzmitteln (PSM) im Wald und bringen folgende Argumente an. Würden Sie diesen Argumenten zustimmen?

Anzahl Teilnehmer: 326

	stimme zu (1)		stimme nicht zu (2)		weiß nicht (0)		Ø	±
	Σ	%	Σ	%	Σ			
PSM werden nicht benötigt, wei...	110x	33,95	135x	41,67	79x		1,55	0,50
PSM werden nicht benötigt, den...	102x	31,88	129x	40,31	89x		1,56	0,50
PSM sollten nicht eingesetzt we...	221x	68,00	39x	12,00	65x		1,15	0,36

18. Was denken Sie: Welche Maßnahmen werden ergriffen, um die Notwendigkeit einer Bekämpfung aus der Luft festzustellen?

Anzahl Teilnehmer: 317

260 (82.0%): Überwachung der Schädlingsaufkommen (z.B. Pheromonfallen, Winterbodensuche)

293 (92.4%): Überwachung des Waldzustandes (z.B. Gesundheitszustand der Bäume)

129 (40.7%): Probefällungen

89 (28.1%): Überprüfung der Sterblichkeitsrate der Schädlinge (durch Parasiten oder anderer Krankheitserreger)

108 (34.1%): Überwachung der natürlichen Feinde

170 (53.6%): Einbeziehen weitere situationsbedingter Vorkommnisse, wie gemeldete Trockenheit

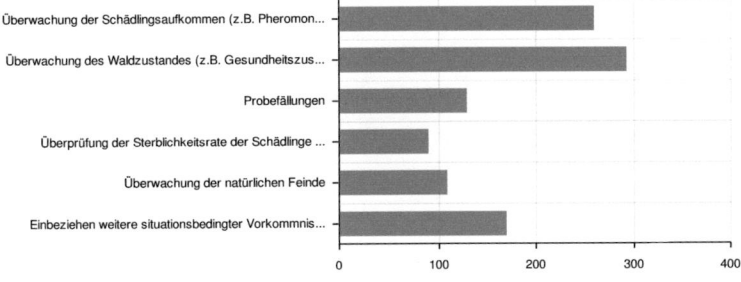

19. Was denken Sie: Wer entscheidet darüber, ob ein Pflanzenschutzmittel via Hubschrauber im Wald ausgebracht werden darf?

Anzahl Teilnehmer: 317

15 (4.7%): Das Forstamt entscheidet selbstständig.

246 (77.6%): Das Forstamt muss einen Antrag bei der zuständigen Landesbehörde stellen.

56 (17.7%): weiß nicht

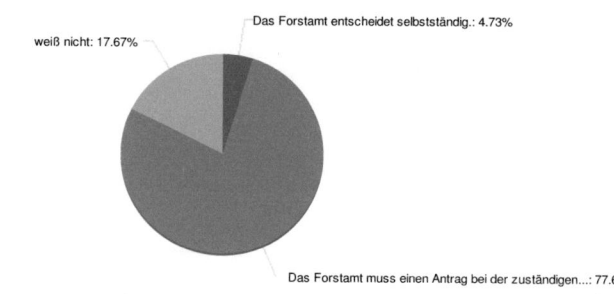

20. Was denken Sie: Wann kommt es zum großflächigen Einsatz von Pflanzenschutzmitteln gegen Insekten aus der Luft?

Anzahl Teilnehmer: 316

161 (50.9%): nur wenn der betroffene Waldbestand unmittelbar in seiner Existenz bedroht ist und es keine andere Rettung gibt

135 (42.7%): ich denke Bekämpfungen werden auch vorbeugend durchgeführt (z.B. aus wirtschaftlichem Interesse)

20 (6.3%): weiß nicht

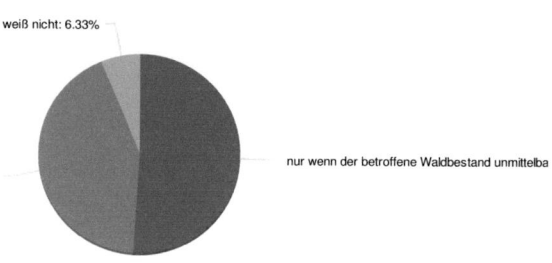

21. Wie setzt Ihrer Meinung nach der Forst die Pflanzenschutzmittel ein?

Anzahl Teilnehmer: 317

67 (21.1%): ich denke es wird zu oft bekämpft

169 (53.3%): ich denke eine Bekämpfung erfolgt dann wenn sie nötig ist

9 (2.8%): ich denke es wird zu wenig bekämpft

72 (22.7%): weiß nicht

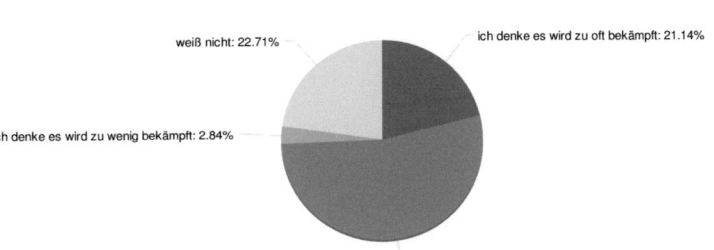

22. Wie ist Ihre persönliche Meinung zum Einsatz von Pflanzenschutzmitteln (insbesondere Insektizide) im Wald?

Anzahl Teilnehmer: 317

53 (16.7%): Ich denke im Wald sollten grundsätzlich keine Pflanzenschutzmittel ausgebracht werden.

133 (42.0%): Ich denke im Wald sollten grundsätzlich keine Pflanzenschutzmittel AUS DER LUFT ausgebracht werden. Eine vereinzelte Behandlung vom Boden aus ist vertretbar.

116 (36.6%): Ich denke eine Behandlung mit Pflanzenschutzmitteln (sowohl aus der Luft als auch vom Boden) ist sinnvoll, wenn sie notwendig ist.

15 (4.7%): weiß nicht

23. Wie wichtig ist es Ihnen, dass der Waldbestand erhalten bleibt?

Anzahl Teilnehmer: 318

links	1. Spalte (1)		2. Spalte (2)		3. Spalte (3)		4. Spalte (4)		5. Spalte (5)		rechts	Ø	±
	Σ	%	Σ	%	Σ	%	Σ	%	Σ	%			
nicht wichtig	1x	0,31	-	-	3x	0,94	40x	12,58	274x	86,16	sehr wichtig	4,84	0,44

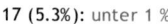

24. Deutschland ist eines der waldreichsten Länder der Europäischen Union. Mit 11,4 Millionen Hektar ist knapp ein Drittel der Gesamtfläche mit Wald bedeckt.
Was schätzen Sie: Wieviel Prozent dieser Gesamtwaldfläche wird durchschnittlich pro Jahr mit einem Pflanzenschutzmittel aus der Luft bekämpft?

Anzahl Teilnehmer: 318

17 (5.3%): unter 1 %

69 (21.7%): 1 - 5 %

60 (18.9%): 6 - 10 %

74 (23.3%): 11 - 20 %

50 (15.7%): 21 - 30 %

38 (11.9%): 31 - 50 %

9 (2.8%): 51 - 70 %

1 (0.3%): 71 - 100 %

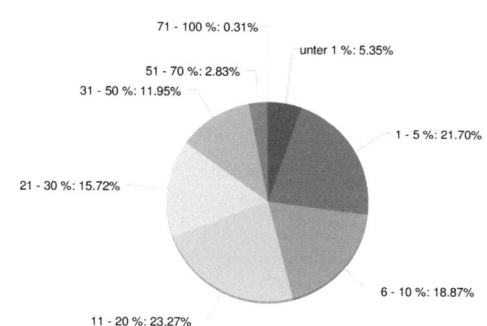

25. Was schätzen Sie: Wie hoch ist die prozentuale Ausbringungsmenge an Pflanzenschutzmitteln in deutschen Wäldern im Vergleich zur Landwirtschaft?

Anzahl Teilnehmer: 318

53 (16.7%): unter 1 %

87 (27.4%): 1 - 5 %

64 (20.1%): 6 - 10 %

61 (19.2%): 11 - 20 %

26 (8.2%): 21 - 30 %

20 (6.3%): 31 - 50 %

5 (1.6%): 51 - 70 %

1 (0.3%): 71 - 100 %

1 (0.3%): über 100 %

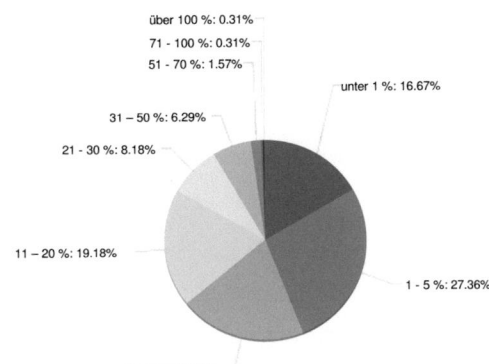

Anhang 30: Statistische Daten der Altersveteilung

Gemeinsames Datenangebot der Statistischen Ämter des Bundes und der Länder

05.09.16, 10:51

Gebiet und Bevölkerung – Bevölkerung nach Altersgruppen

Bevölkerung am 09.05.2011 im Alter von ... bis unter ... Jahren

Anzahl

Bundesland	unter 3	3 – 6	6 – 15	15 – 18	18 – 25	25 – 30	30 – 40	40 – 50	50 – 65	65 – 75	75 und mehr
Baden-Württemberg	268.360	278.930	959.690	346.560	910.020	637.480	1.259.860	1.737.840	2.053.400	1.103.480	931.040
Bayern	311.490	319.060	1.088.260	393.380	1.041.530	756.230	1.525.130	2.088.090	2.459.360	1.323.330	1.091.740
Berlin	94.330	86.990	238.400	74.440	274.470	260.850	465.470	539.300	624.090	376.200	257.840
Brandenburg	57.040	57.590	174.810	47.590	173.850	135.160	266.440	425.360	562.490	318.430	237.000
Bremen	15.630	15.550	49.840	17.820	59.320	45.940	80.330	101.550	126.940	75.350	62.580
Hamburg	47.620	45.450	130.900	43.820	141.060	134.370	257.370	280.230	301.700	178.660	145.520
Hessen	151.620	154.750	516.550	182.740	478.550	355.750	734.930	1.011.500	1.205.160	641.090	539.170
Mecklenburg-Vorpommern	38.700	37.360	110.080	29.160	127.370	100.870	174.080	260.510	375.550	199.690	156.610
Niedersachsen	185.440	196.440	714.740	259.750	631.930	417.110	874.510	1.313.660	1.569.480	882.870	732.060
Nordrhein-Westfalen	426.820	443.080	1.549.970	564.780	1.463.470	1.018.000	2.047.490	2.945.750	3.525.620	1.905.940	1.647.320
Rheinland-Pfalz	94.300	97.200	344.470	128.290	336.240	225.990	442.030	667.470	841.540	428.410	383.860
Saarland	20.460	21.200	77.170	30.150	80.420	55.510	105.220	164.250	224.680	116.330	104.230
Sachsen	102.400	97.530	273.770	69.470	301.960	256.630	464.350	613.220	870.980	547.330	459.170
Sachsen-Anhalt	50.940	49.990	148.680	41.100	170.810	133.790	242.680	368.130	524.660	310.590	245.680
Schleswig-Holstein	66.430	69.670	251.460	89.450	218.880	143.510	307.830	482.230	563.490	349.080	258.080
Thüringen	51.070	49.390	147.310	39.190	166.310	137.250	244.130	343.590	501.650	284.460	224.230
Deutschland	1.982.950	2.020.500	6.777.130	2.358.000	6.576.550	4.815.140	9.493.590	13.345.280	16.333.080	9.041.320	7.476.130

Quelle: Ergebnisse des Zensus 2011.

Bevölkerung am 09.05.2011 im Alter von ... bis unter ... Jahren

%

Bundesland	unter 3	3 – 6	6 – 15	15 – 18	18 – 25	25 – 30	30 – 40	40 – 50	50 – 65	65 – 75	75 und mehr
Baden-Württemberg	2,6	2,7	9,2	3,3	8,7	6,1	12,0	16,6	19,6	10,5	8,9
Bayern	2,5	2,6	8,8	3,2	8,4	6,1	12,3	16,8	19,8	10,7	8,8
Berlin	2,9	2,6	7,2	2,3	8,3	7,9	14,1	16,4	19,0	11,4	7,8
Brandenburg	2,3	2,3	7,1	1,9	7,1	5,5	10,8	17,3	22,9	13,0	9,7
Bremen	2,4	2,4	7,7	2,7	9,1	7,1	12,3	15,6	19,5	11,6	9,6
Hamburg	2,8	2,7	7,7	2,6	8,3	7,9	15,1	16,4	17,7	10,5	8,5
Hessen	2,5	2,6	8,6	3,1	8,0	6,0	12,3	16,9	20,2	10,7	9,0
Mecklenburg-Vorpommern	2,4	2,3	6,8	1,8	7,9	6,3	10,8	16,2	23,3	12,4	9,7
Niedersachsen	2,4	2,5	9,2	3,3	8,1	5,4	11,2	16,9	20,2	11,4	9,4
Nordrhein-Westfalen	2,4	2,5	8,8	3,2	8,3	5,8	11,7	16,8	20,1	10,9	9,4
Rheinland-Pfalz	2,4	2,4	8,6	3,2	8,4	5,7	11,1	16,7	21,1	10,7	9,6
Saarland	2,0	2,1	7,7	3,0	8,0	5,6	10,5	16,4	22,5	11,6	10,4
Sachsen	2,5	2,4	6,7	1,7	7,4	6,3	11,4	15,1	21,5	13,5	11,3
Sachsen-Anhalt	2,2	2,2	6,5	1,8	7,5	5,9	10,6	16,1	22,9	13,6	10,7
Schleswig-Holstein	2,4	2,5	9,0	3,2	7,8	5,1	11,0	17,2	20,1	12,5	9,2
Thüringen	2,3	2,3	6,7	1,8	7,6	6,3	11,2	15,7	22,9	13,0	10,2
Deutschland	2,5	2,5	8,4	2,9	8,2	6,0	11,8	16,6	20,4	11,3	9,3

Quelle: Ergebnisse des Zensus 2011.

3.7. 2014

© Statistische Ämter des Bundes und der Länder

http://www.statistik-portal.de/Statistik-Portal/de_jb01_z2.asp

Anhang 31: Statistische Daten der Geschlechterverteilung

Gemeinsames Datenangebot der Statistischen Ämter des Bundes und der Länder

Gebiet und Bevölkerung – Fläche und Bevölkerung

Bundesland	Fläche¹) km²	31.12.2015 Bevölkerung insgesamt Anzahl	männlich	weiblich	Einwohner je km²
Baden-Württemberg	35.751,34	10.879.618	5.393.388	5.486.230	300
Bayern	70.550,11	12.843.514	6.352.172	6.491.342	180
Berlin	891,69	3.520.031	1.726.533	1.793.498	3.891
Brandenburg	29.654,34	2.484.826	1.228.283	1.256.543	83
Bremen	419,38	671.489	330.895	340.594	1.578
Hamburg	755,30	1.787.408	873.062	914.346	2.334
Hessen	21.114,93	6.176.172	3.047.730	3.128.442	289
Mecklenburg-Vorpommern	23.213,70	1.612.362	797.832	814.530	69
Niedersachsen	47.614,82	7.926.599	3.915.398	4.011.201	164
Nordrhein-Westfalen	34.110,40	17.865.516	8.768.019	9.097.497	517
Rheinland-Pfalz	19.854,36	4.052.803	1.999.333	2.053.470	202
Saarland	2.568,69	995.597	488.631	506.966	385
Sachsen	18.420,25	4.084.851	2.011.561	2.073.290	220
Sachsen-Anhalt	20.451,68	2.245.470	1.106.689	1.138.781	109
Schleswig-Holstein	15.802,49	2.858.714	1.399.458	1.459.256	179
Thüringen	16.202,14	2.170.714	1.075.139	1.095.575	133
Deutschland	357.375,62	82.175.684	40.514.123	41.661.561	227

1) Fläche im Land Rheinland-Pfalz: Einschließlich des Gebietes "Gemeinsames deutsch-luxemburgisches Hoheitsgebiet" von 6,20 km2.
Abweichungen bei den Flächenangaben sind durch Runden der Zahlen möglich.
Quelle: Ergebnisse auf Grundlage des Zensus 2011.

26.8. 2016

© Statistische Ämter des Bundes und der Länder